U0262447

广西美丽海湾保护与建设研究

蓝文陆　庞碧剑　邓　琰　著

科学出版社

北　京

内 容 简 介

本书分析了广西各海湾生态环境的现状特征及变化趋势，梳理了“十三五”广西海洋生态环境保护的成效与不足，研判了突出的环境问题；预判了“十四五”广西海洋生态环境变化趋势及面临的机遇和挑战。本书构建了广西美丽海湾的保护目标和指标体系，提出了美丽海湾保护与建设的总体任务和工程、建设策略和方案等，为广西及其他沿海地区开展美丽海湾的保护与建设提供参考。

本书可供海洋生态环境质量、海洋生态环境保护和美丽海湾建设领域的高校师生和研究人员阅读，也可供政府管理部门参考。

图书在版编目（CIP）数据

广西美丽海湾保护与建设研究 / 蓝文陆，庞碧剑，邓琰著. —北京：科学出版社，2023.3

ISBN 978-7-03-074999-4

Ⅰ. ①广… Ⅱ. ①蓝… ②庞… ③邓… Ⅲ. ①海湾-生态环境-环境保护-研究-广西②海湾-生态环境建设-研究-广西 Ⅳ. ①X321.267 ②X145

中国国家版本馆 CIP 数据核字(2023)第 036410 号

责任编辑：郭勇斌 冷 玥 杨路诗 / 责任校对：周思梦

责任印制：张 伟 / 封面设计：众轩企划

科学出版社 出版

北京东黄城根北街 16 号

邮政编码：100717

http://www.sciencep.com

北京中石油彩色印刷有限责任公司 印刷

科学出版社发行 各地新华书店经销

*

2023 年 3 月第 一 版 开本：720×1000 1/16

2023 年 3 月第一次印刷 印张：14 1/4 插页：4

字数：241 000

定价：98.00 元

（如有印装质量问题，我社负责调换）

前　言

广西壮族自治区位于北部湾北部，是全国唯一临海的少数民族自治区，具有背靠中国西南、面向东盟的独特区位优势。广西海岸线曲折，河口海湾众多，海洋环境质量优良，自然资源优厚，海洋生物多样性丰富，发展潜力巨大。习近平总书记在2017年4月和2021年4月两次视察广西时，先后强调要“打造好向海经济”“大力发展向海经济”。中国共产党广西壮族自治区第十二次代表大会提出要“向海而兴、向海图强”。海洋是广西发展的潜力所在、希望所在、未来所在。

美丽海湾是美丽海洋的具体单元，也是实现美丽中国的亮丽底色。美丽海湾作为美丽中国的重要组成部分，其保护与建设是未来一段时期海洋生态环境保护的重点工作，也是广西继续践行“绿水青山就是金山银山”理念的新起点，更是积极探索生态环境高水平保护和后发展地区经济高质量发展相辅相成的新切入点。为了保障在广西北部湾经济区开放开发上升为国家战略后北部湾优良的生态环境不受破坏，确保北部湾生态环境能够得到有效保护，建设美丽北部湾，广西在近年来不断加强对海洋生态环境的保护工作。广西壮族自治区海洋环境监测中心站是广西海洋生态环境保护的一个重要技术支撑单位，自2020年开始在生态环境部和广西壮族自治区生态环境厅的部署下，系统调查了广西海洋生态环境的现状与问题，全面分析“十三五”广西海洋生态环境保护的成效与不足，积极研究“十四五”广西海洋生态环境保护的形势与任务，编制《广西壮族自治区海洋生态环境保护高质量发展“十四五”规划》，积极谋划广西美丽海湾的保护与建设的策略，经过近3年坚持不懈的调查、研究、整理、分析和总结，编写了《广西美丽海湾保护与建设研究》。

本书在收集资料、实地调研和征集意见的基础上分析了广西各海湾生态环境的现状特征及变化趋势，充分研究了各海湾在自然环境特征、主要生态环境问题、资源开发利用、海洋生态环境保护要求、社会经济发展状况及未来定位等方面的差异。按照问题导向、突出重点的原则，贯彻海湾分区、县管理思路，从区域特征、问题类型、症结成因等角度梳理总结，在全面调研的基础上，围绕海湾环境突出问题在哪里、症结在哪里、对策在哪里、落实在哪里等“四个在哪里”，进行深入分析研究，找准问题症结所在。根据生态环境保护现状、未来形势与保护需求及可行性，提出广西各海湾污染防治、生态保护修复、环境风险防范等切实可行的保护目标、主要任务、对策措施和重大工程项目等建议，形成分区分类的“问题—症结—对策—目标和指标”精准治理链条。在此基础上对各美丽海湾进行了细划，构建了广西美丽海湾保护与建设的目标和指标体系，提出了美丽海湾保护与建设的策略，明确了责任主体以及建设制度机制等。以上即为本书（共9章）主要内容，为如何开展广西美丽海湾保护与建设提供了策略和方案。

本书是系统研究广西自然资源、生态环境保护以及管理治理的著作，可为广西及其他沿海地区开展美丽海湾的保护与建设提供参考，也可为高校、科研院所的学者和相关工作人员系统了解广西海洋生态环境提供参考。书中内容如能给读者带来一定的帮助和启发，也算是为广西美丽海湾保护与建设贡献了力量，足以慰藉本书课题组三年来东奔西走收集数据资料、风雨无阻开展实地调研、统筹安排会议征求多方意见、埋头辛勤研究、反复修改书稿而付出的时光和心血。希望此书能激发各地建设美丽海湾的积极性，加快推进我国美丽海湾保护与建设工作，为今后十余年稳步逐步实现海湾“水清滩净、鱼鸥翔集、人海和谐”的海洋生态文明可持续发展目标发挥些许作用。

衷心感谢广西科技基地与人才专项“北部湾全流域生态治理集成技术研发高层次人才培养示范”（桂科 AD19110140）、广西渔业油价补贴政策调整一般性转移支付资金项目“广西海洋渔业资源调查”等项目和北部湾海洋生态环境广西野外科学观测研究站在北部湾环境、流域的监测、保护、治理和修复等方面开展的研究和在本书出版方面给予的资助。

本书是集体劳动的结晶，大部分的数据来源于广西壮族自治区海洋环境监测中心站，在调研过程中也得到了广西沿海各市涉海部门的大力支持，这些部门为本书提供了许多数据资料；在研究过程中也得到了广西壮族自治区生态环境厅和广西壮族自治区海洋环境监测中心站领导及同事们的大力支持和帮助。在此，要特别感谢舒俊林、彭小燕、石相阳和招一鸣几位同事在本书编制过程中提供的帮助。同时，感谢生态环境部华南环境科学研究所余云军团队在调研过程中给予的帮助。

最后，再次感谢广西壮族自治区海洋环境监测中心站的领导及同事们为促成本书的问世给予的大力支持和帮助。

本书不足及疏漏之处，敬请专家学者批评指正。

蓝文陆

2022年6月

目　　录

第1章 美丽海湾概述

1.1 美丽海湾的提出背景和具体含义

1.1.1 美丽海湾的提出背景

海湾是深入陆地形成明显水曲的海域，是受海、陆双重影响的特殊自然体。海湾中分布着河口、湿地、潮间带等自然生境类型，多样化的生境提供了多种生物共存的环境基础。从环境禀赋来看，海湾资源环境条件优越、人口产业聚集度高，既是各类海洋生物繁衍生息的重要生态空间，也是各类人为开发活动的主要承载体（许妍等，2021a）。湾区社会经济发展与自然生态环境联系紧密，是沿海地区践行“绿水青山就是金山银山”理念、协同推进经济高质量发展和生态环境高水平保护的战略要地。与此同时，海湾是近岸海域半封闭的水体，环境承载能力较弱，保护与开发的矛盾最为集中，生态环境问题突出，是制约我国海洋生态环境持续改善的关键区域（李方，2021）。因此，海湾在海洋生态环境保护的总体布局中占据着至关重要的位置。美丽海湾保护与建设对于推动海洋生态环境持续改善、根本好转具有重要意义。

海洋生态环境保护是生态文明建设的重要组成部分，开展美丽海湾建设是贯彻落实习近平生态文明思想的必然要求，是建设美丽中国的重要举措。党的十九大报告将“建设美丽中国”作为社会主义现代化强国目标的重要组成部分，将“提供更多优质生态产品以满足人民日益增长的优美生态环境需要”纳入民生范畴，与“五位一体”总体布局对应起来，使其成为全面建设社会主义现代化国家新征程的重大战略任务。党的二十大报告提出推动绿色发展，促进人与自然和谐共生，要求进一步推进美丽中国建设。美丽海湾是美丽海洋的具体单元，也是实现美丽中国的亮丽底色（许妍等，2021b）。美丽海湾作为美丽中国的重要组成部分，其保护与建设是未来一段时期海洋生态环境保护的重点工作（李方等，2021）。《中华人民共和国国民经济和社会发展第十四个五年规划和

2035年远景目标纲要》要求“打造可持续海洋生态环境”“加快推进重点海域综合治理，构建流域－河口－近岸海域污染防治联动机制，推进美丽海湾保护与建设”;《中共中央 国务院关于深入打好污染防治攻坚战的意见》也明确提出建成一批具有全国示范价值的美丽河湖、美丽海湾。生态环境部、国家发展和改革委员会、自然资源部、交通运输部、农业农村部、中国海警局等部门联合印发的《“十四五”海洋生态环境保护规划》，明确了“十四五”乃至更长一段时期，美丽海湾保护与建设将作为一条主线，贯穿重点海域综合治理、陆海协同治理等海洋生态环境保护工作始终；到2035年，我国海洋环境质量短板全面补齐，海洋生态环境实现根本好转，80%以上的重点海湾基本建成美丽海湾，不断满足人民群众对优美海洋生态环境的需要，美丽海洋建设目标基本实现。因此，从“十四五”时期开始，就要统筹谋划我国美丽海湾保护与建设总体部署，梯次推进美丽海湾保护与建设。

1.1.2 美丽海湾的具体含义

作为美丽中国的重要组成部分，美丽海湾原则上应符合以下条件。

①海湾环境质量良好。海湾内各类入海污染源排放得到有效控制，海水水质优良或稳定达到水质改善目标要求，海岸、海滩长期保持洁净，海滩垃圾、海漂垃圾得到有效管控，稳定实现“水清滩净”。

②海湾生态系统健康。海湾自然岸线、滨海湿地、典型海洋生态系统和海洋生物多样性得到有效保护，滨海植被覆盖率高，海湾生态系统结构稳定，生态服务功能得到恢复，稳定实现“鱼鸥翔集”。

③海湾亲海环境品质优良。海湾生态景观优美，社会大众亲海空间充足，海水浴场和滨海旅游度假区等生态环境品质优良，综合治理能力较强，长效机制健全，能够持续满足人民群众观景、休闲、赶海、戏水等亲海需求，稳定实现“人海和谐”。

因此，美丽海湾可定义为环境优美、水清滩净，生态健康、鱼鸥翔集，实现人与海和谐共生，可持续提供优质生态产品、创造物质和精神财富，满足人民日益增长的优美生态环境需要和美好生活向往的海湾。其中“环境优美、水清滩净，生态健康、鱼鸥翔集，实现人与海和谐共生，可持续提供优质生态产品、创造物质和精神财富”是物质基础，“满足人民日益增长的优美生态环境需要和美好生活向往”是人民群众的感知和认识，两者统一，则为美丽海湾（李方，2021）。以美丽海湾保护与建设为统领，扎实推动海湾生态环境质量改善，根本目的就是不断满足公众对美好海洋生态环境的期盼。

1.2　美丽海湾的选划依据和部署

1.2.1　美丽海湾的选划依据

根据海湾的有关定义和海洋生态环境保护管理的需要，“海湾”泛指洋或海延伸进陆地且深度逐渐减小的水域，既包括狭义海湾，也包括河口、港湾、岬湾等海岸向陆地凹入的水域。

1. 美丽海湾建设的类型

按照“宜湾则湾、宜岸则岸”的原则，明确了美丽海湾建设的类型包括自然海湾、湾区和岸段及毗邻海域 3 种类型。一是自然海湾（海域面积不小于 10km^2）；二是以自然海湾为主体，并与相邻河口、海滩、岸段及毗邻海域等合并而成的自然生态联系紧密的湾区（海域面积不小于 10km^2）；三是以平直岸段为主体，由河口、滩涂湿地、海岛及其他典型生境合并而成的自然生态联系紧密的岸段及毗邻海域（岸段总长不小于 10km，向海一侧外部边界应与该海域主要环境功能区、海洋功能区范围等相协调）。我国具有标准名称的大小海湾多达 1467 个，面积大于 10km^2 的海湾约有 150 个，其岸线长度约占大陆岸线总长度的 57%（冯士筰，2012）。

2. 美丽海湾建设的规模

考虑到海湾的规模差异较大，为保障美丽海湾建设成效，拟明确建设美丽海湾的自然海湾和湾区面积不小于 10km^2，岸段总长不小于 10km，向海一侧外部边界应与该海域主要环境功能区、海洋功能区范围等相协调。

（1）5 个超大型海湾内，地级市所辖海湾岸段的选划

主要包括面积在 1000km^2 以上的辽东湾、渤海湾、莱州湾、杭州湾、北部湾，地级市所辖重要岸段的划分。原则上，各沿海地级市划分的超大型海湾岸段整体作为一个美丽海湾建设载体。

（2）面积 50km^2 以上大中型海湾

以沿海面积大于 50km^2 的大中型海湾（约 60 个）为主要对象，将地级市所辖大中型海湾的重要岸段作为治理单元，原则要求所辖海域面积大于 10km^2，或所辖岸线长度大于 10km。

（3）其他海湾的选划

根据国家海洋局和民政部 2018 年发布的《我国部分海域海岛标准名称》，以其中 1467 个海湾为基础，由各地级市按照本地区海洋生态环境保护与治理需要，划分面积大于 10km^2，或所辖岸线长度大于 10km 的海湾作为治理单元。其中，名单中面积大于 10km^2 或所辖岸线长度大于 10km 的海湾单列为一个治理单元，也可将相关联的邻近小海湾、河口、海滩等整体作为一个治理单元。对于以平直海岸为主的地级市，可以选择 10km 以上的典型岸段开展美丽海湾建设。

1.2.2 美丽海湾实现步骤

根据海洋生态环境保护工作的相关部署安排，各流域海域局和沿海省（自治区、直辖市）负责指导地级市美丽海湾建设工作，统筹协调跨区域美丽海湾建设任务，做好服务支撑。各地级市政府为实施美丽海湾建设工程的主体，负责所辖海域内主要海湾的选划、调研、问题诊断分析、美丽海湾建设规划部署研究。“十四五”规划鲜明地提出建设美丽海湾的奋斗目标，以海湾存在的突出海洋生态环境问题为导向，以目前治理现状和“水清滩净、鱼鸥翔集、人海和谐”综合治理目标指标要求为依据，分类梯次推进美丽海湾建设。

①本底生态环境状况较优越或经过“十三五”的综合治理已初见成效的海湾作为第一批，解决好仍然存在的海洋生态环境问题，到“十四五”末期要建成美丽海湾。

②目前生态环境问题仍较突出，但已具备治理条件和目标达到预期的海湾作为第二批，从“十四五”开始在解决突出问题、提升生态环境质量上取得重要的阶段性进展，到“十五五”末期建成美丽海湾。

③目前生态环境问题多且解决难度大的海湾作为第三批，要从“十四五”到“十五五”持续发力，在解决突出问题、提升生态环境质量上取得重要的阶段性进展，最终到“十六五”末期也要建成美丽海湾。

其中，第二、三批次海湾，也要在“十四五”期间至少解决 1～2 个突出的海洋生态环境问题。经过一个五年规划、两个五年规划，最多三个五年规划，也就是确保到 2035 年，所有纳入规划的沿海各地级市 1467 个大小不同的海湾均能基本建成美丽海湾，与 2035 年美丽中国基本建成的战略目标要求相匹配。

1.3 美丽海湾指标体系构建原则与内容

1.3.1 美丽海湾指标体系构建原则

①系统性。美丽海湾指标体系从“水清滩净、鱼鸥翔集、人海和谐”三个方面设置指标，既全面反映海湾生态环境质量状况，又反映海湾生态环境综合治理成效，还充分考虑了人民群众的获得感、幸福感以及支撑保障能力等。

②科学性。为指导沿海各地推进海湾综合治理和美丽海湾建设，美丽海湾指标体系既考虑了美丽海湾建设的共性要求，研究提出10个细化指标，原则上适用于各个海湾，同时也明确各地可按照“因地制宜、各美其美”的原则设立特色指标，纳入美丽海湾建设范畴。

③导向性。美丽海湾指标体系明确了10个细化指标，基本上为海洋生态环境质量类指标与人民群众感受类指标，未体现工作内容类和工作过程类指标，进一步突出目标导向，倒逼沿海各地级市“一湾一策”剖析问题症结、提出解决方案、完成建设目标。

④可操作性。美丽海湾指标体系所设置的各项指标，所需数据资料均来自生态环境部等相关部门的监测与调查数据资料或第三方评估报告，数据资料具有权威性和公信力；各项指标的目标要求均尽可能细化量化，在评价方法上也具有可操作性。

1.3.2 美丽海湾指标体系主要内容及说明

1. 美丽海湾指标体系的主要内容

美丽海湾指标体系聚焦“水清滩净、鱼鸥翔集、人海和谐”的美丽海湾建设生态环境质量要求，共设置了10个细化指标，是沿海地区推进海湾综合治理和美丽海湾建设应落实的重点工作方向和具体目标任务。

一是以“水清滩净”为特征的海湾环境质量状况指标5个。其中，以“海湾水质优良比例”和“海水感观状况”2个指标表征海水环境质量状况，把海湾水质监测结果和社会大众对海湾水质的直观感受结合起来，共同表征海湾本身的水质状况；以“入海河流断面水质达标率”和“入海排污口达标排放率”2个指标表征入湾水体的水质状况；以“岸滩和海漂垃圾状况”指标表征海湾岸滩的洁净程度。

二是以“鱼鸥翔集”为特征的海湾生物生态状况指标 2 个。包括表征海洋生物多样性状况的“重要海洋生物保护情况”指标，以及表征海洋生态系统状况的“滨海湿地和岸线保护情况”指标，也充分考虑了社会大众对海湾内特征性海洋生物、典型海洋生境等的关注度。

三是以“人海和谐”为特征的公众亲海环境品质指标 3 个。其中，以“公众亲海岸线比例”指标表征公众临海亲海生态空间的保障情况，以“海水浴场和滨海旅游度假区环境状况”指标表征公众主要亲海区的环境质量状况，以“美丽海湾建设的公众满意度”指标综合表征社会大众临海亲海的获得感和幸福感。

2. 有关指标的说明

（1）关于“海水感观状况”的设置及监测评估方法

设置该项指标主要考虑两个方面：一是色、臭、味是人们直观感受和判断海洋生态环境质量的重要依据和标准；二是国内外目前均将色、臭、味作为水质监测的重要组成部分，美国、加拿大、澳大利亚和世界卫生组织等发达国家和国际组织将色、臭、味作为水质评价中“美学要求”或“感官效应”的组成部分加以规定，我国现行的《海水水质标准》（GB 3097—1997）也明确将色、臭、味作为必测指标，要求第一类、第二类、第三类水质“海水不得有异色、异臭、异味”，第四类水质“海水不得有令人厌恶和感到不快的色、臭、味”，测量方法为比色法和感官法［具体方法见《海洋监测规范 第 4 部分：海水分析》（GB 17378.4—2007）］。

（2）关于“入海河流断面水质达标率”和“入海排污口达标排放率”

入海河流和入海排污口是陆源污染防治最重要的“闸口”，两项指标也在一定程度上表征了陆源污染对海洋生态环境质量的影响。因此，基于入海河流综合治理和入海排污口查测溯治的总体要求，设置了“入海河流断面水质达标率”和“入海排污口达标排放率”这两项指标，并明确了入海河流评估范围为国控和省控入海河流断面，入海排污口评估范围包括直排海污染源和排查出来的其他全部入海排污口。

（3）关于“重要海洋生物保护情况”

目前，“重要海洋生物保护情况”指标主要包括珍稀濒危物种保护、本地关键物种（含重要渔业生物）保护、外来入侵物种管控三个方面。主要是根据自然资源部、农业农村部等部门和沿海省（自治区、直辖市）生态环境部门的意见，重点考虑以下三方面情况：一是本地关键物种（含重要渔业生物）保护属于评判海湾生物多样性的普适指标，每个海湾开展海洋生态环境调查、海洋工程环评、海洋渔业资源调查等工作，均需要开展类似的调查，对其进行评估具有较为可靠的数据资料来源；二是尽管并非每个海湾都具有珍稀濒危物种，但是具有珍稀濒危物种的海湾其生态重要性更加重要，也更需要评判其保护珍稀濒危物种的成效，以 2021 年评议确定的首批美丽海湾优秀案例为例，共有盐城东台条子泥岸段、汕头青澳湾、深圳大鹏湾 3 个具有珍稀濒危物种的海湾，也在一定程度上证明了将其纳入美丽海湾指标体系的必要性；三是我国互花米草等外来物种入侵问题较为严重，对区域海洋生物多样性造成严重影响，比如 2021 年首批美丽海湾优秀案例就有青岛灵山湾、盐城东台条子泥岸段、福州滨海新城岸段、温州洞头诸湾 4 个案例存在互花米草入侵问题，同样应该引起高度重视。各海湾重要海洋生物保护情况，是表征其海洋生物多样性保护成效的重要指标。

（4）关于“美丽海湾建设的公众满意度”

公众满意度是评价美丽海湾建设成效的综合性指标，充分体现了“以人民为中心”的目标导向。生态环境部“无废城市”创建、生态文明建设示范区创建等相关指标体系，均包括类似的调查类指标。比如，“无废城市”创建指标体系中包括“‘无废城市’建设宣传教育培训普及率”“政府、企事业单位、非政府环境组织、公众对‘无废城市’建设的参与程度”“公众对‘无废城市’建设成效的满意程度”3 项调查类指标，生态文明建设示范区创建指标体系中包括“公众对生态文明建设的满意度”“公众对生态文明建设的参与度”2 项调查类指标。

美丽海湾指标体系详见附表 1。

1.4　广西美丽海湾名录和概况

1.4.1　广西美丽海湾名录

广西近岸海域位于北部湾北部，北临北海、钦州、防城港三市，西起中越边境的北仑河口，东与广东省英罗港接壤，东南与海南省隔海相望，西部与越南接壤。北部湾背靠中国西南内陆直抵中亚直至欧洲大陆，面向东盟，具有“一湾相挽十一国，良性互动东中西”的独特区位优势。

根据《广西壮族自治区海洋功能区划（2011—2020 年）》，纳入海洋环境功能区管理的海域面积约7000km^2，大陆岸线长1628.59km，滩涂面积约1005km^2。沿岸岛屿众多，其中无居民海岛632个，有居民海岛14个，海岛岸线总长550.68km。广西沿海有多条河流汇入，较大的主要河流有南流江、大风江、白沙河、南康江、西门江、钦江、茅岭江、防城江以及北仑河。

广西近岸海域面积较小，仅比天津市和上海市的近岸海域面积大，位于我国沿海省份的倒数第三。广西近岸海域位于北部湾最北端，浅滩发育较广，水深20m以浅的海域6488km^2，约占广西近岸海域面积的93%。广西近岸海域海岸线曲折，河口海湾较多，水体交换条件较差，近岸海域的环境承载力较低。广西近岸海域自东向西主要包括铁山港、廉州湾、大风江口、钦州湾、防城港和珍珠湾共6个重要河口海湾。

广西近岸海域的自然生态资源优厚。广西近岸海域优良水质的比例常年在90%左右，位于我国沿海省份的前列。广西海洋生物资源繁多，是我国重要的海产品增养殖区和优质渔场之一，其中鱼贝类有500多种，具有捕捞经济价值的有50多种，另外还有国家Ⅰ级保护动物中华白海豚（*Sousa chinensis*）、布氏鲸（*Balaenoptera brydei*），国家Ⅱ级保护动物江豚（*Neophocaena phocaenoides*）、文昌鱼（*Branchiostoma belcheri*）、中国鲎（*Tachypleus tridentatus*）等。此外，广西近岸海域还拥有红树林、珊瑚礁和海草床等典型海洋生态系统，是我国海洋生物多样性最高的海区之一。

根据《中国海湾志》（第一分册至第十二分册）、《我国部分海域海岛标准名称》并结合《广西壮族自治区海洋功能区划（2011—2020年）》以及广西沿海三市（北海市、钦州市、防城港市）城市特点，将广西沿海海湾划分为铁山港、银滩岸段、廉州湾、涠洲岛、大风江口、三娘湾、钦州湾、防城港、珍珠湾和北仑河口10个美丽海湾①。广西美丽海湾名录见表1.1。

表1.1　广西美丽海湾名录

所辖市	美丽海湾	所包含区域	标准名称	岸线长度/km	面积/km^2	所在行政区	位置	
							北纬/（°）	东经/（°）
北海	铁山港	铁山港	铁山港	190.30	259.40	铁山港区、合浦县	21.658 33	109.565 00
		铁山港东侧岸段	丹兜海	81.30	259.70	合浦县	21.583 33	109.656 70

① 具体建设和实施时，为方便地级市管理，优化划分为13个海湾单元，16个海湾子单元，详见第9章。

续表

所辖市	美丽海湾	所包含区域	标准名称	岸线长度/km	面积/km²	所在行政区	位置	
							北纬/（°）	东经/（°）
北海	银滩岸段	银滩沿岸岸段	西村港	111.31	181.20	银海区、铁山港区	21.453 33	109.236 70
			南　港				21.441 67	109.060 00
			沙虫寮港				21.425 00	109.161 70
			电白寮港				21.420 00	109.123 30
			白龙港				21.475 00	109.3300
			营盘港				21.468 33	109.460 00
	廉州湾	廉州湾	廉州湾	100.14	431.00	海城区	21.561 67	109.076 70
			高德港				21.508 33	109.153 30
			外沙内港				21.483 33	109.095 00
	涠洲岛	涠洲岛	松木头沙湾	30.36	258.80	海城区	21.055 00	109.088 30
			哨牙大湾				21.020 00	109.116 70
			阴山塘湾				21.015 00	109.098 30
			担水湾				20.918 33	109.208 30
			灶门湾				20.916 67	109.205 00
			婆湾				20.905 00	109.215 00
			深水湾				20.903 33	109.210 00
北海-钦州	大风江口	大风江口北海段	—	70.62	128.70	合浦县	21.619 50	108.898 70
		大风江口钦州段	—	103.00	181.75	钦南区	21.662 40	108.870 40
钦州	三娘湾	三娘湾	—	289.00	153.89	钦南区	21.610 80	108.757 10
钦州-防城港	钦州湾	钦州湾钦州段	茅尾海	227.00	599	钦南区	21.716 70	108.586 70
		钦州湾防城港段	旧洋江湾	125.50	77.85	防城区、港口区	108.538 30	21.695 00
			白沙江湾				108.483 30	21.736 67
			生鸡啼湾	43.88	83.71	港口区	108.551 70	21.661 67
			榄埠江湾				108.528 30	21.635 00
			苏木				108.531 70	21.623 33
			大船潭港				108.520 00	21.613 33

续表

所辖市	美丽海湾	所包含区域	标准名称	岸线长度/km	面积/km^2	所在行政区	位置	
							北纬/（°）	东经/（°）
钦州-防城港	钦州湾	企沙半岛南岸	港仔尾	57.17	292.91	港口区	108.435 00	21.553 33
			疏鲁				108.431 70	21.553 33
			蝴蝶岭东				108.453 30	21.553 33
			蝴蝶岭西				108.443 30	21.550 00
			企沙港				108.461 70	21.570 00
防城港	防城港	江山半岛东岸	万欧港	21.00	174.61	防城区、港口区	108.261 70	21.530 00
		防城港西湾	西湾	52.68	58.79	防城区、港口区	108.333 30	21.638 33
		防城港东湾	防城港	142.20	147.59	港口区	108.348 30	21.588 33
			东湾				108.390 00	21.620 00
			榕木江湾				108.423 30	21.676 67
			云约江港				108.420 00	21.605 00
			龙狗窿湾				108.393 30	21.556 67
	珍珠湾	珍珠湾	深沟港湾	73.57	193.98	防城区、东兴市	108.243 30	21.541 67
			鲁古				108.215 00	21.511 67
	北仑河口	北仑河口	东兴港	21.79	73.19	东兴市	108.093 30	21.533 33

注：标准名称即为《我国部分海域海岛标准名称》中的名称。

1.4.2 广西美丽海湾概况

1. 铁山港

铁山港（美丽海湾）包括铁山港和铁山港东侧岸段。

铁山港位于广西沿岸东部，与广东省英罗港相邻，是一个狭长的台地溺谷型海湾，呈南北走向，形似喇叭，水域南北长约40km，东西最宽处10km，海湾面积259.40km^2，东部有白沙河汇入。铁山港是广西的天然深水大港，港口主要有位于西岸的铁山港、营盘港、白龙港[①]以及东岸的沙田港。铁山港区现有生产性泊位21个，码头岸线长4001m，年通过能力3448万t，营运货种主

① 美丽海湾划分时营盘港和白龙港被纳入了银滩岸段，但按其自然属性，是属于铁山港海湾的，此处描述的是按自然属性的分类。

要为煤炭、金属矿石、非金属矿石、粮食和油品。截至 2019 年，工业区累计有 51 家企业，其中投产企业 33 家、在建企业 18 家，涵盖了石油化工（石化）、临港新材料、玻璃、林纸一体化、新能源、海洋装备、港航物流等产业。铁山港海洋生物资源丰富，拥有红树林和海草床等海洋生态系统。海产品十分丰富，沿海滩涂 17.5 万亩[①]，是珍珠、牡蛎、对虾、文蛤、青蟹、方格星虫等优质海产品的天然养殖场。

2. 银滩岸段

银滩岸段位于北海市南部海域，是平直海岸段及中小港口的集合体，涵盖了《我国部分海域海岛标准名称》中的西村港、南港、沙虫寮港、电白寮港、白龙港和营盘港。东部有南康江汇入。银滩岸段滨海旅游和生物资源丰富，拥有北海滨海国家湿地公园和 AAAA 级北海银滩国家旅游度假区。北海银滩国家旅游度假区东西延绵 24km，海滩宽 300～7000m，沙滩坡度平缓，浴场面积宽阔。北海滨海国家湿地公园湿地面积 $1827hm^2$，湿地公园内野生动物种类繁多。

3. 廉州湾

廉州湾地处广西近岸海域东北部，北海市区北侧，口门南起北海市冠头岭，北至台浦县西场镇的高沙海湾，全湾岸线长 100.14km，海湾面积 $431.00km^2$，有南流江、廉州江、七星江等河流入海，形成河口三角洲地貌。廉州湾河口处集中分布有大片红树林，面积约 $831.4hm^2$，以真红树植物中白骨壤、桐花树为主，具有河口红树林典型特征。此外，廉州湾北岸滩涂分布有密集的养殖虾塘，东南岸分布有城镇居民生活区、港口码头和工业园区。

4. 涠洲岛

涠洲岛位于北海市南部领海，包含《我国部分海域海岛标准名称》的松木头沙湾、哨牙大湾、阴山塘湾、担水湾、灶门湾、婆湾和深水湾，岸线长为 30.36km，海湾面积 $258.80km^2$。涠洲岛是火山喷发堆凝而成的岛屿，是我国最大和最年轻的火山岛，具有中国最典型的火山机构（火山口）、中国最丰富的火山景观、中国保存最完整的多期火山活动。涠洲岛海洋生态系统保存完整，

① 1 亩≈$666.67m^2$。

乡村田园、浩瀚海洋、美丽海岛、海底火山和珊瑚礁群等构成了一个庞大的高品位、富有多样性的海洋旅游资源体系。海湾内有广西涠洲岛珊瑚礁国家级海洋公园，位于涠洲岛东北面和西南面距海岸线500m以外至15m等深线组成的两部分海域，总面积为2512.92hm^2。

5. 大风江口

大风江口位于北部湾顶端，地处钦州湾和廉州湾之间。湾口朝南，口门东起合浦县西场镇的大木城，西至钦州市犀牛脚大王山。大风江沿岸滩涂分布有红树林和养殖池塘，两岸为党江、西场、东场和犀牛脚镇等乡镇居民生活区。当地种植业主要以种植甘蔗、速生桉为主，海水养殖业主要以对虾养殖和牡蛎养殖为主。

6. 三娘湾

三娘湾位于钦州南端的北部湾沿海，即钦州湾以东、大风江以西海域。三娘湾是钦州的独立海湾，以碧海、沙滩、奇石、绿林、渔船、渔村、海潮、中华白海豚而著称，拥有“中华白海豚之乡”的美称。三娘湾河口上游植被生长良好，生物资源丰富，是中华白海豚的重要生存海域之一。三娘湾拥有独特的旅游资源，是钦州最著名和最有特色的滨海旅游区之一。

7. 钦州湾

钦州湾位于北部湾顶部，广西沿岸中段。钦州湾东、西、北面为陆地所环绕，南面与北部湾相通。钦州湾北面的半封闭海湾为茅尾海，南面为与北部湾相连通的钦州港，茅尾海和钦州港中间狭窄处为龙门港。钦州湾东岸钦州港充分发挥独特的区位和综合交通优势，目前建成公用、工业泊位 80 个，港口设计年吞吐能力1.15亿t，10万t级油码头及航道、30万t级油码头及航道已建成，初步形成北部湾集装箱集散中心。钦州港目前已进驻港口经营企业达 70 家。2019年全年，钦州港累计完成港口货物吞吐量11 930.8万t。此外，钦州港已初步形成以石化、装备制造、能源、造纸、粮油加工、现代物流为主的“六大产业板块”发展格局，并呈现良好的发展态势，逐步为港口提供巨大的工业港口物流。

钦州湾北面有钦江、茅岭江淡水汇入，饵料充足，鱼类资源丰富，水产养殖发达，青蟹、石斑鱼、大虾、牡蛎（大蚝）为钦州湾四大名产。尤其是牡蛎养殖业发展迅速，钦州湾目前已成为中国最大的牡蛎养殖基地。湾内有数百公顷红树林，设有国家级海洋公园以及自治区级红树林自然保护区。

8. 防城港

防城港位于广西沿岸中西部，呈 Y 形分叉。口门东是企沙半岛，西为江山半岛，东北—西南走向的防城港市港口区将海湾分为东、西两部分，俗称防城港东湾和防城港西湾，防城港北部有防城江汇入。防城港目前已发展成为我国沿海主要港口和广西沿海主力港，截至 2019 年底，全港已建成生产性泊位 131 个，万吨级以上泊位 46 个，全港综合通过能力达 1.445 亿 t，其中集装箱通过能力 187 万标箱。防城港依托港口，形成了原材料、农产品等大宗商品的集散大通道，形成了包括钢铁、有色金属、化工、能源、粮油食品、装备制造等在内的六大支柱产业。

9. 珍珠湾

珍珠湾地处广西沿海地区西部，东与防城港江山半岛毗邻，西靠中国与越南交界的北仑河口海域，整个海湾呈漏斗状。珍珠湾海水水质优良，适宜发展养殖珍珠、牡蛎等海水养殖产业，是南珠主要产地之一。此外，珍珠湾拥有红树林和海草床等海洋生态系统，分布有国家级红树林自然保护区。

10. 北仑河口

北仑河口位于防城港市东兴市的南部，中国与越南交界的北仑河的出海口。北仑河口海域生物资源丰富，拥有红树林海洋生态系统，分布有国家级红树林自然保护区。主要功能为海洋保护及农渔业，兼顾港口航运及旅游休闲娱乐。

第 2 章　广西美丽海湾的环境特征

2.1　近岸海域海洋环境质量

2.1.1　广西近岸海域环境质量

1. 海水水质状况

按照国家海洋生态环境监测方案，“十四五”广西共设 40 个监测点位。根据该 40 个点位计算，2020 年广西近岸海域海水水质级别为“优”，海域面积优良比例为 96.0%。2010～2020 年广西近岸海域海水水质稳定，海域面积优良比例变化范围为 88.8%～97.1%，平均值为 92.2%。2010～2020 年广西近岸海域面积优良比例年际变化见图 2.1。广西近岸海域海水水质级别总体处在“良好”及以上水平，在全国沿海城市海水水质优良率中位于前列。

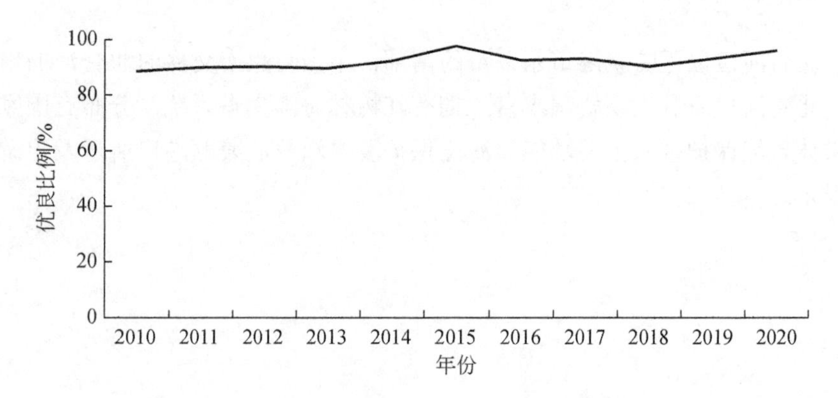

图 2.1　2010～2020 年广西近岸海域面积优良比例年际变化

数据来源于广西壮族自治区生态环境厅近岸海域监测数据

2. 主要超标因子

广西近岸海域主要的超二类海水标准因子为无机氮和活性磷酸盐。2020 年广西近岸海域无机氮浓度年均值为 0.082mg/L，高值区分布在茅尾海、大风江口，2010～2020 年无机氮浓度总体变化趋势不明显；2020 年广西近岸海域活性磷酸盐浓度年均值为 0.0077mg/L，高值区分布在茅尾海、廉州湾，2010～2020 年活性磷酸盐浓度总体变化趋势不明显。2010～2020 年广西近岸海域无机氮和活性磷酸盐年均浓度变化见图 2.2。

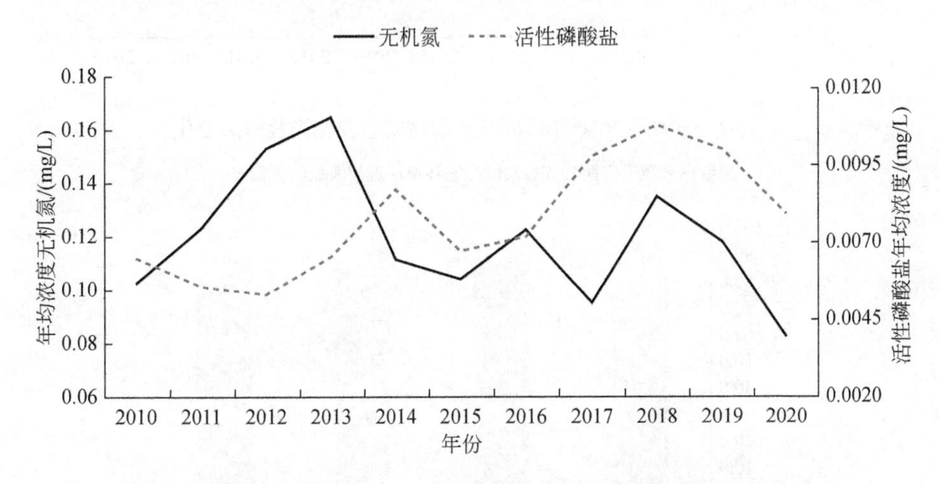

图 2.2　2010～2020 年广西近岸海域无机氮和活性磷酸盐年均浓度变化

数据来源于广西壮族自治区生态环境厅近岸海域监测数据

3. 富营养化状况

2020 年广西近岸海域富营养化指数[①]均值为 0.3，总体为贫营养化状态，中度富营养化海域分布在茅尾海。富营养化状况为贫营养化。2010～2020 年广西近岸海域富营养化指数总体变化趋势不明显。具体见图 2.3。

4. 海洋沉积物质量状况

2020 年广西近岸海域海洋沉积物质量状况为“优良”，2015 年、2017 年、2019 年、2020 年 4 年表层沉积物质量状况维持在“一般”至“优良”。第一类

① 富营养化指数计算公式为 E=［化学需氧量］×［无机氮］×［活性磷酸盐］×106/4500。$E \geqslant 1$ 为富营养化，其中 $1 \leqslant E \leqslant 3$ 为轻度富营养化，$3 < E \leqslant 9$ 为中度富营养化，$E > 9$ 为重度富营养化；$E < 1$ 为贫营养化。

［参见《海洋沉积物质量标准》（GB 18668—2002）］的点位比例由 2015 年的 84.2%上升到 2020 年的 87.5%，具体见图 2.4。

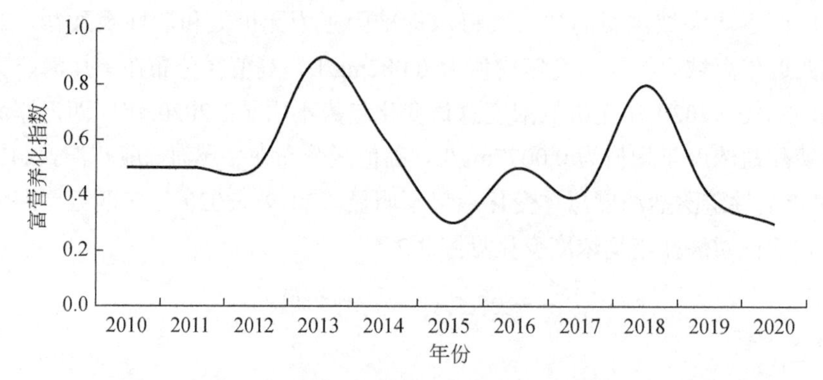

图 2.3　2010～2020 年广西近岸海域富营养化指数年际变化

数据来源于广西壮族自治区生态环境厅近岸海域监测数据

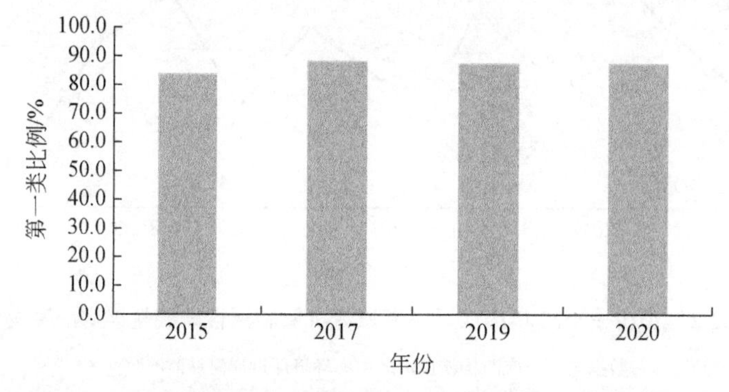

图 2.4　广西近岸海域海洋沉积物质量状况变化（40 个点位）

数据来源于广西壮族自治区生态环境厅近岸海域监测数据

2.1.2　重点海湾环境质量

1. 铁山港环境质量特征

2020 年铁山港海域平均水质类别为第一类，水质级别为“优”。2015～2020 年铁山港海域平均水质级别均为“良好”及以上。2010～2020 年铁山港海域无机氮浓度和活性磷酸盐浓度总体变化趋势不明显，具体见图 2.5。

2020 年铁山港海域富营养化指数为 0.5，为贫营养化。2010～2020 年铁山港海域富营养化指数总体变化不大，保持在轻度富营养化以下，具体见图 2.6。

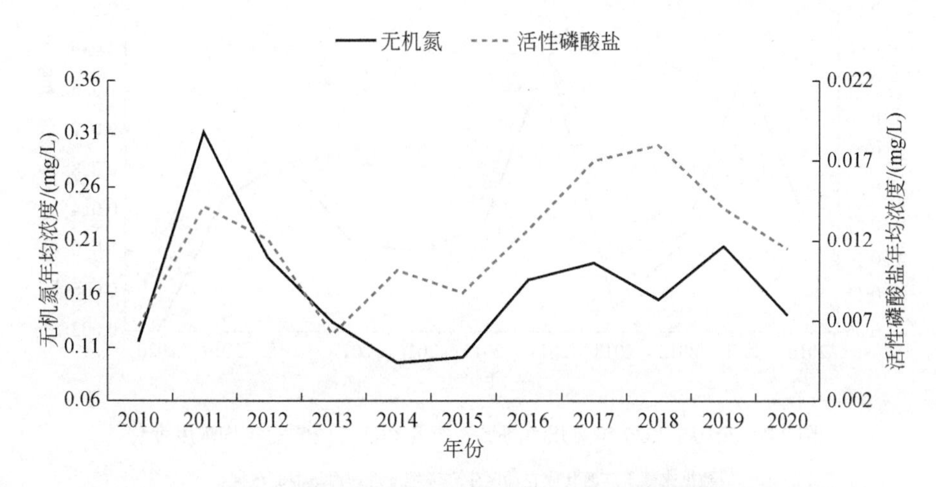

图 2.5　2010～2020 年铁山港海域无机氮和活性磷酸盐年均浓度变化

数据来源于广西壮族自治区生态环境厅近岸海域监测数据

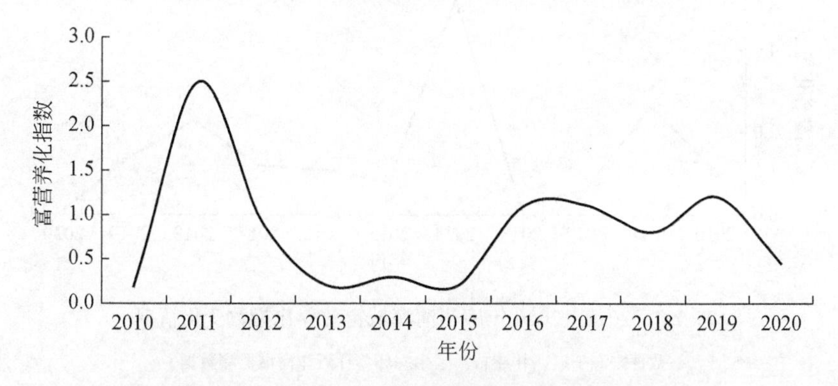

图 2.6　2010～2020 年铁山港海域富营养化指数变化情况

数据来源于广西壮族自治区生态环境厅近岸海域监测数据

2. 廉州湾环境质量特征

2020 年廉州湾海域平均水质类别为第一类，水质级别为“优”。2010～2020 年廉州湾海域平均水质级别不稳定，变化幅度较大。2010～2020 年廉州湾海域无机氮浓度和活性磷酸盐浓度总体变化趋势不明显，具体见图 2.7。

2020 年廉州湾海域富营养化指数为 0.1，为贫营养化。2010～2020 年廉州湾海域富营养化指数总体变化趋势不明显，具体见图 2.8。

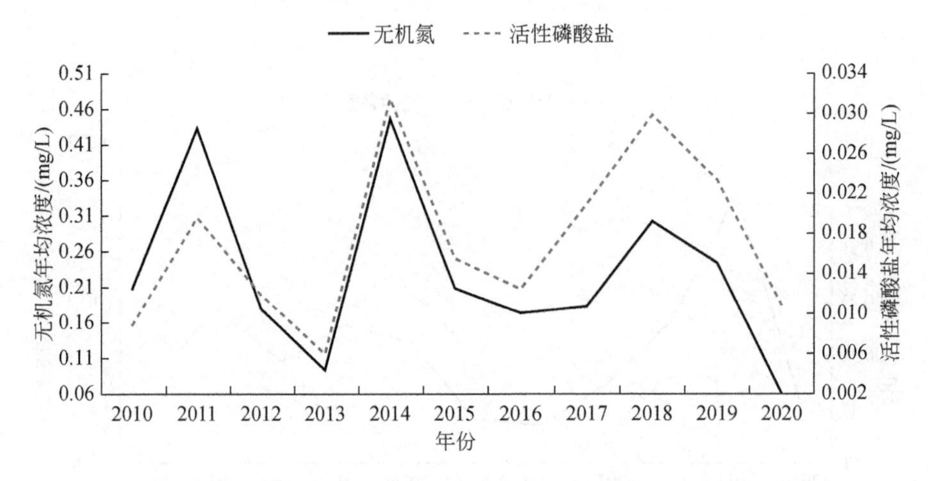

图 2.7　2010～2020 年廉州湾海域无机氮和活性磷酸盐年均浓度变化

数据来源于广西壮族自治区生态环境厅近岸海域监测数据

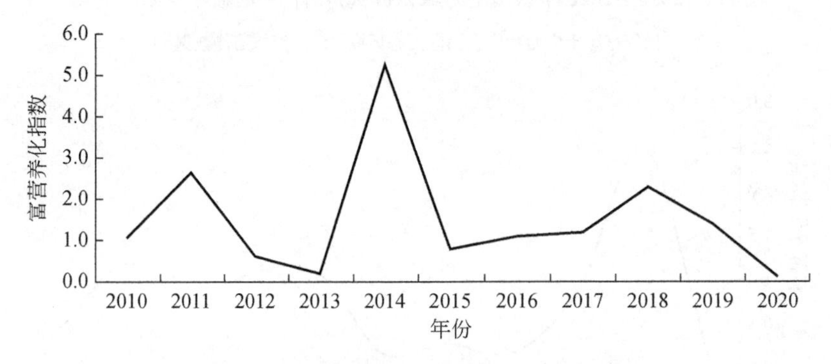

图 2.8　2010～2020 年廉州湾海域富营养化指数变化情况

数据来源于广西壮族自治区生态环境厅近岸海域监测数据

3. 大风江口环境质量特征

2020 年大风江口海域平均水质类别为第二类，水质级别为“良好”。2010～2020 年大风江口海域平均水质较差。2010～2020 年大风江口海域无机氮浓度总体变化趋势不明显，活性磷酸盐浓度总体呈上升趋势，活性磷酸盐浓度无超二类海水标准现象，超二类海水标准因子主要为无机氮，具体见图 2.9。

2020 年大风江口海域富营养化指数均值为 1.2，为轻度富营养化。2010～2020 年大风江口海域富营养化指数总体变化趋势不明显，但变化幅度较大，具体见图 2.10。

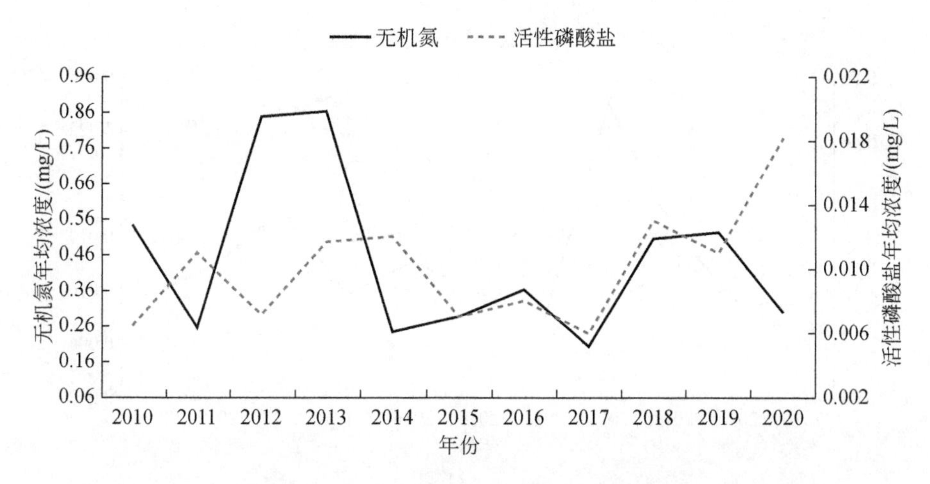

图 2.9　2010～2020 年大风江口海域无机氮和活性磷酸盐年均浓度变化

数据来源于广西壮族自治区生态环境厅近岸海域监测数据

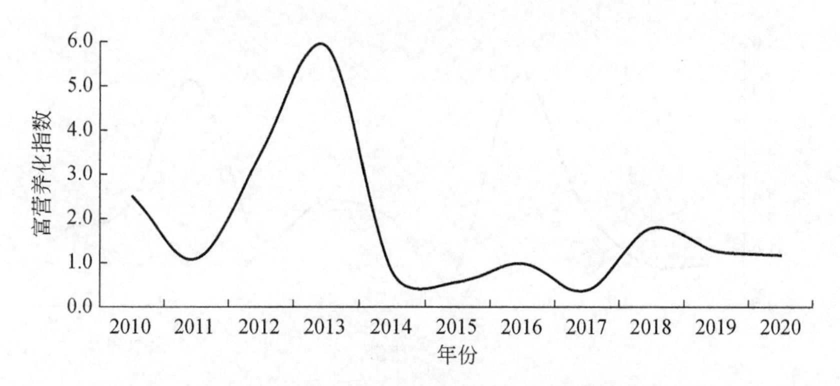

图 2.10　2010～2020 年大风江口海域富营养化指数变化情况

数据来源于广西壮族自治区生态环境厅近岸海域监测数据

4. 钦州湾环境质量特征

2020 年钦州湾海域平均水质类别为第二类，水质级别为“良好”。2010～2020 年钦州湾海域大多数年份平均水质级别为“良好”。2010～2020 年钦州湾海域活性磷酸盐浓度、无机氮浓度总体变化趋势不明显，具体见图 2.11。

2020 年钦州湾海域富营养化指数为 1.4，为轻度富营养化。2010～2020 年钦州湾海域富营养化指数总体变化趋势不明显，具体见图 2.12。

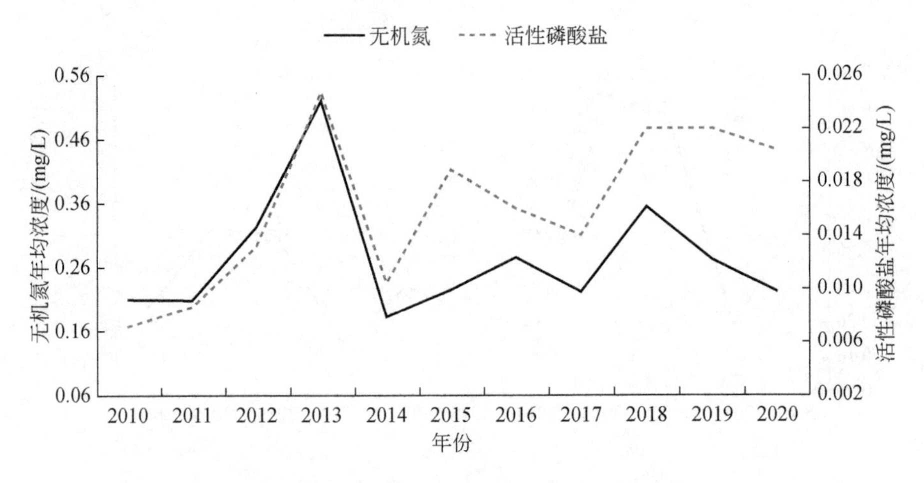

图 2.11　2010～2020 年钦州湾海域无机氮和活性磷酸盐年均浓度变化

数据来源于广西壮族自治区生态环境厅近岸海域监测数据

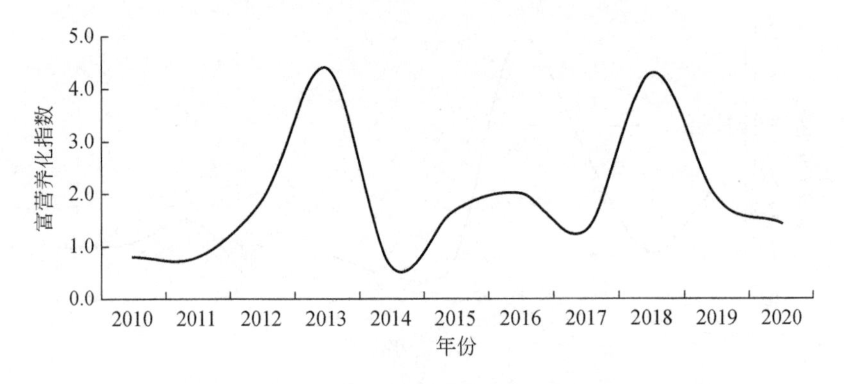

图 2.12　2010～2020 年钦州湾海域富营养化指数变化情况

数据来源于广西壮族自治区生态环境厅近岸海域监测数据

5. 防城港环境质量特征

2020 年防城港海域平均水质类别为第二类，水质级别为“良好”。2010～2020 年防城港海域平均水质级别均为“良好”及以上。2010～2020 年防城港海域无机氮浓度呈下降趋势，活性磷酸盐浓度总体变化趋势不明显，活性磷酸盐浓度、无机氮浓度不稳定，变化幅度较大，具体见图 2.13。

2020 年防城港海域富营养化指数为 0.4，为贫营养化。2010～2020 年防城港海域富营养化指数呈缓慢下降趋势，具体见图 2.14。

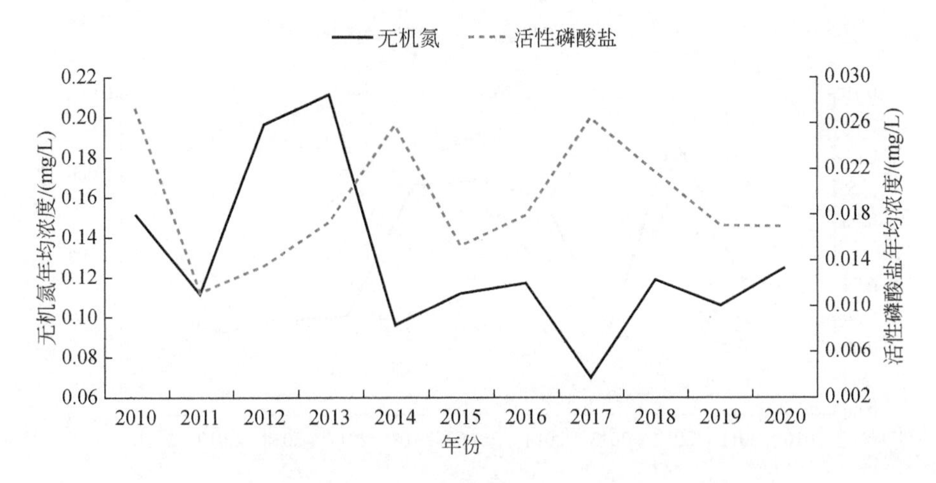

图 2.13　2010～2020 年防城港海域无机氮和活性磷酸盐年均浓度变化

数据来源于广西壮族自治区生态环境厅近岸海域监测数据

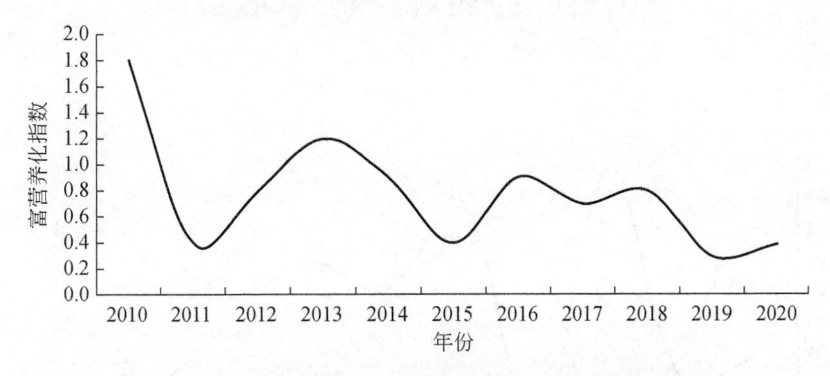

图 2.14　2010～2020 年防城港海域富营养化指数变化情况

数据来源于广西壮族自治区生态环境厅近岸海域监测数据

6. 珍珠湾环境质量特征

2020 年珍珠湾海域平均水质类别为第一类，水质级别为“优”。2010～2020 年珍珠湾海域平均水质级别维持在“优”。2010～2020 年珍珠湾海域无机氮浓度和活性磷酸盐浓度比较稳定，无明显变化，具体见图 2.15。

2020 年珍珠湾海域富营养化指数为 0.02，为贫营养化。2010～2020 年珍珠湾海域富营养化状况均为贫营养化，富营养化指数总体呈下降趋势，2010～2020 年珍珠湾海域富营养化变化很小，非常稳定。具体见图 2.16。

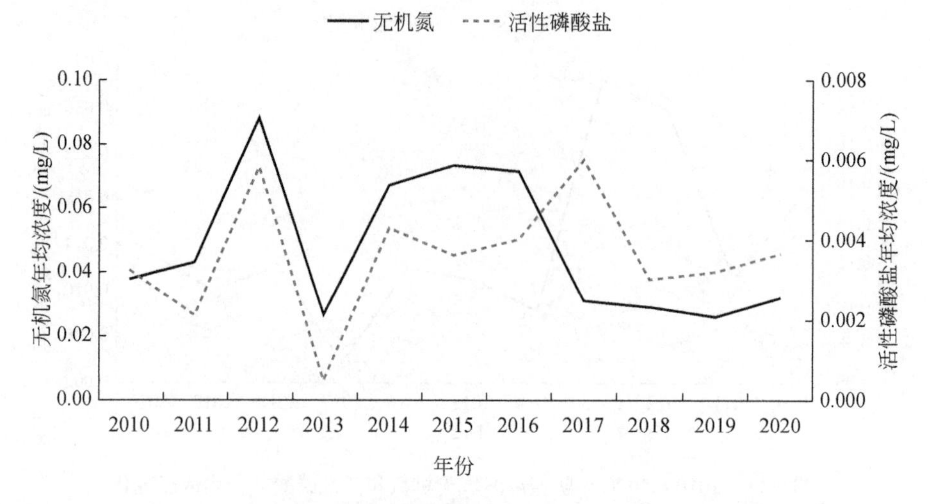

图 2.15 2010～2020 年珍珠湾海域无机氮和活性磷酸盐年均浓度变化

数据来源于广西壮族自治区生态环境厅近岸海域监测数据

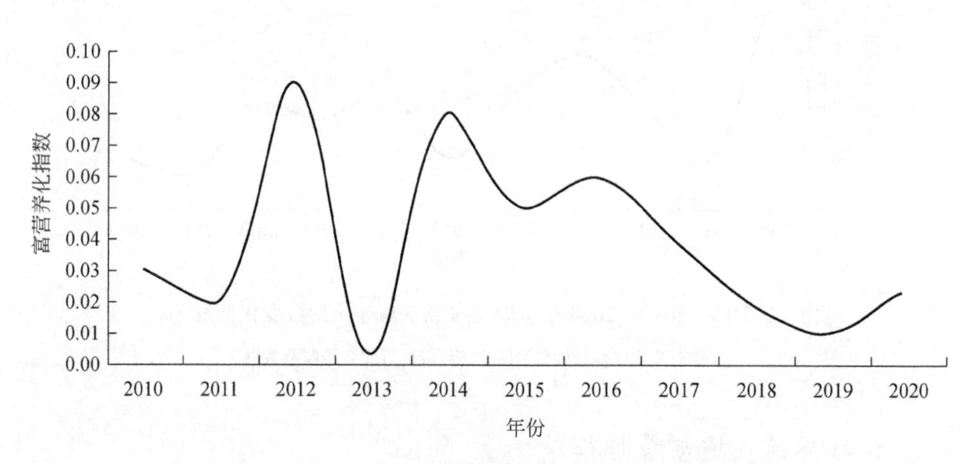

图 2.16 2010～2020 年珍珠湾海域富营养化指数变化情况

数据来源于广西壮族自治区生态环境厅近岸海域监测数据

2.2 沿海主要入海污染源

广西沿海入海污染源主要有入海河流、直排入海排污口（包括直排入海工业企业排污口、直排入海市政排污口）和沿海海水养殖。入海河流、直排入海工业企业排污口和直排入海市政排污口的入海污染物量数据来源于广西壮族自治区海洋环境监测中心站编制的《2016—2020 年广西壮族自治区海洋生态环境质量报告书》。

2.2.1　入海河流水质状况

1. 入海河流水质概况与变化

2020 年广西沿海 9 条主要入海河流 11 个入海河流断面Ⅰ～Ⅲ类水质比例为 90.9%，整体水质级别为“优”。2015～2020 年入海河流断面Ⅰ～Ⅲ类水质比例总体呈上升趋势，到 2020 年水质级别由“轻度污染”转化为“优”。2015～2020 年广西入海河流断面Ⅰ～Ⅲ类水质比例年际变化见图 2.17。

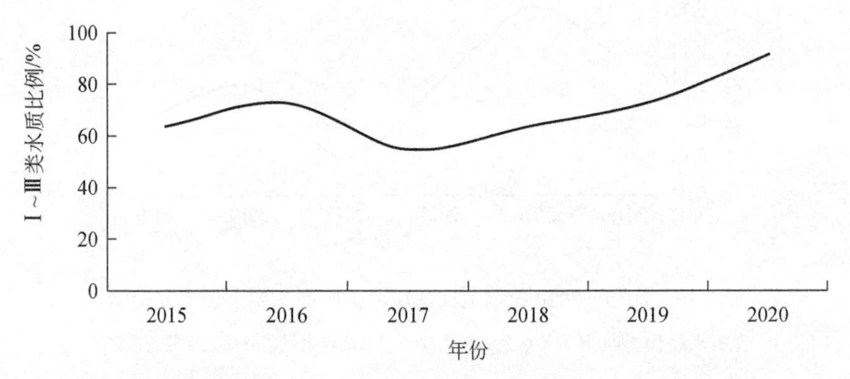

图 2.17　2015～2020 年广西入海河流断面Ⅰ～Ⅲ类水质比例年际变化

数据来源于广西壮族自治区生态环境厅及国家地表水采测分离共享监测数据

2. 入海河流水质超标因子

2020 年入海河流水质年均浓度超Ⅲ类标准因子有总磷、氨氮、化学需氧量和溶解氧。2015～2020 年总磷和氨氮年均浓度均超Ⅲ类标准，超标率呈波浪式变化，总体趋势不明显。2015～2020 年化学需氧量和溶解氧年均浓度除 2018 年外均超Ⅲ类标准。具体见图 2.18。

2015～2020 年南流江（南域和亚桥）监测断面、钦江（高速公路东桥和高速公路西桥）监测断面总磷年均浓度总体变化不明显，氨氮年均浓度总体呈现降低趋势，具体见图 2.19～图 2.22。

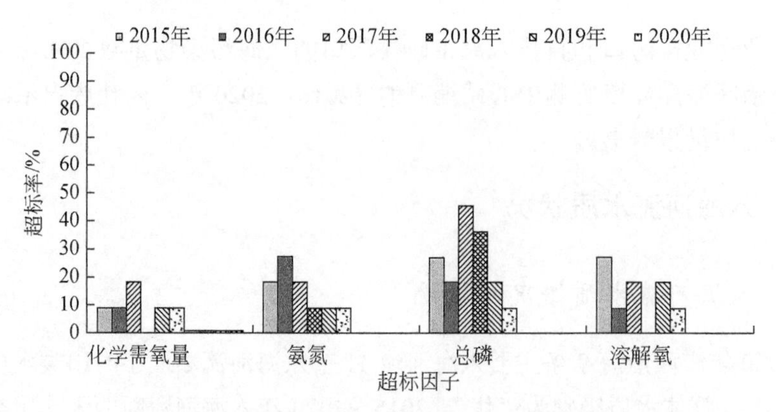

图 2.18　2015～2020 年入海河流水质年均浓度超Ⅲ类标准因子超标率

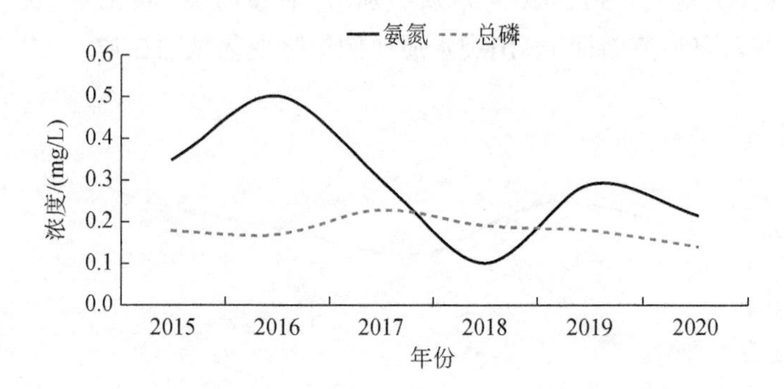

图 2.19　2015～2020 年南流江南域监测断面主要因子浓度变化

数据来源于广西壮族自治区生态环境厅及国家地表水采测分离共享监测数据

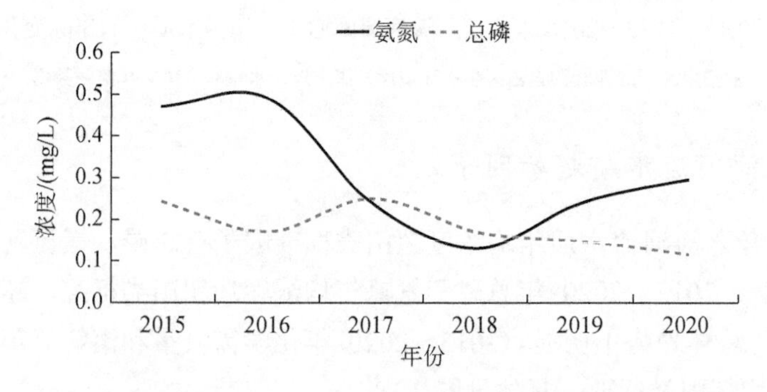

图 2.20　2015～2020 年南流江亚桥监测断面主要因子浓度变化

数据来源于广西壮族自治区生态环境厅及国家地表水采测分离共享监测数据

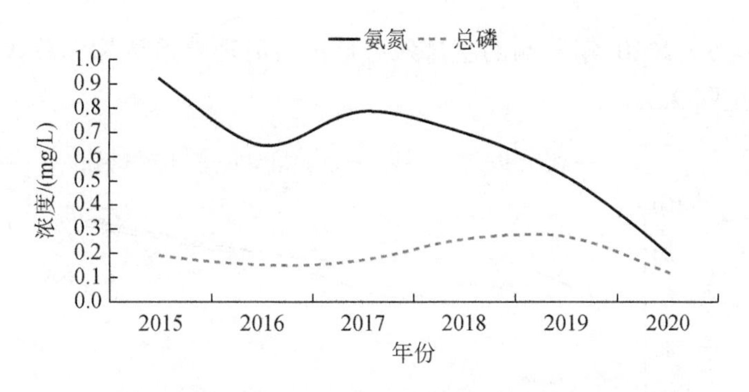

图 2.21　2015～2020 年钦江高速公路东桥监测断面主要因子浓度变化

数据来源于广西壮族自治区生态环境厅及国家地表水采测分离共享监测数据

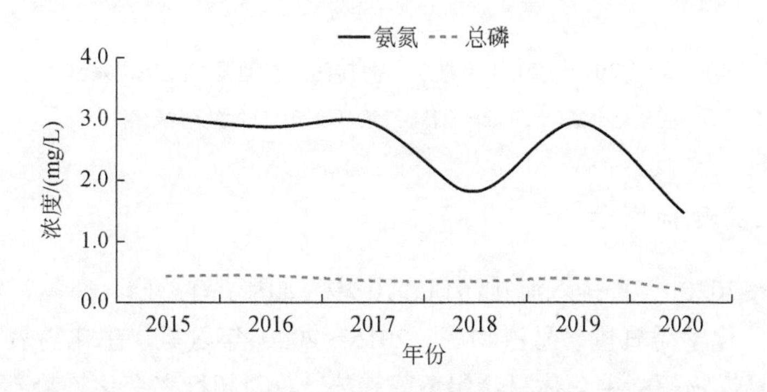

图 2.22　2015～2020 年钦江高速公路西桥监测断面主要因子浓度变化

数据来源于广西壮族自治区生态环境厅及国家地表水采测分离共享监测数据

2.2.2　直排入海排污口状况

根据《2016—2020 年广西壮族自治区海洋生态环境质量报告书》，2017 年下半年，广西在原已排查出的 51 个直排入海排污口的基础上新增识别 63 个直排入海排污口，并对 114 个直排入海排污口开展常规性监测。2020 年 114 个直排入海排污口有 44 个达到监测要求，其中工业企业排污口 13 个、市政排污口 31 个，其余 70 个直排入海排污口因截流、废水综合利用或停产、转产等清理整治原因没有废水外排。

1. 清理整治达标率

2020 年对 44 个直排入海排污口的监测中，清理整治达标率为 94.5%，其中工业企业排污口清理整治达标率为 100%，市政排污口清理整治达标率为

92.6%。2015～2020 年监测的直排入海排污口清理整治达标率总体呈上升趋势。具体见图 2.23。

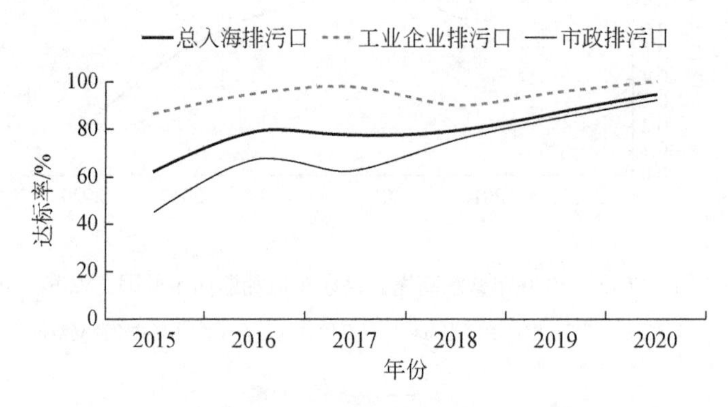

图 2.23 2015～2020 年直排入海排污口清理整治达标率统计

数据来源于广西壮族自治区生态环境厅直排入海监测数据

2. 主要超标因子

2015～2020 年直排入海排污口超Ⅲ类标准因子有总磷、总氮、氨氮、生化需氧量、化学需氧量、悬浮物等。2015～2020 年氨氮、生化需氧量、化学需氧量、悬浮物超标率总体呈缓慢下降趋势。总磷超标率变化趋势不明显，总氮超标率总体呈缓慢上升趋势。具体见表 2.1。

表 2.1 2015～2020 年直排入海排污口超标因子超标率统计 （单位：%）

年份	悬浮物超标率	化学需氧量超标率	生化需氧量超标率	氨氮超标率	总氮超标率	总磷超标率
2015	10.5	27.9	29.4	23.3	0	38.5
2016	6.7	10.4	15.1	16.3	1.7	17.0
2017	5.1	17.4	30.5	14.6	7.5	39.9
2018	8.5	16.1	17.6	16.0	27.1	38.5
2019	5.2	6.5	7.2	10.3	19.5	29.0
2020	2.1	2.7	5.7	2.7	3.4	13.7

注：排污口超标因子超标率＝因子超标次数/该因子监测次数。

2.2.3 沿海海水养殖状况

广西沿海海水养殖主要以虾类和贝类为主，鱼类次之，蟹类和其他类较少。根据《2020 中国渔业统计年鉴》以及北海市、钦州市、防城港市环境统计报表数据，2015～2020 年，广西沿海海水养殖贝类、虾类和鱼类的产量呈逐年上升的趋势，其中，贝类由 2015 年的 84.07 万 t 增加到 2020 年的 105.31 万 t，增长率为 25.3%；虾类由 23.33 万 t 增加到 33.28 万 t，增长率为 42.6%；鱼类由 4.56 万 t 增加到 9.75 万 t，增长率为 113.8%；蟹类由 1.67 万 t 增加到 1.84 万 t，增长率为 10.2%；其他类变化不大。具体见图 2.24。广西沿海海水养殖污染源以海水虾类养殖（陆基）和海水鱼类养殖为主。

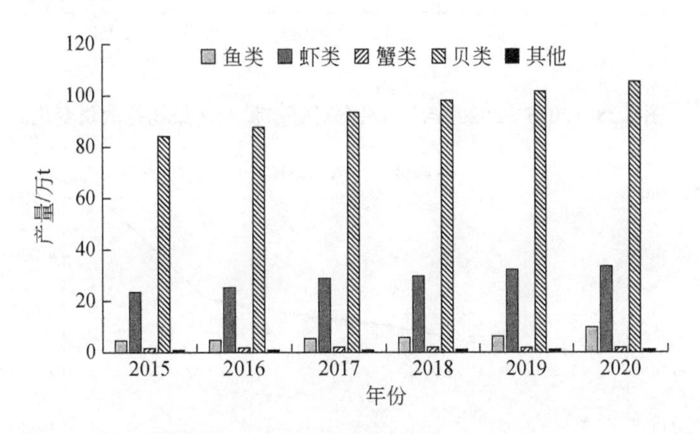

图 2.24　广西沿海海水养殖品种产量

1. 沿海对虾养殖状况

广西沿海海水虾类养殖（陆基）主要以对虾养殖为主，对虾养殖池塘广泛分布在广西各个大小河口海湾，具体主要分布在铁山港、银滩岸段、廉州湾、大风江口、茅尾海、北仑河口等海湾。根据《2020 中国渔业统计年鉴》以及北海市、钦州市、防城港市环境统计报表数据，2020 年广西沿海滩涂对虾养殖面积为 1.88 万 hm^2。2015～2020 年对虾产量逐年增加，2020 年为 332 760t；2015～2020 年对虾养殖污染物排放量逐年增加，2020 年为 17 676 t。具体见图 2.25。

2. 海水鱼类养殖状况

根据《2020 中国渔业统计年鉴》以及北海市、钦州市、防城港市环境统计报表数据，2020 年广西沿海海水鱼类养殖产量约为 97 464t，污染物排放量为 2515t。2015～2020 年海水鱼类养殖产量及污染物排放量逐年增加，具体见图 2.26。

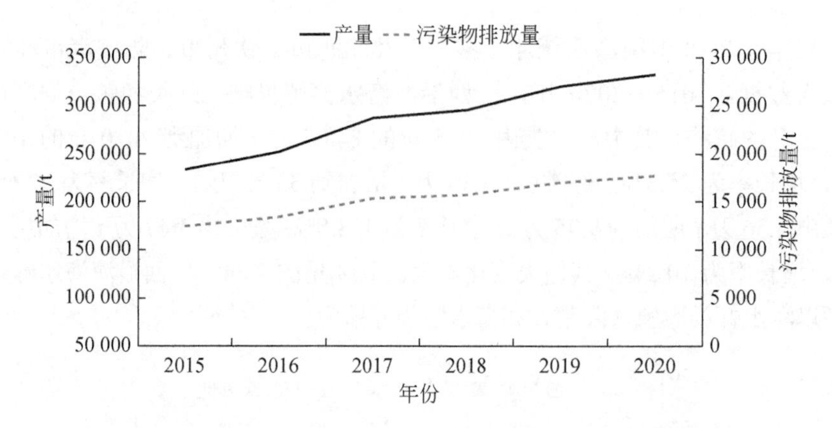

图 2.25 2015～2020 年广西沿海对虾产量及污染物排放量变化

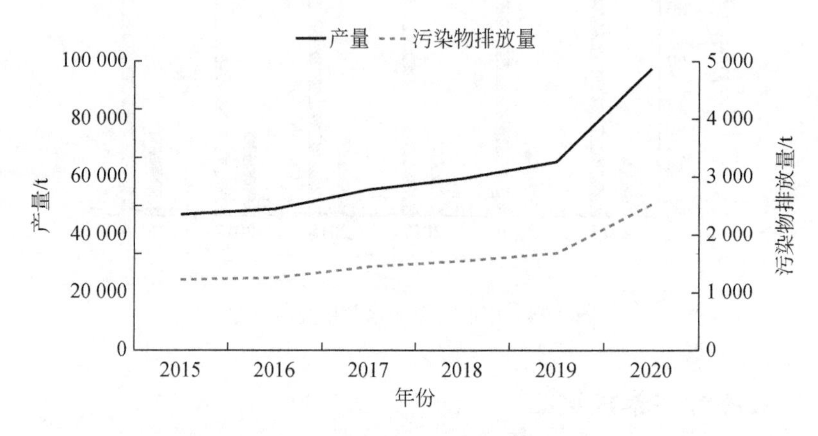

图 2.26 2015～2020 年海水鱼类养殖产量及污染物排放量变化

2.2.4 污染物入海总量

根据《2016—2020 年广西壮族自治区海洋生态环境质量报告书》，2020 年排入广西海域的污染物总量为 106 551t。2015～2020 年广西入海污染源以入海河流携带污染物和沿海海水养殖污染物为主，两者入海排放量占污染物入海总量 92.1%以上，污染物总量变化趋势不明显，其中入海河流携带污染物量占污染物入海总量比重呈降低趋势，沿海海水养殖污染物排放量占比上升趋势显著。可见在入海河流携带污染物入海量不断降低的情况下沿海海水养殖污染物入海量成为影响广西污染物入海量的主要因素。

2015～2020 年广西入海污染物均以有机物质（用高锰酸盐指数表示）和总氮为主，两者入海总量占污染物入海总量 96.8%以上。广西各入海污染物量变化趋势均不明显。

具体见表 2.2 和图 2.27、图 2.28。

表 2.2　2015～2020 年污染物入海量统计

类型	年份	污染物入海量/（t/a）							占比*/%
		有机物质（用高锰酸盐指数表示）	氨氮	石油类	总氮	总磷	重金属	合计	
入海河流	2015	44 752	7 830	99	31 013	2 390	68	78 322	74.9
	2016	43 600	7 457	44	30 796	1 801	42	76 283	77.1
	2017	42 876	6 906	37	35 495	2 356	31	80 796	76.0
	2018	41 646	4 717	182	29 536	2 068	52	73 484	73.4
	2019	39 640	4 847	134	27 764	1 888	51	69 477	70.0
	2020	46 889	3 525	129	27 959	1 523	51	76 551	71.8
工业企业排污口	2015	405	22	1	114	2	0	523	0.5
	2016	315	12	0	51	1	0	367	0.4
	2017	417	18	1	85	2	0	504	0.5
	2018	614	55	3	279	45	0	942	0.9
	2019	2 958	146	5	418	4	0	3 385	3.4
	2020	439	24	1	139	4	3	583	0.5
市政排污口	2015	4 804	1 256	19	2 389	447	1	7 660	7.3
	2016	1 416	337	24	1 364	342	1	3 147	3.2
	2017	1 601	271	12	1 545	204	2	3 365	3.2
	2018	1 504	265	13	1 631	203	1	3 352	3.3
	2019	872	281	9	1 322	146	1	2 351	2.4
	2020	1 573	333	20	1 676	528	1	3 798	3.6
沿海海水养殖	2015	14 545	561	—	3 175	282	—	18 003	17.2
	2016	15 489	604	—	3 386	299	—	19 175	19.4
	2017	17 381	692	—	3 866	341	—	21 588	20.3
	2018	18 019	712	—	4 018	357	—	22 395	22.4
	2019	19 244	770	—	4 349	388	—	23 981	24.2
	2020	20 186	799	—	4 958	475	—	25 619	24.0
入海总量	2015	64 506	9 669	119	36 691	3 121	69	104 508	100
	2016	60 820	8 410	68	35 597	2 443	43	98 972	100

续表

类型	年份	污染物入海量/（t/a）							占比*/%
		有机物质（用高锰酸盐指数表示）	氨氮	石油类	总氮	总磷	重金属	合计	
入海总量	2017	62 275	7 887	50	40 991	2 903	33	106 253	100
	2018	61 783	5 749	198	35 464	2 673	53	100 173	100
	2019	62 714	6 044	148	33 853	2426	52	99 194	100
	2020	69 087	4 681	150	34 732	2 530	55	106 551	100

注：①入海河流污染物入海量以 2003～2012 年平均径流量进行统计，污染物入海量合计为有机物质、石油类、总氮、总磷、重金属入海量之和；②重金属统计包括汞、砷、镉、铅和六价铬；③生态监测常用高锰酸盐指数代表水体中有机物质的总和，高锰酸盐指数=化学需氧量浓度×0.4。

*各入海污染源入海量占污染物入海总量的比例。

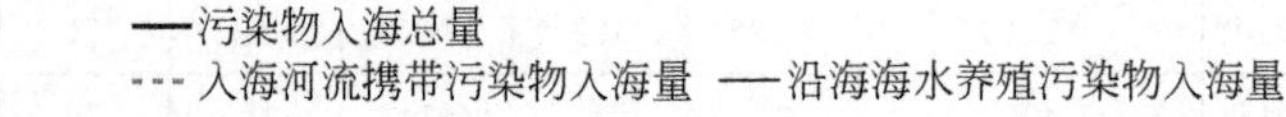

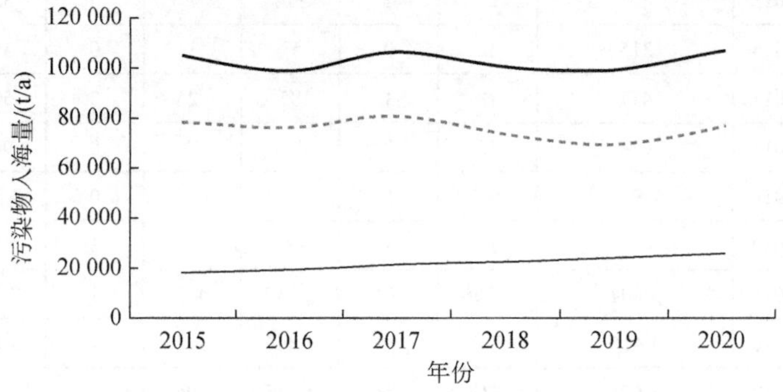

图 2.27　2015～2020 年广西污染物入海总量、入海河流携带污染物入海量及沿海海水养殖污染物入海量

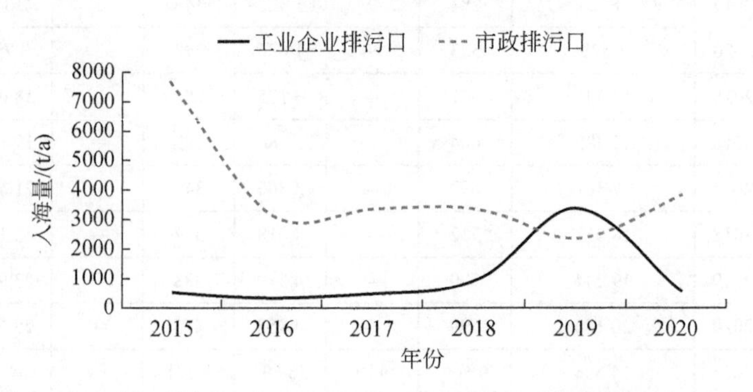

图 2.28　2015～2020 年广西入海排污口污染物入海量

2.2.5　城市污水处理率

根据北海市、钦州市、防城港市 2015～2019 年环境统计年鉴，截至 2019 年，广西沿海三市共有 10 个县级及以上污水处理厂，其中北海市 3 个，钦州市 4 个，防城港市 3 个。各污水处理厂中合浦县污水处理厂和浦北县城区污水处理厂基本是超负荷运行，红坎污水处理厂、河西污水处理厂和东兴城东污水处理厂基本是满负荷运行，铁山港区污水处理厂低负荷运行且化学需氧量进水浓度偏低。具体见表 2.3。

表 2.3　2019 年广西沿海三市污水处理率统计表

地级市	城区、县区	污水处理厂名称	负荷率/%	化学需氧量进水浓度/（mg/L）	氨氮进水浓度/（mg/L）	污水处理率/%	“十四五”预计处理率/%
北海市	北海市城区	红坎污水处理厂	95.80	279.56	36.14	99.00	100
		铁山港区污水处理厂	19.20	50.33	6.05	99.00	100
	合浦县	合浦县污水处理厂	111.00	141.17	20.18	97.80	98.5
钦州市	钦州市城区	河西污水处理厂	98.41	122.02	14.53	97.40	100
		河东污水处理厂	69.23	234.24	10.99	97.40	100
	灵山县	灵山县城区污水处理厂	67.72	148.42	22.02	98.00	100
	浦北县	浦北县城区污水处理厂	100	171.68	10.35	98.00	100
防城港市	防城港市城区	防城港市污水处理厂	65.67	83.24	13.47	95.03	96.0
	东兴市（县级市）	东兴城东污水处理厂	96.75	102.22	17.98	94.22	96.0
	上思县	上思县三华污水处理厂	64.31	104.63	19.33	95.70	90.0（增加覆盖面积后）

2.3　海洋自然保护地及生态红线

2.3.1　自然保护地的数量及分布

广西沿海有各级各类自然保护地 8 处，包含 3 处国家级自然保护区、2 处自治区级自然保护区、3 处国家级自然公园；另有红树林自然保护小区 6 处。除了广西涠洲岛珊瑚礁国家级海洋公园及广西涠洲岛自治区级自然保护区之外，其余自然保护区以及保护小区的保护对象均包括红树林。广西各级各类自然保护区概况见表 2.4。

表 2.4　广西各级各类自然保护区概况一览表

序号	保护区名称	级别	保护区面积/hm²	地理位置	主要保护对象	管理机构	批准时间
1	广西山口国家级红树林生态自然保护区	国家级自然保护区	8 000.00	铁山港海域	红树林生态系统	广西山口国家级红树林生态自然保护区管理处	1990 年
2	广西壮族自治区合浦儒艮国家级自然保护区	国家级自然保护区	30 942.21	铁山港海域	儒艮、中华白海豚、江豚、绿海龟、文昌鱼、中国鲎等物种和海草床、红树林生态系统及其海洋生态环境	广西壮族自治区合浦儒艮国家级自然保护区管理中心	1992 年
3	广西北仑河口国家级自然保护区	国家级自然保护区	3 000.00	珍珠湾和北仑河口	红树林生态系统、湿地鸟类	广西北仑河口国家级自然保护区管理中心	2000 年
4	广西涠洲岛珊瑚礁国家级海洋公园	国家级海洋公园	2 512.92	涠洲岛海域	海底珊瑚礁生态系统	广西涠洲岛珊瑚礁国家级海洋公园管理站	2012 年
5	广西钦州茅尾海国家级海洋公园	国家级海洋公园	3 482.70	钦州湾茅尾海海域	红树林、盐沼生态系统及其海洋环境	广西钦州茅尾海国家级海洋公园管理中心	2011 年
6	广西北海滨海国家湿地公园	国家级湿地公园	2 009.80	北海南岸海域	红树林、水禽和其他水生生物以及湿地生态系统	广西北海滨海国家湿地公园管理处	2016 年
7	广西涠洲岛自治区级自然保护区	自治区级自然保护区	2 382.10	涠洲岛和斜阳岛	候鸟、旅鸟及其栖息环境	广西涠洲岛自治区级自然保护区管理处	1982 年
8	广西茅尾海红树林自治区级自然保护区	自治区级自然保护区	5 010.05	钦州湾	红树林生态系统	广西茅尾海红树林自治区级自然保护区管理处	2005 年
9	银海区平阳镇横路山红树林自然保护小区	自治区级保护小区	44.30	廉州湾	红树林生态系统	没有配备专门的管理机构和专职管理人员	2012 年
10	海城区高德街道办垌尾红树林自然保护小区	自治区级保护小区	31.96	廉州湾	红树林生态系统	没有配备专门的管理机构和专职管理人员	2012 年
11	铁山港区白龙古城港沿岸红海榄自然保护小区	自治区级保护小区	60.20	北海南岸海域	红树林生态系统	没有配备专门的管理机构和专职管理人员	2012 年

续表

序号	保护区名称	级别	保护区面积/hm^2	地理位置	主要保护对象	管理机构	批准时间
12	合浦县沙岗镇七星红树林自然保护小区	自治区级保护小区	10.50	廉州湾	红树林生态系统	没有配备专门的管理机构和专职管理人员	2002 年
13	合浦县党江镇木案红树林自然保护小区	自治区级保护小区	9.20	廉州湾	红树林生态系统	没有配备专门的管理机构和专职管理人员	2012 年
14	合浦县党江镇渔江红树林自然保护小区	自治区级保护小区	2.44	廉州湾	红树林生态系统	没有配备专门的管理机构和专职管理人员	2013 年

注：数据来源于《广西山口国家级红树林生态自然保护区总体规划（2011—2020）》《广西北仑河口国家级自然保护区总体规划（2015—2025）》《广西涠洲岛珊瑚礁国家级海洋公园总体规划（2018—2025 年）》《广西钦州茅尾海国家级海洋公园总体规划》《广西茅尾海红树林自治区级自然保护区总体规划（2014—2020 年）》《广西北海滨海国家湿地公园总体规划（2010—2020）》《广西涠洲岛自治区级自然保护区总体规划（2013—2020）》《广西壮族自治区合浦儒艮国家级自然保护区总体规划（2020—2030 年）》等。

2.3.2　主要海洋自然保护地概况

1. 广西壮族自治区合浦儒艮国家级自然保护区

根据《广西壮族自治区合浦儒艮国家级自然保护区总体规划（2020—2030 年）》，广西壮族自治区合浦儒艮国家级自然保护区位于铁山港海域，东起山口镇英罗港，西至沙田港海域，西临铁山港航道，北侧海岸线全长 19.6km，总面积 30 942.21hm^2（含广西和广东两部分），其中广西范围面积 18 971.64hm^2，广东范围面积 11 970.57hm^2。核心区面积 132km^2，缓冲区面积 110km^2，实验区面积 108km^2。1992 年经国务院批准，保护区成为我国首批 5 个海洋类型自然保护区之一；1993 年 7 月加入中国生物圈保护区网络；2000 年 1 月被联合国教科文组织“人与生物圈计划”（MAB）世界生物圈保护区网络接纳为成员；2002 年 1 月被列入国际重要湿地名录。

保护区海域生物资源丰富，保护对象有国家一级保护动物儒艮（*Dugong dugon*）、中华白海豚、布氏鲸，国家二级保护动物江豚、中国鲎、文昌鱼、绿海龟（*Chelonia mydas*）等以及海草床和红树林生态系统。保护区是我国中华白海豚的主要栖息地之一，区内中华白海豚估算数量为 97～157 头，以青壮年个体为主，呈现显著的遗传差异和分化；保护区内及周边海域分布有典型且有特殊意义的海草集中成片地区。

2. 广西山口国家级红树林生态自然保护区

根据《广西山口国家级红树林生态自然保护区总体规划（2011—2020）》，广西山口国家级红树林生态自然保护区（中心位置地理坐标21°28′N，109°43′E）地处广西合浦县，由合浦县东南部沙田半岛的东西两侧海岸及海域组成，地域跨越合浦县的山口、沙田和白沙三镇。保护区海岸线总长 40.9km，总面积约 8000.00hm^2，其中核心区面积 824.1hm^2，缓冲区面积 3600.4hm^2，实验区面积 3575.5hm^2。目前，保护区红树林共 210 个斑块，总面积 836.05hm^2（其中 21hm^2 为人工种植林），其中丹兜海 137 个斑块，面积 560.57hm^2，占 67.05%；英罗港湾 73 个斑块，面积 275.48hm^2，占 32.95%，英罗港还有全国连片面积最大的红海榄林。保护区现存红树植物种类共有真红树植物 8 科 10 属 10 种（其中外来物种 1 种，为拉关木），半红树植物 5 科 7 属 7 种。

3. 广西北仑河口国家级自然保护区

根据《广西北仑河口国家级自然保护区总体规划（2015—2025）》，广西北仑河口国家级自然保护区于 1990 年建立，2000 年 4 月被批准为国家级自然保护区。广西北仑河口国家级自然保护区位于防城港市的防城区、东兴市境内，自东向西跨越珍珠湾、江平三岛和北仑河口，总面积 3000.00hm^2。根据遥感数据解译，2019 年保护区有红树林面积 976.72hm^2，其中珍珠湾内的红树林面积达 862.40hm^2。保护区内红树林生态系统的典型代表有以珍珠湾区域内红树林为代表的海湾红树林生态系统，以独墩岛区域内红树林为代表的岛屿红树林生态系统，以及以黄竹江入海口区域内红树林为代表的河口红树林生态系统。保护区珍珠湾内还保存有罕见的生长于平均海面以下的滩涂红树林群落，面积 135.5hm^2，是保护区红树林重要特征之一。

保护区范围的红树植物种类有 22 种，其中真红树植物 10 属 12 种，半红树植物 5 科 6 属 6 种，伴生植物 4 种。保护区红树林群落以红树科、马鞭草科、锦葵科、卤蕨科、大戟科、使君子科、爵床科和紫金牛科等组成的真红树天然植被为代表。

4. 广西涠洲岛珊瑚礁国家级海洋公园

根据《广西涠洲岛珊瑚礁国家级海洋公园总体规划（2018—2025 年）》，

广西涠洲岛珊瑚礁国家级海洋公园于2012年12月21日经国家海洋局批准成立，主要位于涠洲岛东北面和西南面距海岸线500m以外至15m等深线组成的两部分海域，总面积为2512.92hm^2。海洋公园分为重点保护区和适度利用区两类区域。其中重点保护区即公山珊瑚礁重点保护区，位于涠洲岛东北部沿岸海域，总面积1278.08hm^2，区内规划开展珊瑚礁生态修复、渔业资源保育、生物多样性保护等活动，禁止实施与珊瑚礁保护无关的工程建设活动，限制对生态系统产生破坏的任何开发活动；适度利用区包括坑仔珊瑚礁资源适度利用区和竹蔗寮珊瑚礁资源适度利用区两部分，总面积1234.84hm^2，区内规划开展以珊瑚礁观光、休闲垂钓的生态旅游、休闲渔业等适度利用海洋资源的活动，但不得改变区内的自然生态条件。

目前，广西涠洲岛珊瑚礁国家级海洋公园已探明的珊瑚分属26个科属、43个种类。公山珊瑚礁重点保护区的优势种为佳丽鹿角珊瑚、交替扁脑珊瑚和标准蜂巢珊瑚，活珊瑚覆盖率局部达70%。坑仔珊瑚礁资源适度利用区位于涠洲岛东南部沿岸域，面积为543.44hm^2，占涠洲岛海洋公园总面积的21.63%。该区以叶状牡丹珊瑚占优势，常见种有标准蜂巢珊瑚、小片菊花珊瑚和中华扁脑珊瑚等，活珊瑚覆盖率局部达60%。竹蔗寮珊瑚礁资源适度利用区位于涠洲岛西南部沿岸海域，面积为691.40hm^2，占涠洲岛海洋公园总面积的27.51%，以标准蜂巢珊瑚、网状菊花珊瑚和十字牡丹珊瑚为优势种。

5. 广西钦州茅尾海国家级海洋公园

根据《广西钦州茅尾海国家级海洋公园总体规划》，广西钦州茅尾海国家级海洋公园于2011年获批，2017年5月27日，中共钦州市委员会机构编制委员会办公室批复正式批准成立茅尾海国家级海洋公园管理中心。广西钦州茅尾海国家级海洋公园位于广西钦州湾茅尾海海域，海洋公园总面积为3482.70hm^2，边界长25.0km，边界南连七十二泾群岛，西临茅岭江航道，北连广西茅尾海红树林自治区级自然保护区，东接沙井岛航道。广西钦州茅尾海国家级海洋公园划分为三个功能分区，其中重点保护区578.7hm^2，严格保护红树林、盐沼生态系统及其海洋环境，控制陆源污染和人为干扰，维持典型海洋生态系统的生物多样性、保护典型海洋生态系统的生命过程与生态功能，为典型海洋生态系统的恢复与修复提供自然模式与种源；生态与资源修复区721.0hm^2，为典型海域生态系统的自然扩展和人工恢复与修复提供适合的生境空间，修复和恢复物种多样性与天然景观，保护近江牡蛎天然母贝生境；适度利用区 2183.0hm^2，在不破坏或较少影响海洋生态环境的前提下，开展海上观光旅游、休闲渔业、海上运动和渔业资源养殖增殖等，无公害、环境友好地利用和管理海洋资源与环境，促进生态环境与经济的和谐发展。

广西钦州茅尾海国家级海洋公园位于河口海湾区，具有旺盛的初级生产力和丰富的生物多样性，同时拥有处于原生状态的红树林和盐沼等典型海洋生态系统，也是近江牡蛎的全球种质资源保留地和我国最重要的养殖区与采苗区。此外，还盛产 60 多种经济价值较高的鱼类，30 多种虾蟹类，110 多种贝类，其中近江牡蛎、青蟹、对虾、石斑鱼被誉为“钦州四大名产”。海洋公园内连片分布的红树林-盐沼草本植物群落，景观独特，在我国较为罕见，具有非常重要的研究价值。

6. 广西北海滨海国家湿地公园

根据《广西北海滨海国家湿地公园总体规划（2010—2020）》，广西北海滨海国家湿地公园位于北海市南边银海区，北至鲤鱼地水库，西接银滩白虎头，东抵大冠沙，是城市的核心生态保护区域。公园总面积 2009.80hm^2，其中湿地面积 1827hm^2，占总面积的 90.9%，红树林面积近 200hm^2。湿地公园范围包括北海鲤鱼地水库及其周边部分缓冲区域，园博园水系、冯家江及其沿岸 50～200m 缓冲区域，冯家江入海口至大冠沙海堤沿岸红树林以及浅海区域。湿地公园分为五大功能区，分别为保护保育区，面积 1643.8hm^2；恢复重建区，面积 114.3hm^2；宣教展示区，面积 65.4hm^2；合理利用区，面积 183.2hm^2；管理服务区，面积 3.1hm^2。

湿地公园以保护典型的“库塘-河流-近海”复合湿地生态系统为核心，以保护红树林、水禽及其他水生生物为特色，以“保护生态水源地及红树林资源、打造健康河流廊道及滨海湿地、传承展示生态文化”为主题，是集湿地保护、湿地生态休闲、湿地科研监测与科普宣教为一体的国家级湿地公园。

7. 广西茅尾海红树林自治区级自然保护区

根据《广西茅尾海红树林自治区级自然保护区总体规划（2014—2020 年）》，广西茅尾海红树林自治区级自然保护区位于钦州湾，总面积 5010.05hm^2。涉及 4 个片区，分别是康熙岭片区 1969.53hm^2、坚心围片区 2036.74hm^2、七十二泾片区 217.42hm^2、大风江片区 786.36hm^2。保护区有红树植物 13 科 17 种，其中真红树植物 8 科 10 种，包括引种的红树植物 1 科 1

种，即海桑科的无瓣海桑；半红树植物有6科7种。保护区分布有独具特点的岛群红树林和岩滩红树林。区内的七十二泾片区星罗棋布地散布着一百多个大小岛屿，是中国海岛富集度最高的海岛群，总面积约9.8km^2，是全国最大、最典型的岛群红树林，也是广西沿海最具特色的旅游资源，具有稀缺性和不可复制性。保护区内还有一些红树林生长在裸露的岩滩上，这在国内也是比较少见的。保护区是以保护红树林生态系统为主，全面保护红树林生境、红树林湿地景观、湿地水禽等，集保护、科研、教育、生态旅游和可持续利用等多功能于一体的综合性自然保护区。

2.3.3　海洋生态红线

2018年，广西壮族自治区人民政府批复了《广西海洋生态红线划定方案》（本节以下简称《方案》）。《方案》划定的广西海洋生态红线区总面积为4100.65km^2，占广西管理海域总面积的60.12%，为全国沿海有关省、自治区、直辖市划定海洋生态红线区面积占比之最。广西海域大陆岸线1628.59km，《方案》划定大陆自然岸线（滩）保有长度585.53km，占广西海域大陆岸线的35.95%。广西海岛岸线总长550.68km，《方案》划定海岛自然岸线（滩）保有长度469.97km，占广西海域海岛岸线的85.34%。《方案》划分了2类禁止类红线区和9类限制类红线区共54个，确定了预期控制指标为：广西大陆自然岸线（滩）保有率不低于35%；广西海岛自然岸线保有率不低于85%；海洋生态红线区面积占广西管辖海域面积的比例不低于35%。《方案》以保持生态完整性、维持自然属性为原则，在重点考虑增强海洋经济可持续发展能力的基础上，除国家级海洋自然保护区的核心区和缓冲区、海洋特别保护区的重点保护区和预留区等禁止一切开发活动的禁止类红线区外，优先调整重要滨海湿地、重要渔业海域、特别保护海岛、重要砂质岸线与邻近水域、沙源保护海域、珍稀濒危物种集中分布区、红树林分布区、珊瑚礁分布区、海草床分布区等区域的生态红线区边界。

2.4　典型海洋生态系统健康状况

广西典型海洋生态系统主要包括红树林、珊瑚礁以及海草床三大海洋生态系统，分别以山口红树林生态系统、北仑河口红树林生态系统，涠洲岛珊瑚礁生态系统，北海合浦海草床生态系统、防城港珍珠湾海草床生态系统为代表。根据2016～2017年广西壮族自治区海洋环境质量公报、2018年海洋环境监测信息专报、《2019 年广西壮族自治区生态环境状况公报》和广西壮族自治区海洋环境监测中心站《2020 年海洋生态系统健康评价报告》，2016～2020 年，山口红树林生态系统、北仑河口红树林生态系统和涠洲岛珊瑚礁生态系统均处于健康状态，群落结构和类型保持稳定；2016～2020 年防城港珍珠湾海草床生态系统均处于健康状态；2016～2020 年，北海合浦海草床生态系统处于亚健康及以上状态。具体见表 2.5。

表 2.5 2016～2020 年广西典型海洋生态系统健康状况

生态系统类型	生态监控区名称	健康状况				
		2016 年	2017 年	2018 年	2019 年	2020 年
珊瑚礁	涠洲岛珊瑚礁生态系统	健康	健康	健康	健康	健康
红树林	山口红树林生态系统	健康	健康	健康	健康	健康
	北仑河口红树林生态系统	健康	健康	健康	健康	健康
海草床	北海合浦海草床生态系统	亚健康	亚健康	健康	—	健康
	防城港珍珠湾海草床生态系统	健康	健康	健康	健康	健康

2.4.1 红树林生态系统

广西沿海均有红树林分布，主要分布在铁山港、廉州湾、茅尾海、防城港以及珍珠湾等海湾。根据 2002 年全国红树林资源调查结果，广西红树林面积为 8374hm^2，此后随着造林恢复加强，2012 年第二次全国湿地资源调查结果为 8780hm^2。根据自然资源部国土空间生态修复司、国家林业和草原局湿地管理司联合组织的专项调查结果，2019 年广西红树林面积 9330.34hm^2，占全国的 32.7%，仅次于广东省（1.22 万 hm^2），位居第二。广西红树林面积变化见图 2.29。

广西红树林生态系统以山口红树林和北仑河口红树林为代表。根据广西壮族自治区海洋环境监测中心站《2020 年广西红树林生态系统健康监测与评价报告书》，2020 年，山口红树林生态系统红树群落结构和类型保持稳定，总体呈健康状态。固定调查样方共有真红树植物 5 种，样方植株密度平均为 7500 株/hm^2。2020 年北仑河口红树林生态系统红树群落结构和类型保持稳定，整体呈健康状态。固定调查样方共有真红树植物 5 种，样方植株密度平均为 13 580 株/hm^2。

红树林生态系统健康监测照片见彩图 1。广西红树林群落照片见彩图 2。

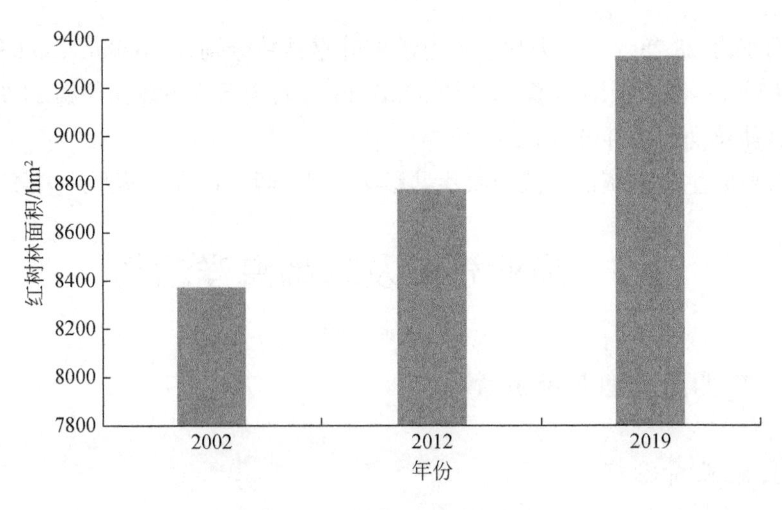

图 2.29　广西红树林面积动态变化

2.4.2　珊瑚礁生态系统

广西珊瑚礁群落主要分布在涠洲岛附近海域。根据广西壮族自治区海洋环境监测中心站对涠洲岛珊瑚礁生态系统健康状况调查（三个监测断面——竹蔗寮断面、坑仔断面和牛角坑断面）结果显示，2020 年涠洲岛珊瑚礁生态系统整体呈健康状态，调查范围内珊瑚礁种类、种类覆盖度均相对稳定，活硬珊瑚种类共有 10 科 23 属 33 种，覆盖度为 33.3%。珊瑚优势种类主要有橙黄滨珊瑚（*Porites lutea*）、秘密角蜂巢珊瑚（*Favites abdita*）、十字牡丹珊瑚（*Pavona decussata*）、菌状合叶珊瑚（*Symphyllia agaricia*）。

2020 年 5～10 月涠洲岛珊瑚受海水温度升高、热带气旋及台风的冲击，出现较大范围的白化现象（其中竹蔗寮断面白化率高达 76.2%），直接给原本健康的珊瑚礁生态系统带来造礁石珊瑚优势种枝状珊瑚向块状珊瑚转变、珊瑚繁殖和再生能力降低（补充量减少）及礁栖生物多样性水平下降等一系列生态退化的威胁。

珊瑚礁生态系统健康监测照片见彩图 3。涠洲岛珊瑚礁群落照片见彩图 4。

2.4.3　海草床生态系统

广西海草床主要分布在北海合浦海草床以及防城港珍珠湾海草床。广西壮族自治区海洋环境监测中心站调查结果显示，2020 年北海合浦海草床发现海草面积共计 70.6hm^2，主要分布在榕根山、下龙尾和沙背。其中榕根山贝克喜盐草面积为 28.2hm^2，下龙尾和沙背的卵叶喜盐草分别为 36.4hm^2、5.63hm^2。防城港珍珠湾海草床海草面积共计 52.83hm^2，其中日本鳗草面积约 51.93hm^2，贝克喜盐草面积约 0.9hm^2。

海草床生态系统健康监测照片见彩图 5。广西海草床群落照片见彩图 6。

2.5　渔业资源及珍稀海洋动物

2.5.1　广西海洋渔业资源状况

1. 渔业资源概况

广西近岸海域自然条件十分优越，渔业资源丰富，种类繁多，主要类群有鱼类、头足类和甲壳类等。其中鱼类包括中上层鱼类和底层鱼类两大类，均可分为沿岸性种类和近海广泛分布的种类；头足类有主要营中上层生活的枪形目种类、主要分布于底层的乌贼目种类及底栖生活的章鱼目种类；经济甲壳类包括虾类、虾蛄类和蟹类 3 个类群。广西海岸带资源见彩图 7。

沿岸性中上层主要经济鱼类有银鲳、中国鲳、鳓鱼、前鳞骨鲻、丽叶鲹、裘氏沙丁鱼、小公鱼类和棱鳀类等。这些种类主要分布在水深 40m 以浅的近岸水域，生境主要是沿岸水和河口水的分布范围。近海广泛分布的主要中上层鱼类包括蓝圆鲹、竹荚鱼、金色小沙丁鱼、鲐鱼、康氏马鲛、斑点马鲛和乌鲳等。沿岸性底层经济鱼类主要有日本金线鱼、波鳍金线鱼、鯻科、海鲶、平鲷和舌鳎类等。这些种类历来为沿海多种作业方式所利用，承受的捕捞强度最大。头足类的主要优势种为杜氏枪乌贼、中国枪乌贼和剑尖枪乌贼。杜氏枪乌贼主要分布在水深 40m 以浅的沿岸水域。经济甲壳类以虾类的数量占优势，另有口足目（虾蛄类）和梭子蟹科的一些种类，这些经济甲壳类主要分布在水深 40m 以浅的沿岸水域，是沿海捕虾业的利用对象。

根据《2020 中国渔业统计年鉴》海洋捕捞产量统计数据，2019 年广西海洋捕捞种类中，鱼类主要有蓝圆鲹、金线鱼、带鱼以及马面鲀等，渔获量占比分别为 14.9%、7.4%、6.6%、5.4%；甲壳类主要有毛虾、梭子蟹、对虾以及青蟹，渔获量占比分别为 7.9%、7.9%、4.7%以及 2.8%；头足类主要有鱿鱼、乌贼以及章鱼，渔获量占比分别为 5.2%、3.8%以及 1.5%。其余种类详见下表 2.6。

表 2.6　2019 年广西主要渔获物种类及渔获量占比

排序	渔获物种类	渔获量占比/%	排序	渔获物种类	渔获量占比/%
1	蓝圆鲹	14.9	16	鲳鱼	2.3
2	毛虾	7.9	17	鹰爪虾	2.3
3	梭子蟹	7.9	18	鲻鱼	2.0
4	金线鱼	7.4	19	梭鱼	2.0
5	带鱼	6.6	20	虾蛄	1.7
6	马面鲀	5.4	21	章鱼	1.5
7	鲷鱼	5.4	22	石斑鱼	1.3
8	鱿鱼	5.2	23	蛳	0.5
9	鲫鱼	4.7	24	鲅鱼	0.5
10	对虾	4.7	25	白姑鱼	0.4
11	乌贼	3.8	26	鲱鱼	0.2
12	海鳗	3.1	27	鮸鱼	0.2
13	青蟹	2.8	28	竹荚鱼	0.05
14	沙丁鱼	2.6	29	黄姑鱼	0.02
15	鲐鱼	2.6	30	方头鱼	0.01

2. “三场一通道”概况

北部湾近海是北部湾渔场的重要组成部分，该区域内有南流江、北仑河等多条入海河流注入，给该海域带来了大量陆源营养物质，使其成为多种北部湾鱼类重要的产卵场、育幼场和索饵场，对整个北部湾生物资源的补充具有重要的作用。根据《中国海洋渔业水域图（第一批）》，北部湾近海海域是多种南海经济鱼类如蓝圆鲹、二长棘犁齿鲷、鲐鱼、竹荚鱼等的产卵场。根据《广西壮族自治区海洋功能区划（2011—2020 年）》，蓝圆鲹或二长棘犁齿鲷的产卵场主要分布在竹山南部浅海海域、金滩南部海域、江山半岛南部海域、企沙半岛南部海域、钦州湾外湾海域、钦州湾东南部海域、大风江航道南侧海域、廉州湾中部海域、廉州湾北侧滩涂及中部海域、北海银滩南部浅海海域、西村港至营盘南部浅海海域、营盘至彬塘南部浅海海域等。各产卵场详见表 2.7。

表 2.7 广西近海蓝圆鲹或二长棘犁齿鲷主要产卵场分布及面积

序号	功能区名称	地理范围	面积/hm^2
1	北仑河口农渔业区	竹山南部浅海海域	3 078
2	金滩农渔业区	金滩南部海域	6 415
3	江山半岛南部农渔业区	江山半岛南部海域	13 283
4	企沙半岛南部农渔业区	企沙半岛南部海域	12 547
5	钦州湾外湾农渔业区	钦州湾外湾海域	19 968
6	钦州湾东南部农渔业区	钦州湾东南部海域	16 684
7	大风江航道南侧农渔业区	大风江航道南侧海域	10 859
8	廉州湾西南部浅海农渔业区	廉州湾中部海域	13 373
9	廉州湾农渔业区	廉州湾北侧滩涂及中部海域	11 361
10	电建南部浅海农渔业区	北海银滩南部浅海海域	14 290
11	白虎头南部浅海农渔业区	北海银滩南部浅海海域	15 243
12	西村港至营盘南部浅海农渔业区	西村港至营盘南部浅海海域	43 273
13	营盘至彬塘南部浅海农渔业区	营盘至彬塘南部浅海海域	13 347
14	广西近海南部农渔业区	广西近海南部海域	177 038
15	广西近海南部海洋保护区	广西近海南部海域	37 487

二长棘犁齿鲷是北部湾近海主要的经济鱼类之一。根据陈作志等（2005）的研究，北部湾二长棘犁齿鲷的产卵期为 12～2 月，主要产卵场在北部湾东北部的沿岸浅海区。秋末，分布在湾内各处的鱼群开始向东北部浅海作生殖洄游；冬季，二长棘犁齿鲷的产卵群体在北部湾东北部集结而形成鱼群密集区；春季，产卵后的鱼群逐渐分散至湾内各处，当年生的幼鱼则在东北部的沿岸浅海区育肥成长。春季在产卵场附近普遍出现密集的幼鱼群体，5 月前后，幼鱼体长已达 50～80mm，并部分开始向南移动，有的已经进入水深 50m 左右的北部湾中部水域，但大多仍聚集在 40m 以浅的浅海区；夏季，当年出生的幼鱼群体进一步向西南方向扩散，并广泛分布在湾内水域；秋季，幼鱼密集区已扩大到湾的中部至湾口一带。

2.5.2 广西海洋牧场建设情况

目前，广西拥有防城港市白龙珍珠湾海域国家级海洋牧场示范区、北海市银滩南部海域国家级海洋牧场示范区、北海市冠头岭西南侧海域精工南珠国家级海洋牧场示范区和钦州三娘湾海域国家级海洋牧场示范区 4 个海洋牧场。

1. 防城港市白龙珍珠湾海域国家级海洋牧场示范区

根据防城港市农业农村局《防城港市白龙珍珠湾海域国家级海洋牧场示范区 2015—2020 年度工作报告》，防城港市白龙珍珠湾海域国家级海洋牧场示范区位于珍珠湾外海，区域中心距离白须公礁约 3km、距离白龙尾约 9.5km。规划面积约 40 850hm^2，计划建设鱼礁 25 万 m^3 · 空，增植海藻 1000 亩，建设生态养殖区 3.15 万亩，抗风浪网箱养殖 350 万 m^3，形成珍珠湾养殖生态恢复区、金滩繁育保护区等八大产区。目前，已建设人工鱼礁礁体共计 3178 个、18.334 万 m^3 · 空，投放礁体 2628 个、14.88 万 m^3 · 空。

2. 北海市银滩南部海域国家级海洋牧场示范区

根据《北海市海洋牧场建设规划（2019—2023）》，北海市银滩南部海域国家级海洋牧场示范区距银滩约 7n mile，距南澫码头约 12n mile，距侨港码头约 8.5n mile。示范区面积 315hm^2，分为鱼类、贝类、藻类三个增殖区。计划新建鱼礁、贝藻礁体 12 万 m^3，增殖放流二长棘犁齿鲷、真鲷、石斑鱼、长毛对虾、马氏珠母贝及藻类。截至 2021 年 11 月 15 日，完成 1020 座礁体建造，投放 240 座，7680m^3 · 空。

3. 北海市冠头岭西南侧海域精工南珠国家级海洋牧场示范区

根据《北海市海洋牧场建设规划（2019—2023）》，北海市冠头岭西南侧海域精工南珠国家级海洋牧场示范区是我国南方唯一一家以民营企业为投资主体的海洋牧场，位于北海市海城区冠头岭西南侧海域。示范区面积 480hm^2，计划投放人工鱼礁 6.8 万 m^3 · 空，配套建设海上移动式综合监测平台 1 万 m^2，海域环境监测系统 1 套，海洋牧场管理系统 1 套，总投资 2 亿元，打造以人工鱼礁建设和增殖放流为主要方式，集渔业资源修复、休闲海洋观光及示范推广等功能为一体的综合性海洋牧场。目前已完成 1490 万元的投资，投放人工鱼礁 2 万 m^3 · 空。

4. 钦州三娘湾海域国家级海洋牧场示范区

根据《广西壮族自治区农业农村厅关于报送 2019 年海洋牧场建设情况的函》，钦州三娘湾海域国家级海洋牧场示范区位于钦州市三娘湾海域，示范区海域面积为 2 万 hm^2，计划建设人工鱼礁区 $5334hm^2$，投放礁体 114.34 万 m^3。2009 年以来，钦州市争取上级项目资金超过 2290 万元，在三娘湾海域增殖放流鱼、虾、蟹等水生生物苗种超过 92 632 万尾（只）。

2.5.3　广西主要珍稀海洋生物

广西海域海洋生物资源丰富，具有多种珍稀海洋生物，根据《国家重点保护野生动物名录》(2021)，广西的国家重点保护野生动物有国家一级保护动物布氏鲸、中华白海豚、儒艮、勺嘴鹬（*Eurynorhynchus pygmeus*）等，国家二级保护动物江豚、文昌鱼、中国鲎、绿海龟、黑脸琵鹭（*Platalea minor*）等。其中，儒艮、中华白海豚、江豚和绿海龟等被列入《濒危野生动植物物种国际贸易公约》（CITES）附录 I 禁止贸易物种。北部湾水产资源、珍稀海洋动物和经济贝类见彩图 8。

1. 布氏鲸

布氏鲸隶属于鲸目须鲸亚目须鲸科（Balaenopteridae）须鲸属（*Balaenoptera*），是目前已确认的 14 种须鲸之一，其分布在南北太平洋、南北大西洋和印度洋的 40°N～40°S 的暖温水域。布氏鲸鲸体背部呈黑灰色或蓝灰色，腹部呈黄白色或白色，头部除由吻端至呼吸孔有一条主脊外，其两侧各有一条副脊，头上部有三条脊线。该物种目前暂时被确定存在两个亚种：分别是布氏鲸和小布氏鲸（*Balaenoptera edeni*，也称为鳀鲸）。布氏鲸的体长为 14～15m，生活在近海和远洋水域，小布氏鲸的体长一般为 11～13m，以沿海和大陆架水域为主要栖息地。

布氏鲸是世界海洋珍稀濒危物种，被列入联合国《保护野生动物迁徙物种公约》（CMS）附录Ⅱ及 CITES 附录Ⅰ，同时也是我国《国家重点保护野生动物名录》（2021）中的一级保护动物。布氏鲸经常在亚洲水域被发现，但在我国鲜有报道。2011 年在山东日照东港区发现搁浅死亡的一头布氏鲸，是我国大陆沿岸水域首例关于布氏鲸搁浅的记录。我国海域布氏鲸调查研究起步较晚，直到 2018 年才有专门的大型鲸鱼调查。

根据广西科学院《2020—2021 年布氏鲸研究与保护年度报告》，北部湾布氏鲸最早的目击记录可追溯到 2006 年，根据当地渔民描述，布氏鲸主要出现在北部湾北部的涠洲岛（21°3′0″N，109°7′0″E）和斜阳岛（20°54′29″N，109°12′52″E）。2016 年，研究人员通过现场跟踪和问卷调查的形式开始对北部湾布氏鲸进行调查研究。2018 年 4 月，北海市政府举行新闻发布会，正式宣布在涠洲岛海域发现布氏鲸，这是中国大陆发现的首例近海岸分布的大型鲸类生活群体。布氏鲸对生存环境质量的要求较高，近年布氏鲸在涠洲岛至斜阳岛海域活动频繁是北部湾海洋生态系统健康的一个重要表征。布氏鲸频现涠洲岛与近年来广西北部湾近岸海域污染防治以及涠洲岛实施一系列海洋环境保护措施密切相关。“十三五”期间，广西采取有力措施推进海洋污染防治攻坚工作，碧水保卫战取得显著成效。自 2018 年 7 月 1 日起，北海市颁布实施《北海市涠洲岛生态环境保护条例》，确定保护优先、科学规划、合理利用、绿色发展的原则，从根本上改善了海洋生态环境，为布氏鲸栖息提供了舒适的环境。2021 年 2 月 5 日，《国家重点保护野生动物名录》（2021）正式公布，将布氏鲸列为国家一级保护动物。

2016～2020 年的监测结果表明，北部湾布氏鲸的主要捕食地点在斜阳岛以北的水域，常出现的时间为每年 9 月中秋节前后至次年 4 月底。涠洲岛-斜阳岛海域鱼虾丰富，是布氏鲸理想的捕食场，也是发现布氏鲸次数最多的地方。涠洲岛海域的布氏鲸有季节性的进食活动，3、4 月捕食活动频率最高。布氏鲸主要以成群游动的小型鱼类为食，在涠洲岛海域，成群生长的浅海鱼类包括鰳、棱鳀、小公鱼和沙丁鱼等，这些鱼的产卵季节主要集中在 3 月和 4 月。涠洲岛海域布氏鲸在 4 月和 5 月出现频率较高，可能与其捕食鱼类的年度周期性活动有关，其中的影响机制还需要进一步研究。

2021 年，由广西壮族自治区海洋环境监测中心站联合广西科学院、中国科学院水生生物研究所及北部湾大学组成的广西北部湾海洋哺乳动物联合研究组在北部湾涠洲岛周边海域展开布氏鲸监测，数次邂逅布氏鲸并进行个体识别、行为记录、健康状况评估和栖息环境监测。2020 年 9 月～2021 年 5 月涠洲岛海域布氏鲸种群监测共收集到布氏鲸出现位点 93 个，识别出布氏鲸个体 43 头，主要分布在斜阳岛东北面及涠洲岛至斜阳岛之间的海域，也有部分分布在涠洲岛西南面区域。从布氏鲸出现的时间来看，冬季是涠洲岛海域布氏鲸捕食最活跃的季节，也是对布氏鲸进行研究的最主要时间段。通过声学设备记录布氏鲸的声音超过 500 次，共识别出 6 种不同的声音。通过拍摄照片进行分析，将涠洲岛布氏鲸个体行为分为 7 类 19 种，群体行为 5 类 11 种。同时评估了 17 头布氏鲸的营养及健康状况，其中有 4 头为较好，12 头为良好，1 头为较差。

2. 中华白海豚

中华白海豚，为中国水域印度洋驼背海豚（Indo-Pacific hump-backed dolphin）的学名，属鲸目，海豚科，驼背豚属，CITES 附录 I 物种，国家一级保护动物。驼背豚属海豚目前包含四个独立种，分别栖息于非洲西岸中部（*S.teuszii*）、印度洋沿岸（*S.plumbea*）、澳大利亚北部（*S.sahulensis*）以及中国至东南亚沿海（*S.chinensis*）。刚出生的中华白海豚体色呈铅灰色，随着年龄的增长，体色逐渐变白，壮年期为灰白色，运动时因表皮下血管充血呈现粉色。

广西海域中华白海豚主要呈两大社群分布，西部分布在钦州三娘湾-大风江口海域，东部分布在沙田儒艮自然保护区海域。三娘湾海域内的中华白海豚种群，为国内第三大中华白海豚种群，种群数量为 300～400 头。中华白海豚主要出现于三娘湾东面的大庙墩一直到大风江口以东海域，面积 144.33km^2，核心分布区位于钦州三娘湾-大风江口一带海域，面积为 42.54km^2（龙志珍，2019）。沙田儒艮保护区的中华白海豚主要集中在草潭以西 5km 左右和沙田西南 5km 处，家域面积分别为 271.35km^2，种群数量为 177～319 头。研究表明三娘湾和沙田儒艮保护区的中华白海豚遗传性差异与分化率高达 6.54%，两大社群之间未见个体间有混群现象，说明了广西中华白海豚独特的遗传多样性以及重要的生物多样性保护价值（张宏科，2016）。

3. 儒艮

儒艮是一种海洋草食性哺乳动物，主要生活在热带浅海中，以二药藻、喜盐草等水生植物为主食，其分布与水温、海流以及作为主要食物的海草分布有密切关系。儒艮需要定期浮出水面呼吸，常被认作“美人鱼”。儒艮是世界上最古老的海洋动物之一，属国家一级保护动物，也是我国的濒危物种之一。儒艮在我国主要分布于广东、广西、海南和台湾南部沿海。

根据《广西壮族自治区合浦儒艮国家级自然保护区总体规划（2020—2030年）》，沙田镇附近海域是我国儒艮主要活动海域和栖息地之一，历史上这片海域儒艮资源非常丰富。据估算 1958 年该海域儒艮数量约 1000 多头。1958～1962年沙田人民公社成立儒艮捕捉队，共捕获儒艮 216 头。1976～1978 年二十多家科研机构科研性捕捉儒艮 26 头。1978～1994 年在沙田海域发现儒艮 51 头次。20世纪90年代后人类生产作业对儒艮正常栖息、摄食影响不断加大，1976～2001年发现儒艮死亡 80 多头次。保护区最近发现儒艮活动是 2002 年 3 月 17 日。自

1998年10月保护区管理站成立后，根据当地渔民的目击记录统计，保护区及其附近海域1997～2006年共发现儒艮31头次，其中活体28头次，死亡3头。

4. 印太江豚

江豚属（*Neophocaena*）是鲸目、鼠海豚科的一属水生动物。该属动物共有两个物种，多分布于沿海地区，有些可以进入河流。江豚生活于靠近海岸线的浅水区，主要是沿海水域，包括浅海湾、红树林沼泽、河口和一些大的河流，觅食的时候首先快速游动，多为深潜，露出水面频繁，呼吸声也较大。江豚分布于西太平洋、印度洋、日本海和中国沿海等热带至暖温带水域。江豚是国家二级保护动物，与长江江豚不同，广西海域内的江豚属印太江豚（也叫宽脊江豚）亚种。该种江豚全身铅灰色，游速快，主要食物是鱼、鱿鱼等。目前广西海域的江豚调查范围仅局限于儒艮保护区内，其他海域未见开展调查。根据《广西壮族自治区合浦儒艮国家级自然保护区总体规划（2020—2030年）》，江豚主要分布在儒艮保护区西南侧海域，2010～2012年发现江豚14头，2015年发现10头，2016年发现8头，2017年未发现江豚踪迹，但在保护区内发现江豚尸体。由于发现次数太少，目前未能估算广西海域的江豚种群数量。

5. 中国鲎

鲎属于肢口纲（Merostomata）剑尾目（Xiphosura）的海生节肢动物，因其至今仍保留4亿多年前问世时原始而古老的外貌，所以也被称为海洋中的“活化石”。目前世界上仅存四种鲎：中国鲎、美洲鲎（*Limulus polyphemus*）、圆尾鲎（*Carcinoscorpius rotundicauda*）、南方鲎（*Tachypleus gigas*）。我国有圆尾鲎和中国鲎两种，数量占世界总量的95%以上。北部湾具有优良水质，海滩平坦宽阔，为沙砾泥滩地，非常适合鲎生长繁殖，因此广西北部湾这一狭窄的海域也成了我国鲎的主要分布区。广西海域分布的鲎主要有圆尾鲎和中国鲎两种，其所占比例约为57%和43%。2019年7月，中国鲎列入世界自然保护联盟濒危物种红色名录（IUCN红色名录）濒危（EN）等级。2021年，中国鲎由广西自治区级重点保护野生动物升为国家二级保护动物。北海是中国鲎的重要分布区域，合浦儒艮国家级自然保护区沿岸滩涂是中国鲎幼鲎的重要栖息地，其中榕根山滩涂为保护区中国鲎幼体核心分布区。

6. 文昌鱼

文昌鱼是文昌鱼属（*Branchiostoma*）动物的总称，隶属于脊索动物门，头索纲，文昌鱼目，文昌鱼科；是国家二级保护动物。文昌鱼在脊椎动物起源与演化研究中占有极其重要地位，对研究生物进化、动物分类极具参考价值。文昌鱼是无脊椎动物进化至脊椎动物的过渡类型，也是研究脊索动物演化和系统发育的优良科学实验材料，具有重要科学价值。文昌鱼主要分布于潮间带中潮区至水深 20m 的海域，对海底沙质有较高的要求。根据《广西壮族自治区合浦儒艮国家级自然保护区生态环境综合调查与保护研究报告（2010—2017年）》，2010～2012 年综合考察发现儒艮保护区文昌鱼的平均密度为 5.44 尾/m^2。

7. 绿海龟

绿海龟隶属于脊索动物门，爬行纲，龟鳖目，海龟科，海龟属，为草食性动物。绿海龟是国家二级保护动物，也是 CITES 附录 I 物种，在《中国濒危动物红皮书》中被评定为极危等级。绿海龟大部分时间栖息在水生植物茂盛的浅海区域，成年绿海龟以食海藻及海草为主，也吃水母、鱼、贝等海洋动物；幼龟以鱼卵、软体动物等细小海洋无脊椎动物及海藻等植物为食。合浦儒艮国家级自然保护区是绿海龟的栖息地及产卵场之一，北海南岸海域也有绿海龟出现。

8. 黑脸琵鹭

黑脸琵鹭是中等体型的涉禽，属于鹳形目鹮科琵鹭亚科，为国家二级保护动物。根据最近 20 年的观察，黑脸琵鹭在北海、钦州、防城港沿海三市均有记录。其主要分布在北海市的山口国家级红树林生态自然保护区和金海湾红树林生态保护区、防城港市的北仑河口国家级自然保护区等几个生态环境较好、人为干扰较低的区域。

9. 勺嘴鹬

勺嘴鹬为鹬科勺嘴鹬属的鸟类，是一种仅分布于东亚—澳大利亚候鸟迁徙路线上的涉禽。目前勺嘴鹬全球只有 700 多只，被 IUCN 红色名录评定为极危（CR）物种。勺嘴鹬在广西主要为冬候鸟，近年来在沿海的北海、钦州、防城港 3 地均有勺嘴鹬的记录。其中北海地区的记录较为稳定，自 2012 年以来，每年 11 月至次年 5 月均能在北海大冠沙地区稳定观察记录到勺嘴鹬。

2.6　大陆岸线和公众亲海资源

2.6.1　自然海岸资源状况

根据广西壮族自治区海洋和渔业厅《广西海岸线调查统计报告》，2017 年广西大陆岸线总长度为 1706.51km，海岸线类型主要分为人工岸线及自然岸线，长度分别为 1069.82km 和 636.69km。其中自然岸线指由海陆相互作用形成的海岸线，包括砂质岸线、淤泥质岸线、基岩岸线、生物岸线等原生岸线，整治修复后具有自然海岸形态特征和生态功能的海岸线纳入自然岸线管控目标管理，详见图 2.30。自然岸线中，生物岸线最长（479.48km），河口岸线最短（5.74km）。

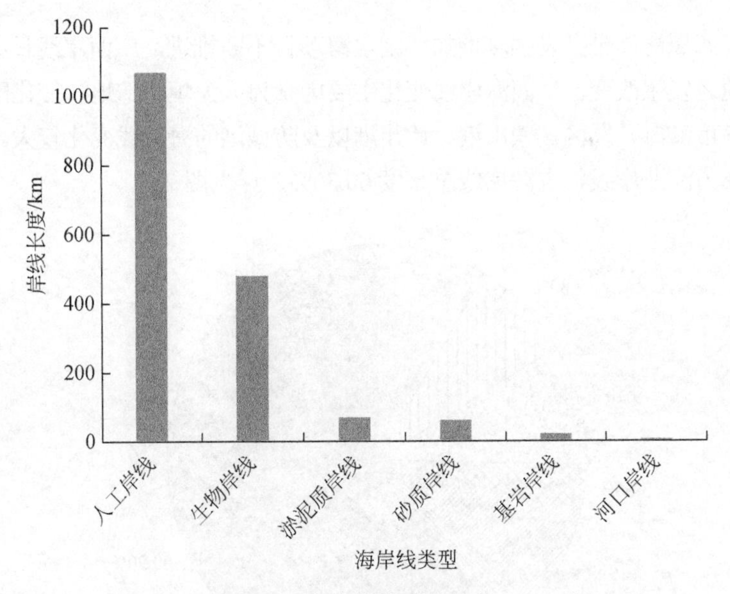

图 2.30　广西沿海海岸线类型及长度（2017 年）

1. 海岸线变化情况

根据《广西海岸线调查统计报告》，2008 年广西海岸线总长度为 1628.59km，其中人工岸线长 1280.21km，自然岸线长 348.38km，自然岸线保有率 21.39%。2017 年广西海岸线总长度为 1706.51km，其中人工岸线为 1069.82km，自然岸线为 636.69km，自然岸线保有率 37.31%。详见图 2.31。

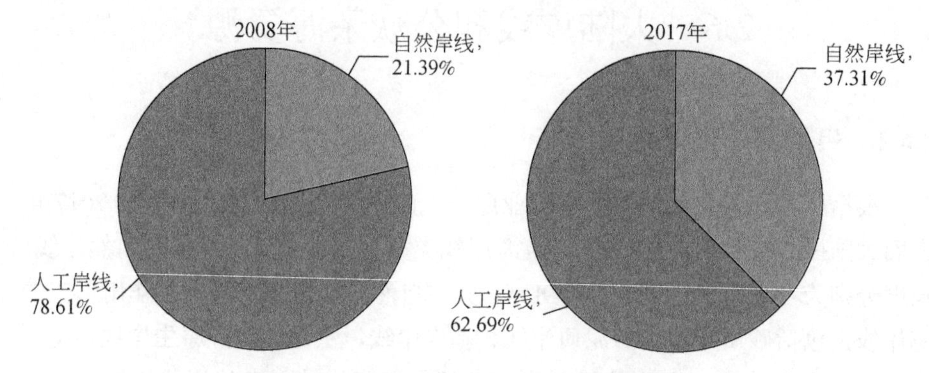

图 2.31　广西自然岸线、人工岸线变化情况

2. 海岸线利用现状

随着海域海岸带开发强度增加，围填海项目不断推进，广西岸线长度和利用类型也随之发生改变。广西海岸线变化主要因素为人为填海造地，变化区域主要集中在各市沿海开发区，铁山港、钦州港以及防城港的海岸线变化较大。广西海岸线主要为渔业岸线，占海岸线总长度 60.30%，详见图 2.32。

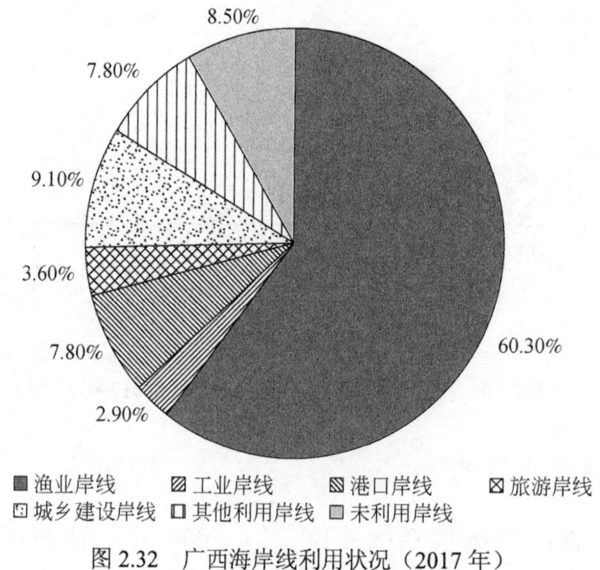

图 2.32　广西海岸线利用状况（2017 年）

数据来源于《广西海岸线调查统计报告》

2.6.2 公众亲海空间概况

1. 广西沿海亲海空间分布

广西公众临海亲海空间可分为已开发和未开发两大类。前者主要包括滨海旅游景区、滨海观光带等，后者则主要包括一些海堤、未开发的滩涂等。目前，已开发的沿海风景区约 20 个，主要分布在银滩岸段、涠洲岛、廉州湾、三娘湾、防城港和珍珠湾。其中比较知名的景区有北海银滩国家旅游度假区、涠洲岛火山国家地质公园、钦州三娘湾旅游风景区等。此外，广西沿海还有较多体验“赶海”的休闲娱乐亲海空间。大风江西岸、廉江湾北部以及营盘港、丹兜海、英罗港等东部区域沿岸则以水产养殖、农业种植为主，亲海空间开发程度低，多为当地居民“赶海”的去处。

2. 主要旅游风景区概况

（1）北海银滩国家旅游度假区

北海银滩国家旅游度假区于 1991 年 7 月正式建成对外开放，1992 年被国务院列为 12 个国家级的旅游度假区之一。区内沙滩东起大冠沙，西至冠头岭，东西延绵 24km，海滩宽 300～7000m，沙滩面积超过了大连、烟台、青岛、厦门和北戴河海滨浴场沙滩面积的总和，沙滩坡度非常平缓，坡度比降为 5‰。北海银滩国家旅游度假区注重生态环境保护，采取一系列的措施开展景区的环保工作，2015 年 11 月获自治区生态旅游示范区称号。

（2）涠洲岛火山国家地质公园

涠洲岛火山国家地质公园位于北海市北部湾的海面上，距离北海市 21n mile，北朝市区，东望雷州半岛，东南与斜阳岛毗邻，南与海南岛隔海相望，西面遥对越南。涠洲岛火山国家地质公园包括整个涠洲岛，总面积为 26.88km^2。涠洲岛是我国最大和最年轻的火山岛，具有中国最典型的火山机构（火山口）、中国最丰富的火山景观、中国保存最完整的多期火山活动。涠洲岛火山国家地质公园由北海涠洲岛旅游发展有限公司负责运营，主要景点包括鳄鱼山、五彩滩、滴水丹屏、石螺口、南湾等，以独特的火山地貌和秀丽的滨海景观为突出特色，自然条件优越。

（3）钦州三娘湾旅游风景区

钦州三娘湾旅游风景区位于钦州市钦南区犀牛脚镇东南面、距钦州市区约

45km。钦州三娘湾旅游风景区集自然景观和人文景观于一体，海岸防护林带保护完好，绿树成荫，沙滩平坦广阔，沙质松软如绵、洁白飘逸，海鸥轻翔，船儿穿梭，特别奇特的是有上百头中华白海豚在海中嬉戏、游动，景色十分秀丽；奇石千姿百态，惟妙惟肖，流传着很多美丽的传说；钦州三娘湾旅游风景区还有丰富的历史文化内涵。

（4）龙门群岛旅游区

龙门群岛旅游区位于钦州湾中部龙门群岛区内。岛屿星罗棋布，水道众多，蜿蜒伸展、纵横交错，形成七十二条水路，泾深浪静。群岛、水道、岩礁、红树林滩分布区纵横跨度达 10km，岛上树林郁郁葱葱，岛下风平浪静，奇岛异礁参差错落。一些神话传说也增添游客雅兴。旅游区内的龟岛上建有逸仙公园，园内山头矗立着全国最大的孙中山铜像。

（5）京岛风景名胜区

京岛风景名胜区位于东兴市江平镇京族三岛，地处北部湾沿畔，其西南面与越南万柱旅游区隔海相望；是我国少数民族京族主要聚居的地方，是民族风光旅游点，核心景区面积 13.7km^2。海岸线长 10km，各种旅游资源极其丰富，滨海风光极为诱人。著名的金滩就在区内，其因海滩滩长、沙细、洁净、金黄而得金滩之名。京岛风景名胜区属亚热带气候，年平均气温 22℃，常年可来此旅游度假，是一个集滨海风光和民族风情等特点于一体的风景名胜区，2010 年 7 月 9 日正式被批为国家 AAAA 级旅游景区。

（6）防城港白浪滩旅游区

防城港白浪滩旅游区位于防城港市防城区江山乡南部，规划面积 95.96km^2，是东兴试验区国际经贸区（珍珠湾国际旅游区）的地理核心，于 2013 年 1 月 29 日被正式批为国家 AAAA 级旅游景区，集观光、运动、休闲于一体，被誉为“旅游胜地，运动天堂”。

3. 主要海水浴场概况

广西开展常规监测的海水浴场主要有北海银滩海水浴场和防城港金滩海水浴场。其中，北海银滩海水浴场为北海市正式开放的免费公共海水浴场，位于北海市南岸，具有滩平长、沙细白、水温清、浪柔软、无鲨鱼的特点，号称“中国第一滩”，是优良的天然海水浴场。北海银滩海水浴场由北海银滩景区管理有限公司管理。浴场配有环卫保洁员和沙滩整治人员，负责浴场环境卫生的维护；在旅游旺季，救生员对浴场实施严格监控，沙滩执勤点、瞭望塔、海上摩托艇全天 13h 执勤，保障游客安全。

防城港金滩位于防城港市京岛风景名胜区万尾岛上，全长 15km，宽阔坦荡，沙质细柔金黄，是天然的海滨浴场，可同时容纳 1 万人以上游泳，目前已初具规模，成立了金滩管委会，承包给多个个体户，有一定的旅游基础设施、接待设施、娱乐设施，但缺少救生员。目前免费对公众开放。

第3章　广西美丽海湾面临的形势

3.1　广西沿海社会经济发展状况

3.1.1　常住人口情况

2015～2020年广西沿海三市常住人口逐年增多。2020年广西沿海三市常住人口合计为620.15万人，占广西常住人口的12.4%。沿海三市中，钦州市常住人口最多，2020年占沿海三市常住人口的53.2%。沿海三市常住人口变化情况具体见表3.1和图3.1。

表3.1　2015～2020年广西沿海三市常住人口　（单位：万人）

年份	北海市	钦州市	防城港市	合计
2015	162.57	320.93	91.84	575.34
2016	164.37	324.30	92.90	581.57
2017	166.33	328.00	94.02	588.35
2018	168.00	330.44	95.33	593.77
2019	170.07	332.41	96.36	598.84
2020	185.32	330.22	104.61	620.15

注：数据来源于北海市、钦州市和防城港市2015～2020年统计年鉴，下同。

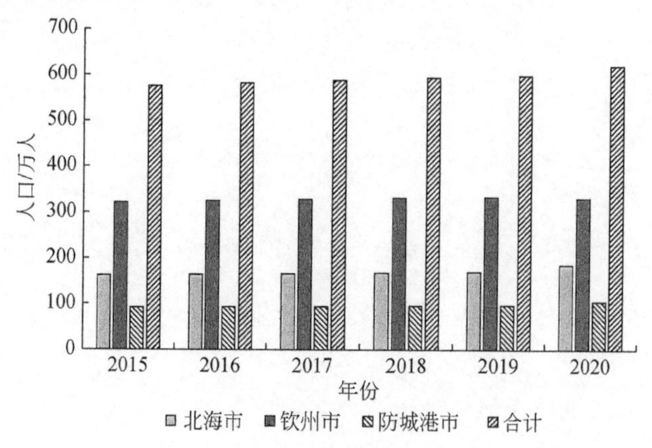

图3.1　2015～2020年广西沿海三市常住人口情况

3.1.2 经济发展状况

1. 总体经济发展概况

2016～2020年广西沿海三市生产总值稳步增长，2020年达3397.68亿元，详见表3.2和图3.2，占2020年广西全区生产总值的15.3%。2016～2020年广西沿海三市经济结构有所优化，第三产业增加值占生产总值比重呈上升趋势，2020年第三产业占比为46.3%。

表3.2 2016～2020年广西沿海三市经济发展状况 （单位：亿元）

区域	年份	生产总值	第一产业增加值	第二产业增加值	第三产业增加值
北海市	2016	1006.98	175.09	516.14	315.75
	2017	1229.84	190.54	668.66	370.64
	2018	1213.30	201.22	583.19	428.89
	2019	1300.80	211.70	557.82	531.28
	2020	1276.91	206.6	485.66	584.66
钦州市	2016	1102.05	220.10	481.90	400.05
	2017	1309.82	234.95	625.01	449.86
	2018	1291.96	245.28	533.14	513.54
	2019	1356.27	279.78	451.77	624.72
	2020	1387.96	282.87	390.16	715.08
防城港市	2016	676.04	82.60	386.26	207.18
	2017	741.62	89.27	421.23	231.12
	2018	696.82	96.87	343.82	256.13
	2019	701.23	109.42	330.83	260.98
	2020	732.81	111.09	348.08	273.63

2. 海洋经济发展概况

根据广西壮族自治区海洋局2016～2020年广西海洋经济统计公报，2016～2020年广西海洋生产总值逐年增加，每年增长6%以上。2020年广西沿海三市海洋生产总值达1651亿元，占广西生产总值的比重为7.4%，占北海、钦州、防城港三市生产总值比重为48.5%。其中，主要海洋产业增加值为844

亿元，占北海、钦州、防城港三市生产总值比重为24.8%；按三种产业划分，海洋第一产业增加值为251亿元，海洋第二产业增加值为507亿元，海洋第三产业增加值为895亿元，海洋第一、第二、第三产业增加值占海洋生产总值比重分别是15.2%、30.7%、54.1%。2016～2020年广西沿海三市海洋经济发展状况具体见图3.3。

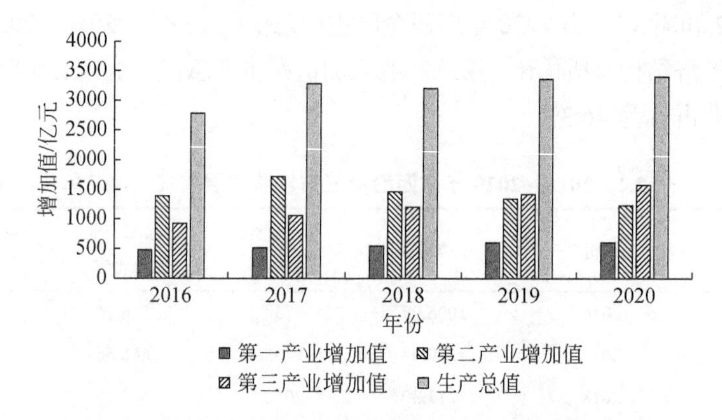

图3.2 2016～2020年广西沿海三市经济发展状况

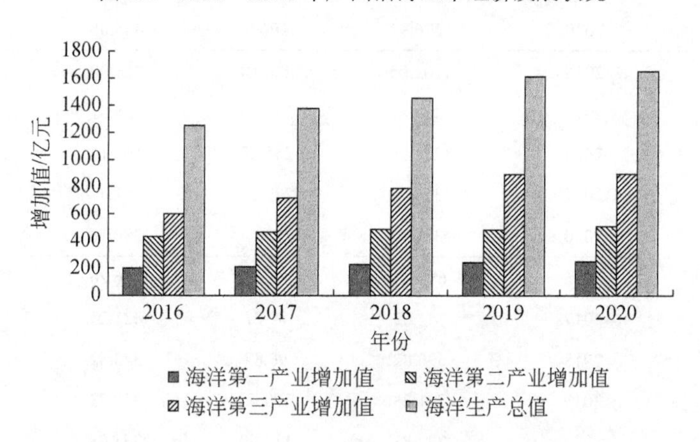

图3.3 2016～2020年广西沿海三市海洋经济发展状况

数据来源于广西壮族自治区海洋局2016～2020年广西海洋经济统计公报

3.1.3 重大战略部署

广西北部湾经济区地处华南经济圈、西南经济圈和东盟经济圈的结合部，是我国西部大开发地区唯一的沿海区域，也是我国与东盟国家既有海上通道，又与陆地接壤的区域，区位优势明显。国家高度重视广西沿海地区发展，加快推进北部湾经济区开放。这有利于深入实施西部大开发战略，增强西南出海大通道功能，促进西南地区对外开放和经济发展，形成带动和支撑西部大开发的战略高地。经济的大力发展促进多领域交流合作，有利于海洋保护工作进一步深入推动，但发展的同时不可避免地对生态环境产生压力。因此，广西沿海的重大战略部署对广西海洋环境保护工作而言既是动力也是挑战。

1. 建设“一带一路”贸易大通道

“一带一路”（“丝绸之路经济带”和“21 世纪海上丝绸之路”）倡议提出以来，广西借助中国-东盟博览会的平台，坚持海陆统筹和内外结合，大力开展中国-东盟自由贸易区建设，加强中国-东盟博览会和商务与投资峰会、大湄公河次区域经济合作，明确将北部湾经济区作为西部大开发和面向东盟开放合作的重点地区，努力把广西建设成为“21 世纪海上丝绸之路”的新门户和新枢纽。同时广西在“一带一路”建设中将海洋生态保护放在重要位置，将海洋环境保护纳入海上丝绸之路规划中，将美丽海洋的概念贯穿广西“一带一路”建设的各领域和全过程，推进与海上丝绸之路各国的生态保护技术、人才交流和信息合作，将北部湾经济区打造为带动、支撑西部大开发的战略高地和开放度高、辐射力强、经济繁荣、社会和谐、生态良好的重要国际区域经济合作区。

2. 西部陆海新通道总体规划

2019 年 8 月 15 日，国家发展和改革委员会印发《西部陆海新通道总体规划》，明确到 2025 年将基本建成西部陆海新通道。《西部陆海新通道总体规划》提出将西部陆海新通道建设成为推进西部大开发形成新格局的战略通道、连接“一带”和“一路”的陆海联动通道、支撑西部地区参与国际经济合作的陆海贸易通道以及促进交通物流经济深度融合的综合运输通道四大战略定位，让广西北部湾的区位优势得到充分展现。广西将借助“新通道”建设加快海洋经济发展基础条件，逐步建成海陆一体化交通网络、持续加大海洋资源利用效率、加快海洋科技合作，加大海洋生态环境保护力度。

3. 与粤港澳大湾区联动发展

《粤港澳大湾区发展规划纲要》提出北部湾城市群将与粤港澳大湾区和海峡西岸城市群一起联动发展，广西已制定出《广西全面对接粤港澳大湾区实施方案（2019—2021 年）》，提出推进海上互联互通建设，加快建设北部湾区域性国际航运中心，主动融入大湾区世界级港口群，推进北部湾港与粤港澳大湾区合作，构建北部湾沿海-沿边产业承接带，把北部湾港打造成为区域性国际航运中心。该实施方案提出要加大生态合作，建立完善生态环境保护联防联控机制，推动建立健全广西与大湾区的生态环境保护联防联控机制；健全生态文明联动机制，协商建立海洋污染防治合作机制，共同推进跨区域重大生态环境保护工程建设，维护区域生态安全等。粤港澳大湾区建设对促进广西北部湾经济区发展和海域环境的联动保护具有较好的推动作用。

4. 北部湾城市群发展规划

《北部湾城市群发展规划》于 2017 年由国家发展和改革委员会、住房和城乡建设部印发，城市群包括广西壮族自治区、广东省和海南省的 15 个市县，其中广西包括南宁、北海、钦州、防城港、玉林、崇左共 6 个市在内。该规划旨在将北部湾城市群建设成为生态环境优美、经济充满活力、生活品质优良的“蓝色海湾”城市群，有利于深化中国-东盟战略合作、促进“丝绸之路经济带”和“21 世纪海上丝绸之路”的战略互动；有利于拓展区域发展新空间、促进东中西部地区协调发展；有利于推进海洋生态文明建设、维护国家安全。在广西海洋保护方面，能更好发挥北部湾地区生态海湾优势，建成“蓝色海湾”生态格局，为发展绿色经济提供了更广阔的市场。广西北部湾城市群见彩图 9。

5. 广西北部湾经济区发展规划

2008 年国家发展和改革委员会印发《广西北部湾经济区发展规划》。广西北部湾经济区主要由南宁、北海、钦州、防城港四市组成，另外加上玉林、崇左两个市物流区（“4+2”）。经济区立足北部湾、服务“三南”（西南、华南和中南）、沟通东中西、面向东南亚，充分发挥连接多区域的重要通道、交流桥梁和合作平台作用，努力建成中国-东盟开放合作的物流基地、商贸基地、加工制造基地和信息交流中心，成为带动、支撑西部大开发的战略高地和开放度高、辐射力强、经济繁荣、社会和谐、生态良好的重要国际区域经济合作区。规划注重生态环境，要求加强生态建设和环境保护，增强可持续发展能力，把建设资源节约型、环境友好型社会放在工业化、现代化发展战略的突出位置。

6. 中国（广西）自由贸易试验区

中国（广西）自由贸易试验区简称广西自贸试验区。建立广西自贸试验区是党中央、国务院作出的重大决策部署，是新时代推进改革开放的重要举措，更是融入“一带一路”、粤港澳大湾区等国家重大举措的重要机遇。广西自贸试验区于 2019 年成立，实施范围包括南宁、钦州港和崇左三个片区。广西自贸试验区突出打造国际陆海贸易新通道，突出打造边境合作新模式，突出打造对东盟合作先行先试示范区，努力构建贸易投资便利、金融服务完善、监管安全高效、辐射带动作用突出、引领中国-东盟开放合作的高标准高质量自由贸易试验区。在海洋方面，建立广西自贸试验区将促进广西海洋经济高速发展。

7. 北钦防一体化发展

国家把广西北部湾经济区建设成为重要国际区域经济合作区上升为国家发展战略，深入推进北海、钦州、防城港一体化是加快广西北部湾经济区开放发展的重要举措之一。根据广西已出台的《广西北部湾经济区北钦防一体化发展规划（2019—2025 年）》（以下简称《北钦防一体化规划》），广西将以深入推进一体化发展为导向，以优化发展空间布局、建设综合交通枢纽、构建现代临港产业体系、形成大开放合作格局、强化生态环境保护、完善基本公共服务、创新发展体制机制为主抓手，加快破除制约北钦防协同发展的瓶颈，将北钦防打造成为西部陆海新通道门户枢纽、与大湾区联动发展的沿海经济带、引领广西高质量发展的重要增长极、区域协调发展改革的创新试验区、汇聚创新资源的科创成果转化区、宜居宜业宜游的蓝色生态湾区等，形成综合实力强、发展活力充沛、要素流动顺畅、人与自然和谐共生的发展新格局。在海洋生态保护方面，北钦防一体化对维持广西生态环境质量保持全国前列、打造宜居宜业宜游的蓝色生态湾区有着区域影响力和带动力。

8. “双百双新”产业项目

“双百双新”概念是广西深入贯彻习近平总书记关于广西工作重要指示批示精神和重要题词精神，围绕“建设壮美广西，共圆复兴梦想”的总目标总要求，牢固树立新发展理念，把握高质量发展要求提出的，是作为关系全区经济发展的重大工程。“双百”项目是指投资超过百亿元或产值超过百亿元的重大产业项目；“双新”项目是指新产业、新技术项目，通过“双百双新”产业项目建设推动传统产业转型升级，培育新产业、新业态、新模式，优化区域生产力布局，加快新旧动能转换和融合发展，推动全区经济高质量发展迈上新台阶。截至 2020 年，推进项目总数为 278 项，其中北部湾经济区“双百双新”产业项目比重超过全区半数，北部湾经济区的产业优势进一步发挥，龙头带动作用进一步显现，经济发展潜力进一步释放。

9. 打造向海经济行动

广西北部湾具有大型、深水、专业化码头群形成的规模优势，资源丰富、区位独特。广西积极拓展向海经济发展空间，统筹协调用海秩序，合理布局海洋产业，促进内陆地区向海发展，着力加强海洋资源综合开发与利用，发展壮大现代海洋渔业、海洋交通运输、临海（临港）化工、海洋旅游等海洋传统产业，培育壮大海洋装备制造、海洋生物医药、海洋能源、海洋节能环保等海洋新兴产业，大力发展涉海金融、港口物流、海洋信息服务、海洋会展、海洋体育等沿海现代服务业，努力构建向海经济现代产业体系，积极开展“蓝色海湾”“南红北柳”“生态岛礁”三大生态修复工程整治行动，严格海洋和渔业执法，逐步实现“水清、岸绿、滩净、岛靓、湾美”的海洋生态文明建设目标。

随着广西北部湾战略地位越来越突出，国家越来越重视广西沿海地区发展，沿海经济活动越来越频繁，给广西近岸海域环境保护带来巨大的压力。为了促进经济建设与环境保护同步发展，保持广西近岸海域生态环境总体良好状态，改善局部受污染海域环境，实现生态、经济可持续发展，必须健全环境保护机制，加强综合防治和监督管理，制定科学合理的海洋生态环境保护规划并严格执行。

3.1.4 产业布局状况

广西口岸、沿海开放城市和经济开发区分布见彩图 10。广西沿海有 21 个规模以上工业聚集区，其中北海市有 8 个，钦州市有 7 个，防城港市有 6 个。

1. 北海市工业园区

北海市工业园区主要分布在铁山港西港区的北海市铁山港（临海）工业区、东港的龙港新区北海铁山东港产业园以及廉州湾的北海工业园区和合浦工业园区，形成了“3+4”的产业发展格局，即石油化工、电子信息、临港新材料三大主导产业和海洋、林纸与木材加工、食品加工和高端服务四大重点产业。其中，石油化工产业迅猛发展。铁山港（临海）工业区石化产业园规划面积 60km^2，2011 年以来建设项目陆续投入运行，目前石化产业以中国石化北海炼化有限责任公司为龙头，集聚了中国石化广西液化天然气（LNG）、新鑫能源、和源石化、中航化、新奥天然气等一批上下游企业，石化产业链格局初步形成。此外，总投资 9.8 亿元的北海炼化结构调整改造项目位于铁山港（临海）工业区，是北海炼化“十三五”规划重要项目，主要包括新建 120 万 t/a LTAG 装置、3 万标立/时制氢装置，以及配套的公用工程、储运设施等。项目于 2019 年 9 月开工建设，2021 年 8 月全面投产。预计每年可处理 120 万 t 催化柴油等催化原料，可生产 55 万 t 高辛烷值汽油、20 万 t 液化气、6 万 t 聚丙烯；总投资 13 亿元的川化硫酸钾项目建设稳步推进，项目建成后生产规模可达 48 万 t/a 硫酸钾、10 万 t/a 三聚氰胺、30 万 t/a 氯化铵；总投资 35 亿元的三聚环保项目计划建设 60 万 t/a 先进生物液体燃料项目，并配套建设化工、环保、农业等研发中心等。

2. 钦州市工业园区

钦州市工业园区主要分布在钦州湾东部钦州港及金鼓江两岸的钦州港经济技术开发区和中马钦州产业园区，通过引进华谊、恒逸、中石化等石化龙头项目，建成以重石化等一体化产业基地为特色的产业集群。目前钦州工业园石化产业加快集聚升级。钦州市全力打造全国独有的“油、煤、气、盐”齐头并进的多元化石化产业体系，中海油大型炼化一体化项目加快推进，补齐了化工型“油头”，华谊化工新材料一体化基地一期工业气体岛项目开工建设，填补了“煤头”产业空白，华谊二期 75 万 t 丙烯及下游深加工项目开工建设，广投乙烷制乙烯项目加快推进，开辟了“气头”新格局，华谊氯碱项目开工建设，新增了“盐头”板块。目前，钦州石化园区累计已入驻石化企业 23 家，已落户项目总投资超过 2300 亿元，初步实现“一滴油两根丝”的高端绿色化纤产业布局。

3. 防城港市工业园区

防城港市工业园区主要分布在防城港经济技术开发区和东兴边境经济合作区等，以“大项目—产业链—集群化”的方向全力推进结构性改革，以钢铁、有色金属、化工、能源、粮油食品、装备制造六大支柱产业为主。其中金属新材料产业不断壮大。防城港市严格按照“强龙头、补链条、聚集群”的发展思路，不断推进以钢铜铝为核心的金属新材料产业高质量发展。重点围绕“高、精、尖、深、专”钢材产品的研发应用，加快引进社会资本及大型民营企业，围绕关键节点项目，做好铜冶炼的下游链条延伸；加快推进广西生态铝工业基地防城港项目建设，引进布局中铝集团现有规划的铝合金、氧化铝、高纯铝等产业项目入园。

目前入驻各工业园区的较大规模企业有铁山港（临海）工业区的中国石化北海炼化有限责任公司、斯道拉恩索（广西）浆纸有限公司等；钦州港工业区的广西金桂浆纸业有限公司、中国石油天然气股份有限公司广西石化分公司、华谊钦州化工新材料一体化基地、恒逸石化钦州高端绿色化工化纤一体化基地等；防城港主要企业有盛隆冶金、金川铜镍、大海粮油、中铝集团、广钢集团等龙头企业。此外，还有位于防城港市港口区企沙半岛东侧的广西防城港核电站。广西沿海三市工业园区具体见表 3.3。

表 3.3　沿海规模以上工业聚集区名单

所属区域	序号	工业区名称	产业方向
廉州湾	1	北海工业园区	汽车（机械）制造、新能源新材料、电子信息、生物制药
	2	北海综合保税区（A 区）	电子信息、生物制药、精细化工、精密机械、新型建材
	3	合浦工业园区	电子信息、石油化工、生物能源、制药、海洋生物制品、食品加工、机械、农副产品、包装及仓储物流、密集型产业
北海南岸	4	北海高新技术产业开发区	生物制药、软件与电子科技
	5	北海海洋产业科技园区	海产品加工、海洋生物医药、海洋工程装备
铁山港	6	龙港新区北海铁山东港产业园	高端制造、再生资源加工、临港重化工业下游产业、海洋经济、特色经济、现代服务
	7	北海市铁山港（临海）工业区	石油化工、不锈钢、玻璃、林浆纸、现代物流
	8	北海综合保税区（B 区）	产品研发、加工制造、商品展示、售后维修服务、仓储物流和分销配送、国际中转与对外贸易
钦州湾	9	中马钦州产业园区	制造、电子信息
	10	钦州港经济技术开发区	石油化工、粮油、能源、纸业、制造、冶金、汽车、机械装配
	11	钦州保税港区	现代物流、国际贸易、汽车、电子、医药及医疗器械等制造
	12	钦州高新技术产业开发区	电子信息、生物医药、食品科技、精密仪器制造、医疗环保设备等装备制造
	13	钦南区金窝工业园	矿产加工、化纤纺织、石材开发、合成材料、物流和电子科技
	14	北部湾华侨投资区	农产品加工、中草药林下种植、生态康养
	15	钦北区经济技术开发区	轻工电子和钢材加工、饲料、食品粮油、新能源、新材料

续表

所属区域	序号	工业区名称	产业方向
北仑河口	16	东兴边境经济合作区	红木家具加工、眼镜片加工、食品加工
	17	东兴冲榄工业园	食品加工、医药制造、家具制造及工艺品制造、电器机械及器材制造业、通信设备、计算机及其他电子设备制造
珍珠湾	18	东兴江平工业园区	农产品综合加工、红木家具加工、塑料管材
防城港	19	防城港高新技术产业开发区	高端智能制造、生物医药、建筑、软件和信息技术、健康医疗、文化传媒、商务服务
	20	防城港经济技术开发区	钢铁、有色金属、能源、化工、新材料、装备制造、粮油食品和现代物流
	21	防城区工业园区	先进装备制造、电子信息、生物医药、物流仓储、商贸、出口加工、信息服务

注：数据来自广西壮族自治区海洋环境监测中心站《广西沿海三市工业园基本情况及其环保设施建设情况调查报告》以及广西沿海三市工业和信息化委员会工业统计报表。

3.2　公众亲海空间面临的挑战

3.2.1　海水浴场水质

1. 北海银滩海水浴场水质现状

根据生态环境部海水浴场数据公开信息，2020 年，北海银滩海水浴场水质优良率为 72%，适宜和较适宜游泳比例为 83%。2015～2020 年北海银滩海水浴场水质优良率及适宜和较适宜游泳比例总体呈明显下降趋势。2015～2020 年北海银滩海水浴场主要超标因子为粪大肠菌群。北海银滩海水浴场水质状况具体见图 3.4、图 3.5。

2. 防城港金滩海水浴场水质现状

根据生态环境部海水浴场数据公开信息，2020 年，防城港金滩海水浴场水质优良率为 70%，适宜和较适宜游泳比例为 80%。2015～2020 年防城港金滩海水浴场水质优良率总体呈下降趋势，适宜和较适宜游泳比例先下降后于 2019～2020 年有明显回升。2015～2020 年防城港金滩海水浴场主要超标因子为粪大肠菌群。防城港金滩海水浴场水质状况具体见图 3.4、图 3.5。

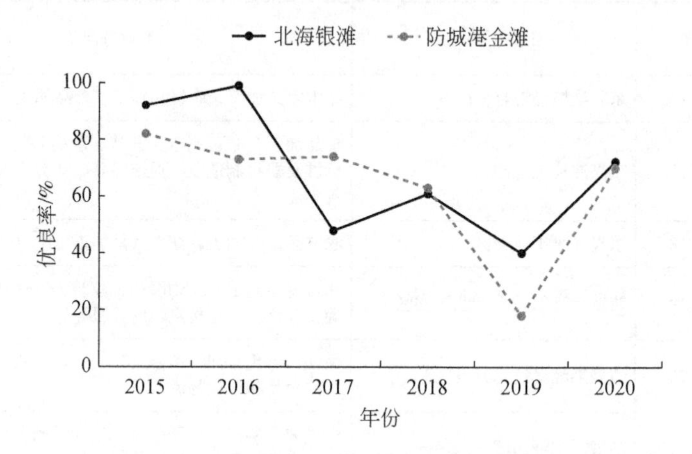

图 3.4　2015～2020 年广西海水浴场水质优良率变化

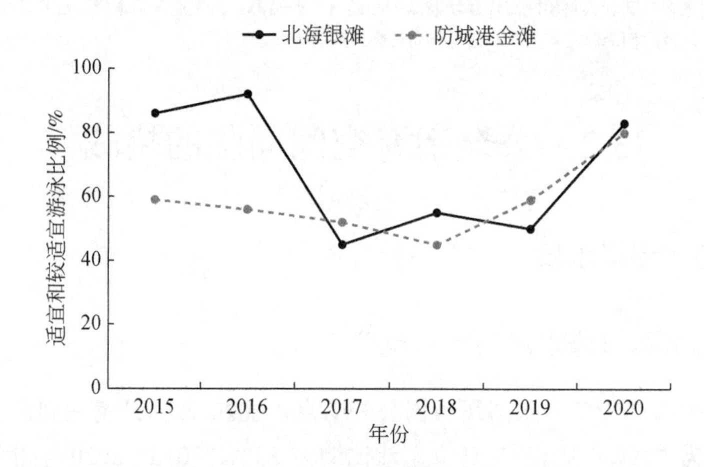

图 3.5　2015～2020 年广西海水浴场适宜和较适宜游泳比例变化

3.2.2　海洋垃圾污染

根据国家海洋局和广西壮族自治区生态环境厅北海市、钦州市、防城港市监测部门监测数据，分别对 2015～2020 年北海侨港海域海水浴场、钦州三娘湾旅游风景区、防城港白浪滩旅游区海洋垃圾监测的数据进行分析。

1. 北海侨港海域海水浴场

2020 年北海侨港海域海水浴场海面漂浮大块及特大块垃圾数量密度为

65 个/km^2；小块及中块垃圾数量密度为 17 771 个/km^2，质量密度为 0.150kg/km^2，2015～2020 年北海侨港海域海水浴场海面漂浮垃圾大块和特大块垃圾总体数量波动变化，但小块和中块漂浮垃圾数量密度增加明显。2015～2020 年海面漂浮垃圾主要类型均包括塑料类，主要来源均为陆上来源。

2020 年北海侨港海域海水浴场海滩垃圾数量密度为 54 933 个/km^2，质量密度为 51.10kg/km^2，主要尺寸为中块垃圾和大块垃圾，混杂少量小块垃圾和特大块垃圾。2015～2020 年北海侨港海域海水浴场海滩垃圾数量密度和质量密度呈明显上升趋势，2015～2020 年海滩垃圾主要类型均包括塑料类，主要来源均为陆上来源。具体见表 3.4。

表 3.4　2015～2020 年北海侨港海域海水浴场海洋垃圾监测结果

年份	海面漂浮垃圾				海滩垃圾		
	大块及特大块垃圾	小块及中块垃圾		主要类型			
	数量密度/（个/km^2）	数量密度/（个/km^2）	质量密度/（kg/km^2）		数量密度/（个/km^2）	质量密度/（kg/km^2）	主要类型
2015	—	36	0.007	塑料类	241	3.72	塑料类
2016	—	71	0.020	塑料类	864	3.46	塑料类、纸类、木制品类
2017	79	786	5.000	塑料类	1 022	6.00	塑料类
2018	10	375	21.000	橡胶类、塑料类	2 025	6.00	塑料类、纸类
2019	44	2 000	1.800	塑料类	40 945	142.90	塑料类
2020	65	17 771	0.150	塑料类	54 933	51.10	塑料类、金属类、织物类、纸类

2. 钦州三娘湾旅游风景区

2020 年钦州三娘湾旅游风景区海面漂浮小块及中块垃圾数量密度为 11 696 个/km^2，质量密度为 2.3kg/km^2，海面漂浮垃圾主要类型为塑料类，垃圾尺寸均为小块及中块垃圾，无大块及特大块垃圾，主要来源均为陆上来源。

2020 年钦州三娘湾旅游风景区海滩垃圾数量密度为 21 428 个/km^2，质量密度为 64.6kg/km^2，海滩垃圾主要类型为塑料类、玻璃类，主要尺寸为中块垃圾和大块垃圾，无特大块垃圾。2015～2020 年钦州三娘湾旅游风景区海滩垃圾数量密度和质量密度变化幅度较大，2019 年海滩垃圾数量密度上升显著，质量密度却没有随之大幅增加，主要原因是塑料类垃圾占比更重。2016～2020年海滩垃圾主要类型均为塑料类和玻璃类，2015 年类型为织物类和金属类，主要来源均为陆上来源，其次为海上来源。具体见表 3.5。

表 3.5 2015～2020 年钦州三娘湾旅游风景区海洋垃圾监测结果

年份	海面漂浮垃圾 小块及中块垃圾			海滩垃圾		
	数量密度/（个/km²）	质量密度/（kg/km²）	主要类型	数量密度/（个/km²）	质量密度/（kg/km²）	主要类型
2015	—	—	—	32 533	1 267.0	织物类、金属类
2016	—	—	—	1 267	419.0	塑料类、玻璃类
2017	—	—	—	1 600	263.0	塑料类、玻璃类
2018	—	—	—	2 667	115.0	塑料类、玻璃类
2019	2 562	8.5	塑料类	110 280	275.3	塑料类、玻璃类
2020	11 696	2.3	塑料类	21 428	64.6	塑料类、玻璃类

3. 防城港白浪滩旅游区

2020 年防城港白浪滩旅游区海面漂浮大块及特大块垃圾数量密度为 20 个/km^2，海面漂浮垃圾主要类型为塑料类；小块及中块垃圾数量密度为 2924 个/km^2，质量密度为 0.4kg/km^2，海面漂浮垃圾主要类型为塑料类和木制品。主要来源均为陆上来源。

2020 年防城港白浪滩旅游区海滩垃圾数量密度为 320 000 个/km^2，质量密度为 453.1kg/km^2。海滩垃圾主要类型为塑料类、金属类、布类、玻璃类、纸类，主要尺寸为小块垃圾和中块垃圾，混杂少量大块垃圾，无特大块垃圾。2015～2020 年防城港白浪滩旅游区海滩垃圾数量密度和质量密度总体呈上升趋势，2020 年海滩垃圾数量密度和质量密度大幅度增加，2015～2020 年海滩垃圾主要类型均包括塑料类，主要来源均为陆上来源。具体见表 3.6。

3.2.3 围填海工程

1. 围填海情况

2010～2018 年，国家及广西批准的围填海面积累计达到 6389.83hm^2，主要用途包括港口路桥基础设施项目、工业、仓储等方面。2014 年以来，广西围填海面积总体呈下降趋势。自 2018 年 7 月《国务院关于加强滨海湿地保护严格管控围填海的通知》印发实施以来，广西无新增围填海项目。2010～2018 年国家及广西批准的围填海面积见图 3.6。

表 3.6 2015～2020 年防城港白浪滩旅游区海洋垃圾监测结果

年份	海面漂浮垃圾					海滩垃圾		
	大块及特大块垃圾		小块及中块垃圾					
	数量密度/（个/km²）	主要类型	数量密度/（个/km²）	质量密度/（kg/km²）	主要类型	数量密度/（个/km²）	质量密度/（kg/km²）	主要类型
2015	—	—	—	—	—	52 668	55.6	塑料类
2016	—	—	—	—	—	72 402	120.1	塑料类
2017	—	—	—	—	—	52 400	281.0	塑料类
2018	—	—	—	—	—	47 006	69.0	塑料类
2019	37	塑料类、木制品	5 316	0.6	塑料类、织物类	121 333	802.0	塑料类、木制品
2020	20	塑料类	2 924	0.4	塑料类、木制品	320 000	453.1	塑料类、金属类等

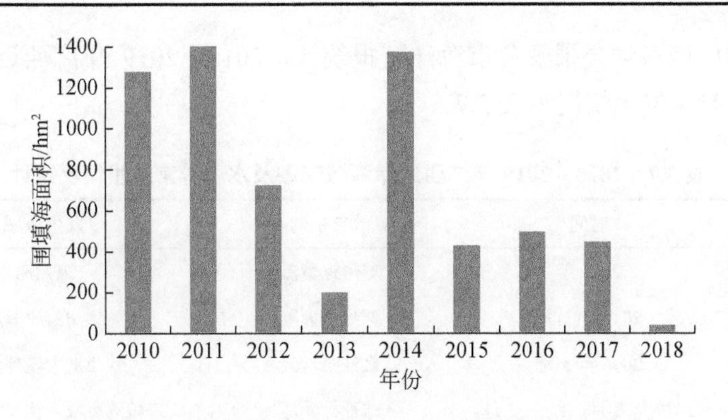

图 3.6 2010～2018 年国家及广西批准的围填海面积

“十三五”期间，广西北部湾围填海面积共 1412.17hm²。从地区分布看，按面积统计，40.81%分布在北海市，主要位于铁山港西港区；33.33%分布在钦州市，主要位于金鼓江两岸；25.86%分布在防城港市，主要位于防城港东湾、防城港西湾。主要的围填海类型是港口、工业用地；其次为构筑物和其他围海工程（如沿海建设突堤、防潮堤等）。

2. 围填海历史遗留问题

广西沿海围填海总体情况复杂，历史遗留问题较多。根据广西壮族自治区海洋局开展的围填海现状调查结果，截至 2018 年 10 月 31 日，共完成北海市围填海现状调查面积 2589.68hm^2，其中列入北海市围填海历史遗留问题项目清单的面积 774.43hm^2；历史遗留问题中批而未填、填而未用的占围填海总数的约 24%，占遗留问题总面积比例达到 80%，使用效率较低，造成了资源的浪费。根据广西壮族自治区海洋局提供的围填海项目工程报批情况表数据，钦州市以及防城港市批而未填的面积分别占批准填海面积的 29%和 35%，部分项目围填海批后实施建设不及时，空置了部分海域。

3.3 海洋灾害状况

3.3.1 海洋生态灾害情况

1. 赤潮引起水质异常

根据广西海洋公报及各市海洋公报统计，2015～2019 年广西近岸海域赤潮及水质异常发生情况见表 3.7。

表 3.7 2015～2019 年广西近岸海域赤潮及水质异常发生情况统计

序号	时间	致灾生物	发生海域
1	2015 年	球形棕囊藻	廉州湾
2	2015 年 2 月	球形棕囊藻	钦州沿岸海域
3	2016 年 5 月	血红哈卡藻	钦州港大榄坪海域
4	2017 年 2 月、11～12 月	球形棕囊藻	三娘湾海域，钦州沿岸海域
5	2017 年	球形棕囊藻	涠洲岛
6	2018 年	球形棕囊藻	廉州湾
7	2018 年 8 月	链状裸甲藻和叉状角藻	钦州港大榄坪海域
8	2019 年 1～2 月	球形棕囊藻	钦州沿岸海域
9	2019 年 7 月	中肋骨条藻	钦州港大榄坪海域

注：数据来源于 2015～2019 年广西海洋公报及各市海洋公报。

2015～2019 年广西近岸海域共发生 9 起水质异常事件，优势种均为赤潮藻类，以球形棕囊藻为主。其中 2016 年 5 月发生的藻华事件达到了赤潮形成的密度标准，其他藻华事件均未形成赤潮，未对海水养殖造成显著影响。藻华事件的发生可能与海水富营养化有关。

广西近岸海域球形棕囊藻阶段性暴发增殖主要发生在 11 月至次年 3 月的冬春季节，发生海域不固定，影响范围不大。

2. 浒苔异常增殖情况

近年来铁山港以及北海南岸一带在冬春季会出现不同程度的浒苔异常增殖情况。浒苔虽然无毒，但其死亡后会大量消耗海水中的氧气，对海洋生物生长不利；红树林区域内浒苔大量繁殖会压折红树林的幼苗和呼吸根；海草床区域内浒苔大量繁殖会遮蔽阳光，阻碍海草的生长，对海洋生态系统造成不良影响。

3.3.2 突发海洋环境事件

广西沿海突发海洋环境事故主要包括海上溢油和危险化学品泄漏两大类。突发海洋环境事件主要发生在港口码头、近岸油气库仓储区、海底油气管道、钻井平台以及运输油品或危险品的海上航线。

1. 海上溢油

2014～2018 年广西沿岸海域共发生 6 次海上溢油事件，均未对周边海洋环境造成较大影响，具体情况见表 3.8。

表 3.8 2014～2018 年海上溢油事件发生情况统计

序号	发生时间	事故情况
1	2014 年 4 月	沙石船 A 轮在某码头新建项目施工海域碰穿船底入水，造成船体倾斜，燃油外泄。实施紧急处置。
2	2015 年 5 月	某滚装船在涠洲岛码头卸货时发生侧翻，机舱部位随即冒出机油与柴油。实施紧急处置。
3	2015 年 6 月	某轮装载 980t 卷板，遇西南风浪沉没，少量燃油及油污水外泄。实施紧急处置。
4	2016 年 11 月	某轮靠泊铁山港某码头，由于误操作，造成机舱油污水外泄。现场执法人员当场发现，实施紧急处置，并对该轮进行处罚。
5	2017 年 7 月	某轮在涠洲岛西北角搁浅，少量燃油及油污水外泄。实施紧急处置。
6	2018 年 4 月	图瓦卢籍化学品船“THERESA DUA”轮在防城港 10#泊位发生溢油，泄漏到海面的污油总量约 200L，污染海面面积约 18m^2，漏油被清污公司清除回收，构成污染小事故。

注：数据来源于北海市海事局统计资料及《2018 年广西海洋经济统计公报》。

2. 危险化学品泄漏

2016～2019 年，广西沿海区域发生 6 起危险化学品泄漏事件，其中交通事故引发的环境事件 3 件，安全生产事故引发的环境事件 3 件，均未对周边环境造成较大影响，具体情况见表 3.9。

表 3.9　2016～2019 年危险化学品泄漏事件发生情况统计

类型	级别	时间	地点	事件	处理结果
交通事故引发的环境事件	一般	2017 年 5 月 12 日	南北高速大寺出口往北海方向约 4km 处	挂车追尾导致约 5t 磷酸漏出	造成局部土壤污染，未影响附近地表水体
		2017 年 7 月 14 日	兰海高速钦州市钦北区大寺镇附近	罐车左侧阀门损坏致 28t 浓度为 98%的工业硫酸泄漏	未对下游主要水体大寺江造成污染
		2018 年 5 月 26 日	合那高速公路距离陆河山隧道 1.7km 处	槽罐车追尾造成 28t 硫酸泄漏	未对下游钦州段水质造成影响
安全生产事故引发的环境事件	一般	2016 年 1 月 4 日	北海市银海区三强冷冻厂	因液氨主机盖爆裂造成液氨泄漏	消防部门对事故现场进行处理，消防废水收集至事故应急池，未外泄
		2016 年 4 月 4 日	钦州港玉柴石化公司厂区	液化气芳构化生产装置液化石油气泄漏燃烧火灾	各常规污染物和特征污染物浓度均在正常范围内，海水水质未受影响
		2017 年 5 月 12 日	钦州天锰锰业有限公司	储罐挤压，罐内约 600t 浓硫酸发生泄漏	环境空气个别点位偶有超标，周边水体水质未发生超标

注：数据来源于广西壮族自治区环境应急与事故调查中心统计结果。

3.4　美丽海湾保护面临的形势

“十四五”是我国由全面建成小康社会向基本实现社会主义现代化迈进的关键时期，是“两个一百年”奋斗目标的历史交汇期，是全面开启社会主义现代化强国建设新征程的重要机遇期；同时也是广西开启“建设壮美广西，共圆复兴梦想”新征程的第一个五年，是污染防治攻坚战取得阶段性胜利、继续推进美丽中国建设的关键期。我国已进入经济高质量发展期，广西仍存在新旧动能转换不足、结构调整不明显、区域发展不平衡等问题，海洋生态环境保护形势依然严峻，面临重大机遇和挑战。

3.4.1　美丽海湾保护与建设的机遇

1. 建设海洋强国是中国特色社会主义事业的重要组成部分

在习近平新时代中国特色社会主义思想指引下，围绕党的十八大的总部署，依据党的十九大的总要求，中国特色海洋强国建设以实现“以海强国富民”为基本目标和任务，把海洋生态环境保护与海洋资源开发、海洋经济发展、海洋科技创新和维护国家海洋权益等置于同样重要的位置。习近平总书记指出：“我国既是陆地大国，也是海洋大国，拥有广泛的海洋战略利益。经过多年发展，我国海洋事业总体上进入了历史上最好的发展时期。”在实现中华民族伟大复兴的新时代，走向海洋是国家强盛的必由之路，必须走中国特色海洋强国之路，通过开发、利用、保护海洋来实现国家富强，通过发展强大的海洋综合实力来保障国家安全和利益（何毅亭，2021）。

2. 海洋资源支撑国家社会经济发展的潜力巨大

从我国海情看，海洋资源环境条件良好，海上综合实力日益壮大。中国临西北太平洋，岸线漫长，管辖海域宽广，海洋资源丰富，海洋资源开发利用程度不高，如今，中国走向海洋的资源环境和地理条件基本具备。2019 年，海洋经济总量达 89 415 亿元，同比增速为 6.2%。海洋生产总值占国内生产总值的 9.0%，在国民经济中的比重基本保持稳定，为国民经济新的增长点。海洋综合管理能力、海洋维权执法能力、海洋科技创新能力和海洋生态环境保护能力均有明显提升和增强，参与和处理国际海洋事务的能力不断提高，拥有不断壮大的海上综合力量，为建设海洋强国奠定了坚实基础。2019 年 2 月，中共中央、国务院印发了《粤港澳大湾区发展规划纲要》，提出粤港澳大湾区是我国开放程度最高、经济活力最强的区域之一，在国家发展大局中具有重要战略地位。广西把“东融”作为开放合作的优先方向，出台了《广西全面对接粤港澳大湾区建设总体规划（2018—2035 年）》，极大地推动了北海工业和信息化发展。2019 年 3 月，中央全面深化改革委员会第七次会议审议通过了《关于新时代推进西部大开发形成新格局的指导意见》，提出西部地区要更加注重抓好大保护，更加注重抓好大开放，更加注重推动高质量发展，推进西部大开发加快形成新格局。2019 年 8 月，国家发展和改革委员会印发了《西部陆海新通道总体规划》，提出了深化陆海双向开放、推进西部大开发形成新格局的重要举措，这些都将为“十四五”广西海洋生态保护工作带来重大发展机遇。

3. 海洋生态环境保护成为落实生态文明建设的重要举措

党的十八大把生态文明建设纳入“五位一体”总体布局，融入经济建设、政治建设、文化建设、社会建设各方面和全过程，确立了建设美丽中国的宏伟目标。党的十九大把新时代坚持和发展中国特色社会主义基本方略中的“坚持人与自然和谐共生”作为一条基本方略，把污染防治攻坚战作为国家三大攻坚战之一来抓，将加快生态文明体制改革、建设美丽中国等写入党章，将生态文明写入《中华人民共和国宪法修正案》(2018 年)。资源消耗、环境质量、生态效益等指标被列为政府绩效考核重要内容，增强了各级政府对环境保护的重视程度，极大地促进了生态环境保护工作及周边产业的蓬勃发展。建设人海和谐的美丽家园，把海洋生态文明建设纳入海洋开发总布局之中，着力推动海洋开发方式向循环利用型转变，以最严格的制度、最严密的法治为生态文明建设提供了可靠保障。习近平总书记强调：“建设生态文明是中华民族永续发展的千年大计。必须树立和践行绿水青山就是金山银山的理念……像对待生命一样对待生态环境，统筹山水林田湖草系统治理，实行最严格的生态环境保护制度，形成绿色发展方式和生活方式。”

4. 机构改革给海洋生态环境保护赋予了重大意义

我国于 2018 年开展了机构改革工作，按照党中央、国务院的决策部署，此次机构改革将海洋环境保护职责整合到新组建的生态环境部，这是在新的形势下进一步加强海洋生态保护工作、促进海洋经济高质量发展的重要举措。海洋生态环境问题表现在海里，根在陆地上，海洋生态环境保护不是孤立的，是与陆地生态环境保护紧密结合在一起的。此次机构改革强化了陆海生态环境保护职能的统筹协调，实现了陆地和海洋的连通，为做好陆海统筹、实现以海定陆奠定了基础，将有效改变陆海分治的局面，实现从山顶到海洋的污染全过程防治。具体来说，明确了生态环境部的职责就是统一政策规划标准制定、统一监测评价、统一监督执法、统一督政问责，明确了生态环境保护的“裁判员”和“运动员”，形成了“一主多辅”的格局，即生态环境部监管，有关职能部门、地方政府、行业企业落实环保主体责任，将有效解决此前存在的生态环境保护“九龙治水”，尤其是海洋生态环境“五龙治海”的局面，对统筹做好陆海生态保护，实现环境质量的总体改善，还老百姓清水绿岸、鱼翔浅底、碧海蓝天、洁净沙滩具有非常重要的意义。

5. 广西生态环境保护工作备受各级政府关注

习近平总书记考察广西时指出，广西生态优势金不换，要坚持把节约优先、保护优先、自然恢复作为基本方针，把人与自然和谐共处作为基本目标，使八桂大地青山常在、清水长流、空气常新；打造好向海经济，要想富先建港口，并强调要写好新世纪海上丝绸之路新篇章，把海洋生物多样性湿地生态区域建设好，为广西海洋生态环境保护确定了根本遵循和基本目标。广西党委、政府始终高度重视生态环境保护，提出大力发展生态经济战略，坚持生态立区、生态强区、生态惠民、生态利民，并把山清水秀的自然生态作为广西营造的“三分生态”目标之一。广西原党委书记鹿心社多次强调要大力发展海洋经济，大力推进生态文明建设，切实保护好红树林，为强化广西生态环境保护提供强有力的保障。

3.4.2　美丽海湾保护与建设的挑战

1. 国际国内涉海发展形势瞬息万变

从国际形势看，我国的海洋强国建设面临着来自西方集团和周边国家更直接、更复杂的挑战。一是中美贸易摩擦；二是南海、东海、台海问题错综复杂、敏感脆弱；三是全球海洋生态呈现主体多元化、分散化，公海生态保护区、海漂垃圾、海洋酸化以及极地生态保护、深海环境探索成为全球海洋生态必考科目，增加了全球海洋生态综合治理的紧迫性和严峻性，考验着我国作为大国的责任担当与历史使命。

从国内发展看，一是经济发展方面，海洋科技创新能力不足，海洋产业的关键核心技术仍然受制于人，海洋科技成果转化率低，难以支撑海洋经济高质量发展；二是资源环保方面，近岸海域环境污染问题依然突出，典型海洋生态系统受损，传统海洋资源供给方式亟待改变，近远海资源开发不均衡；三是能力建设方面，在海洋环保综合型人才培养、海洋环保意识提升等方面亦存在不少短板。

2. 保持广西近岸海域海洋生态环境质量难度大

广西作为生态环境良好地区和欠发达、后发展地区，经济基础薄弱，发展任务极其繁重，与发达地区相比，可投入生态环境保护的财力有限。多年来，广西海洋生态环境质量优良，在全国排名前列，但海洋生态环境质量进一步改善空间小，今后要实现海洋生态环境质量持续改善并保持全国前列的难度加大。广西近岸海域海水环境质量整体良好，已成为广西一张引以为傲的生态名片。但是海洋生态环境质量持续向好的空间很小，可容纳污染物总量有限。

3. 环境现状条件对经济的制约

从生产总值看，2019 年广西为 21 237.14 亿元，按可比价格计算，比上年增长 6.0%，在全国 31 个省（自治区、直辖市）中排第 19 位、名义增速排第 21 位、增量排第 18 位，整体处于全国中下水平。根据预测，“十四五”时期全国年均经济同比增长 5.5%～6.1%，如广西保持与全国平均增速接近，排名将继续长期处于中下水平。广西经济逐步由高速增长转向高质量发展，对生态环境保护的影响变得复杂。一方面，高环境压力产业产能将持续下行，新技术新产品的出现和应用将为生态环境保护提供有力支撑和思路创新；另一方面，去杠杆、严监管、抓环保叠加共振仍将对经济产生持续影响，生态环境保护模式和污染治理方式能否适应社会经济深度调整和转型发展的需求，仍将存在一定疑问。

从产业结构看，2019 年第一产业增加值 3387.74 亿元，同比增长 5.6%；第二产业增加值 7077.43 亿元，同比增长 5.7%；第三产业增加值 10 771.97 亿元，同比增长 6.2%。三种产业对经济增长的贡献率分别为 15.2%、32.5%和 52.3%。第三产业发展势头优于第一、二产业。第三产业超过第二产业成为主导产业，成为推动全区经济发展的主要动力，三种产业呈现“三二一”格局。预测广西“十四五”时期第三产业对生产总值贡献继续增加，而第二产业比重会继续下降。产业结构的不断变化带来的环境问题复杂且变化快、应对难，如在第二产业及重化工业增长放缓过程中，沿海累积型环境污染开始集中显现。第三产业的快速发展可能引发新型海洋经济消费型污染问题，包括沿海固定源、移动源、污染物排放种类和涉海排污口时空分布等环境污染特征，对海洋生态环境保护提出更高要求。海洋生态环境问题会进一步凸显，海洋生态环境保护工作任重而道远。

4. 环保基础滞后与环境治理需求不匹配

城镇化发展对海洋生态环境保护提出更高要求。“十四五”期间广西城镇化发展的方向为提供高质量城市服务，这将对沿海城市环境管理提出新的需求，主要包括：一是建立应对高人口流动冲击的城市环境基础设施、环保队伍力量、环境监测能力和环境管理机制；二是逐步推动城市环境管理目标由环境质量管理向环境健康、亲海空间建设、居民幸福感等领域转型。同时，消费形势变化加剧了消费型、生活型、新型污染解决难度，“十四五”期间正在向消费型社会转变，为广西消费的增长以及创新性、个性化、老年型消费带来了新型环境问题，加大了对消费污染防治的难度。经济的发展带来产品种类丰富、产品更新换代速度提升，汽车和住房的消费结构和消费方式转型升级等，既有生产、流通等环节的环境污染，也有消费等生活型污染，环境问题复杂，结构性污染突出。环境公共服务需求与滞后的供给矛盾凸显。“十四五”是建设壮美广西的基础期，随着社会富裕程度的提高，社会大众的最大可接受风险水平、可忽略风险水平逐步降低。从建设项目决策、环境质量评价、政府问责等，反映出公众维权意识与参与意识正在增强。随着全社会对环境问题关注逐步加大，新的环保法律法规不断修订，环境监管体制机制改革，社会各界对生态环境质量要求越来越高。在生态环境高质量高要求的大环保新形势下，要实现环境质量的逐步改善，在环境污染治理方面不能再依赖传统手段，在环境监管上要实现多部门协同联动、大数据共享、高科技协同分析。但目前海洋生态环境保护科技支撑不够，例如互联网+、大数据、卫星遥感、自动监测等现代化信息技术的创新融合应用少，大数据集成应用尚未形成体系，未充分发挥应有的作用。海洋环境管理的科学化、精细化、信息化及环境治理的精准化水平亟待提高。

总之，广西“十四五”海洋生态环境保护形势严峻，挑战与机遇并存，要全力守护广西美丽海洋生态环境，积极防范各种海洋环境事故风险，合力营造广西的美丽海湾。

第 4 章　广西美丽海湾保护的成效与不足

4.1　“十三五”美丽海湾保护成效

广西重视海洋环境保护工作，“十三五”期间，全区深入贯彻习近平生态文明思想，以及党中央、国务院关于生态文明和环境保护的决策部署，以改善生态环境质量为核心，坚持“陆海统筹、河海兼顾”的原则，明确责任，完善制度，强化措施，大力促进“十三五”规划各项任务的实施，海洋生态环境保护有序开展并取得积极成效，为广西“十四五”实现美丽海湾打下了良好的基础。

4.1.1　陆域污染防治成效明显，为“水清”营造环境

1. 入海河流综合整治和陆海统筹治理不断深化

广西针对未达标的入海河流印发实施系列综合整治方案，深入开展环境综合整治，加大整治力度。例如，印发实施《南流江-廉州湾水体污染防治总体实施方案》，建立陆海统筹的污染防治体系；印发实施钦江、西门江以及南流江 3 条入海河流水体达标方案等，按照“陆海统筹、河海兼顾”的原则，对入海河流流域和受纳海湾持续深入开展工业、生活污染、畜禽养殖、水产养殖、船舶污染、农业面源污染治理和生态修复，着力改善河流、海湾水质和生态环境。据统计，南流江水环境综合整治 2016～2020 年上半年累计筹措和投入治理资金达 45.45 亿元，钦江水环境综合整治 2017～2020 年上半年累计投入治理资金达 14.25 亿元。经过强力攻坚治理，两个流域水质明显改善，2020 年 1～6 月，南流江南域监测断面水质为Ⅲ类，同比提升 1 个等级，南流江亚桥监测断面水质为Ⅲ类，同比持平；钦江东监测断面水质为Ⅲ类，同比提升 2 个等级，钦江高速公路西桥监测断面水质为Ⅴ类，同比提升 1 个等级。廉州湾国控点位水质类别为第一类，同比提升 1～2 个等级，茅尾海国控点位水质为第三类，

同比提升 1 个等级。

2. 农村环境综合整治力度不断加大

“十三五”期间，广西沿海三市继续以实施农村环境综合整治项目为抓手，大力推进农村环境保护工作。2016～2019 年共争取农村环境综合整治资金 15 755 万元，共在 148 个建制村/社区开展了农村环境综合整治，建设完成农村生活污水处理设施 227 套，其中集中式生活污水处理设施 161 套、分散式污水处理设施 66 套，受益人口约 8.5 万人，经过治理的村庄污水治理率达到 70%以上，有效解决了农村污水横流的状况。同时开展农村垃圾专项治理工作，配置可移动垃圾转运箱、垃圾转运车等，构建县区、乡镇、村三个层级的农村垃圾收运处理体系，90%以上的村庄垃圾得到基本治理，农村人居环境逐步改善，农民生态环保意识进一步增强。

3. 畜禽养殖污染防治大力推进

截至 2017 年底，广西沿海三市均印发实施规模化畜禽养殖禁养区、限养区划定方案，划定了各入海河流沿岸及沿海畜禽禁养区和限养区。全面开展禁养区内养殖场的清拆工作，沿海三市共清理关闭或搬迁禁养区内的畜禽养殖场（小区）和专业户 1247 个。大力推进畜禽现代生态养殖技术，推进畜禽养殖废弃物资源化利用。2016～2018 年广西主要推进畜禽现代生态养殖示范认证和实施畜禽粪污资源化，利用整县推进项目，推动规模养殖场由传统养殖模式向生态养殖模式转型，鼓励养殖场利用周边资源，探索和使用适合的养殖粪污资源化利用方式。截至 2019 年底，沿海三市通过生态养殖认证的畜禽规模养殖场共 607 家，生态认证率平均达 91.25%，畜禽粪污综合利用率达 83.76%，规模养殖场粪污处理设施装备配套率达 92.94%。

4. 水产养殖污染整治力度持续加强

截至 2019 年底，北海市、钦州市、防城港市及 8 个重点县/区均已颁布实施养殖水域滩涂规划，划定禁养区、限养区和适养区，并制定了禁养区养殖清理整治工作方案，依法有序推进禁养区清理整治工作。加快推进水域滩涂养殖发证登记工作，规范养殖生产秩序，严格依法核发养殖证，2020 年上半年，北海、钦州、防城港三市共新增核发养殖证 76 本，发证面积 2952.05hm^2。大力推行清洁化、生态化水产养殖方式，推进养殖尾水处理及水产养殖池塘标准化改造，至2019年，广西沿海三市养殖尾水净化处理设施建设项目超过50个。防城港市在区内率先出台了《防城港市海水养殖尾水处理摸式技术指导意见（试行）》，并推动了工厂化水产养殖和海水循环回用示范项目建设，生化处理池、沉淀池等尾水处理设施建设，部分企业已完成养殖池塘尾水处理设施改造并通过验收；北海市铁山港区珍港水产养殖农民专业合作社等3个水产养殖尾水治理示范项目目前已基本建成并投入使用，养殖已可实行循环用水；钦州市钦南区科农种植专业合作社尾水设施已建成两坝，各项设施设备正在加紧安装调试。

4.1.2 环保基础设施扎实推进，为“滩净”夯实基础

1. 城镇污水污泥处理设施不断完善

“十三五”期间广西大力推进城镇污水处理设施及配套管网建设，提高污水处理厂的处理负荷率，强化脱氮除磷功能。按《水污染防治行动计划》和“十三五”规划要求重点完成北海市红坎污水处理厂、大冠沙污水处理厂、钦州市河西污水处理厂、钦州市河东污水处理厂、防城港市污水处理厂5个市级污水处理厂以及合浦县污水处理厂、灵山县污水处理厂、浦北县污水处理厂、东兴市城东污水处理厂、上思县三华污水处理厂5个县级污水处理厂的提标改造工程，尾水排放全部执行一级A排放标准。目前10个市县级污水处理厂污水日处理能力60.5万t，配套污水管网约359.67km。除上思县外，其余市县达到了“建成区的污水处理率不低于95%，县级污水处理率不低于85%”的要求。沿海三市共建成镇级污水处理厂78座，镇级污水处理厂完成率达91.8%，污水日处理能力约11.79万t，有效地减缓了生活污水对周围环境的影响。目前尚未建成污水处理厂的建制镇有5个，正在加快建设中，建设完成后将实现镇级污水处理设施全覆盖。积极推进城镇污水处理厂污泥和餐厨垃圾处置，基本完善沿海三市的城镇污水处理厂污泥接收处置设施建设，建设完成北海市污泥处置中心项目，钦州市和防城港市采取依托垃圾焚烧厂或堆肥的方式处置污泥，实现对污泥的稳定化、无害化、资源化处理处置。

2. 工业聚集区污水集中处理不断强化

“十三五”期间，新增完成皇马工业园、企沙工业园、茅岭污水处理厂、浦北县工业集中区（县城工业园、泉水工业园、张黄工业园、寨圩工业园）、

灵山县工业园区（十里工业园、陆屋工业园、武利工业园）5个工业集聚区污水集中处理设施或依托污水处理设施的建设，完成铁山港区深海排污管道建设。至2020年6月，广西沿海三市的22个工业集聚区中，除龙港新区北海铁山东港产业园（现无企业入驻，污水处理设施建设正在进行前期工作）和钦州市北部湾华侨投资区（处于规划建设阶段）未建集中式污水处理设施外，其余20个工业集聚区均已配有集中式污水处理设施，配有率达90.9%，比2015年末提高了59.1%。其中，9个国家级或自治区级工业聚集区均已配套建设污水处理厂或依托城镇污水处理厂对园区污水进行集中处理，配有率达100%。

3.入海排污口清理整治成效明显

2017年完成直排入海排污口摸底排查，列入原环境保护部认定备案的直排入海排污口共114个。狠抓入海排污口清理整治，于2017年底完成29个非法和设置不合理入海排污口的清理整治，至2020年上半年，114个入海排污口中已完成截流截污或取缔77个，剩余37个有水排海的排污口中，30个废水达标排放，入海排污口的清理整治达标率为93.9%，比2017年初查时提高了52.2个百分点。

4.港口船舶污染治理工作力度加大

完善船舶污染物接收转运及处置能力，2017年9月印发实施《广西北部湾港船舶污染物接收、转运、处置能力评估及相应设施建设方案》，并于2017年底前完成了方案中要求的全部建设任务。防城港对原有的2艘油污水接收船改造船舱363.821m^3，专门用于船舶生活污水接收转运，增购4辆垃圾回收专用车，转运能力60m^3；钦州港新增1艘舱容为116m^{3}的生活污水接收船，以及1辆船舶垃圾回收专用车，转运能力15m^3；北海港新增1艘150t的生活污水接收船、2辆10m^{3}的垃圾运输车。稳步推进实施船舶污染物接收、转运、处置、监管制度，编制完成《广西壮族自治区船舶污染物接收、转运及处置联单制度》，北海、钦州、防城港分别完成了市级船舶污染物接收、转运及处置联单制度以及联合监管制度的制定工作，基本建立船舶污染物监管联单制度和海事、港航、渔政渔港监督、环境保护、城建等部门的联合监管制度。在港口运营企业、船舶污染物专业接收企业、环卫服务企业中有序推行船舶污染物接收、转运、处置联单管理，对船舶污染物接收处置实施闭环管理。

4.1.3 海洋生态保护进展良好，为“岸绿”提升空间

印发实施《广西海洋生态红线划定方案》《广西海洋生态环境修复行动方案（2019—2022 年）》，严格落实方案的管控要求，加强生态保护与修复，促进北部湾海洋资源有效恢复，维护生态安全。防城港市和北海市获得“蓝色海湾”综合整治行动中央资金，其中防城港市项目总投资 82 314 万元，6 个项目均已开工建设，整治海湾线约 29km，整治和修复滨海湿地 6.6hm^2、海岛 16.1hm^2。北海市“蓝色海湾”整治包含 2 个项目，其中北海市滨海国家湿地公园（冯家江流域）生态修复工程已改造河道驳岸 3.9km、水产养殖塘 40.73hm^2，北海银滩中区岸线综合生态整治修复工程已完成前期工作。开展钦州三娘湾东南海域人工鱼礁建设，完成人工鱼礁单体 420 座。加强对沿海湿地生态系统的保护和监管，将红树林、海草床、珊瑚礁等生态保护极重要区域完整划入生态保护红线实行严格管控，实施红树林湿地保护与恢复工程。北仑河口国家级自然保护区实施北仑河红树林滨海湿地保护管理与生态恢复工程、过境海岸带生态修复工程和广西石角退化项目红树林区系统修复试验工程项目，推动红树林资源的保护与恢复。2007 年以来红树林面积逐年增加，至 2019 年 4 月，广西红树林总面积 9330.34hm^2，位居全国第二；纳入各类保护地内的红树林 4434.91hm^2，占全区红树林总面积的 47.53%。

4.1.4 环保机制体制不断完善，为“人和”提供保障

1. 加强组织领导，严格目标任务考核

印发实施《广西近岸海域污染防治方案》，每年专项编制印发《广西近岸海域污染防治年度行动计划》，广西壮族自治区人民政府组织召开全区海洋生态环境保护工作会议，专项部署海洋环境保护工作，将近岸海域环境综合治理作为碧水保卫战的重点任务加以推进。强化广西沿海三市政府近岸海域生态环境保护责任，广西壮族自治区人民政府每年与沿海三市政府分别签订水污染防治目标责任书，每年开展近岸海域污染防治行动计划实施情况的考核，确保重点工作任务的落实。

2. 建立联防联控工作机制

出台《广西北部湾经济区生态环境建设与保护一体化规划》，成立 10 个厅

局以及广西沿海三市政府为成员的沿海生态环保一体化专项工作小组，建立健全生态治理联动机制。制定《广西北部湾沿海城市环境治理联席会议制度》和《关于广西北部湾沿海城市环境监管执法一体化的指导意见》，统筹协调沿海三市环境综合治理，实现污染防治一体化、监管执法一体化、应急预警一体化。广西壮族自治区生态环境厅分别与广西海警局签订了海洋生态环境保护的《执法协作配合办法》，与广西海事局签订了《应急联动工作机制的合作协议》等，广西海事局与广东、海南海事管理机构签订了《北部湾海域船舶溢油应急联动机制》。相关涉海部门联合开展海洋生态环境保护专项执法和应急行动，海洋环境应急联动机制逐步形成。

3. 排污许可和污染物总量控制有序推进

认真落实《国务院办公厅关于印发控制污染物排放许可制实施方案的通知》，有序推进排污许可制改革和强化排污者责任。截至 2019 年底，共开展有色金属冶炼、陶瓷、淀粉、屠宰及肉类加工、钢铁、石化、汽车行业、酒制造、水处理行业等 18 个行业的排污许可证核发工作。“十三五”期间，广西沿海三市持续推进污染减排，主要污染物排放总量得到有效控制，并根据国家和广西“十三五”生态环境保护规划要求，将总氮总量控制纳入沿海三市约束性指标体系。“十三五”初期至 2019 年底，沿海三市化学需氧量、氨氮、总氮、总磷排放量分别为 85 584.26t、7102.3t、29 504t 和 2038t，完成《广西近岸海域污染防治“十三五”专项规划》的目标任务要求。

4. 海洋环境风险应急能力逐步提升

完善海洋环境应急管理体系及应急能力建设。印发《广西壮族自治区船舶污染事故应急处置预案》，指导地级市颁布市级船舶污染事故应急处置预案，全面建成省、市、港口、船舶四级船舶污染应急预案体系。成立由广西海事局统筹的船舶溢油污染类海洋环境应急管理体系，生态环境部门牵头组建针对涉海企事业单位污染排放或生产安全类的应急管理体系，正在编制总体综合性海洋环境突发事件环境应急预案。编制完成《广西防治船舶及其有关作业活动污染水域环境应急能力建设规划（2016—2020 年）》，以及北海市、钦州市、防城港市防治船舶及其有关作业活动污染水域环境的应急能力建设规划。目前已具备一定的海洋环境应急处置建设能力，在钦州建设完成一座中型应急设备库；增加了船舶污染清除单位，一级船舶污染清除单位 4 家、二级 3 家；升级了应急信息系统“1 个主监控中心、3 个监控中心及 33 个前端固定点、1 个移动点”；沿海有船舶污染风险的码头企业，积极开展防治船舶污染海洋环境风险评估和应急能力建设，不断强化海洋环境应急处置能力。

全面推进重点环境风险源管控。以环境统计企业清单、污染源普查企业名单为基础，筛选出重点环境风险源企业，形成沿海区域重点环境风险源管理目录清单，并每年进行动态更新，强化环境应急管理。推进船舶污染风险防控，全面辨识排查船舶污染风险，明确重点监管对象，实施有针对性的现场监管。编写《风险源单位落实风险防控措施监管指引》，细化风险源单位安全和防污染主体责任要求。加强船舶污染应急演练，提高应急水平和能力，每个地级市每年不少于 1 次，船舶污染清除单位和港口企业每年组织船舶污染应急演练 1～2 次。每年开展 1 次北部湾近岸海域突发环境事件的联合应急监测演练。“十三五”期间广西沿海未发生重大及以上突发海洋环境事件。

5. 海洋环境监测、监察能力不断加强

优化海洋生态监测网络，拓展监测能力。至 2020 年，形成 60 个近岸水质点位（40 个国控点位、20 个区控点位）和 9 个近海水质点位的海洋生态环境质量常规监测网络，16 个水质自动监测站的海洋自动监测网络，能较全面掌握管辖海域海洋环境质量状况。海洋生物多样性监测指标从以浮游生物和底栖生物为主，到增加了红树林、珊瑚礁、海草床等典型海洋生态系统，提升监测覆盖面和代表性。聚焦新兴海洋环境问题专项监测，2019 年开始开展海洋微塑料试点监测。强化环境监管执法能力。加强跨区域、海域水环境保护应急联动机制，开展北钦防三市环境执法一体化工作，建立信息共享机制、会商制度及联合执法制度，每半年开展一次交叉执法检查。加强环境监察队伍能力建设，开展环境监察干部“千人培训”、环境监察执法大练兵、环境监察移动执法比武等系列培训、实践活动，进一步提升了环境监察人员的依法行政能力、现场执法能力和执法水平。

4.2 “十三五”规划指标与工程完成情况

4.2.1 “十三五”规划指标完成情况

“十三五”规划提出的指标包括环境质量改善指标、总量控制指标、管理

目标、风险防范指标、生态保护指标共 5 类 28 项。采用 2019 年数据，规划目标大部分按“十三五”规划完成，完成的指标有 23 项。广西全域及沿海三市的近岸海域水质优良率达到规划目标要求；入海河流监测断面除钦江东和钦江高速公路西桥监测断面外，其余监测断面均达到规划目标要求；沿海三市的化学需氧量、氨氮、总氮、总磷排放总量，沿海地区城市及县城污水集中处理率以及城市生活垃圾无害化处理率均达到规划目标，自然岸线保有率为 37%，完成规划目标。“十三五”期间未发生重大及以上突发环境事件，达到目标要求。根据广西壮族自治区原林业厅、发展和改革委员会、财政厅印发的《广西湿地保护“十三五”实施规划》，“十三五”期间全区累计营造和修复红树林 801.55hm^2，其中营造红树林 554.02hm^2，修复红树林 247.53hm^2，完成“十三五”规划目标（新增 280.00hm^2）要求。

2019 年有 5 项指标未能达到“十三五”规划目标要求，2020 年完成规划目标。2019 年钦江东监测断面和钦江高速公路西桥监测断面水质分别为Ⅳ类、劣Ⅴ类，未达到规划目标的Ⅲ类、Ⅴ类要求，以及消除劣Ⅴ类入海河流要求；2020 年钦州市持续强化钦江流域的环境综合整治，至 2020 年上半年，钦江两个监测断面的水质好转，钦江东监测断面和高速公路西桥监测断面分别为Ⅲ类和Ⅴ类，其中钦江高速公路西桥监测断面已稳定消除劣Ⅴ类，2020 年钦江东监测断面和钦江高速公路西桥监测断面水质达到“十三五”预期目标，入海河流实现消除劣Ⅴ类的目标。2019 年北海市建成区污水集中处理率为 99%，未能达到规划目标；2020 年处理率为 100%，达到规划目标要求。2019 年直排海污染源排放口废水达标率为 87.1%，未达到规划目标（100%）的要求；2020 年广西持续狠抓入海排污口的清理整治，至 2020 年上半年，直排海污染源排放口的清理整治达标率为 93.9%，比 2017 年初查时提高了 52.2 个百分点，2020 年实现规划目标要求。具体见表 4.1。

表 4.1　广西近岸海域“十三五”规划指标完成情况表

类别	指标名称		2015 年（“十三五”目标基准年）情况	2020 年（“十三五”末期）目标	2019 年实际情况	2020 年完成情况	备注
环境质量改善指标	近岸海域水质优良率/%（按 44 个监测站位计）	钦州市（12 个）	66.7	41.7	41.7	完成	
		北海市（20 个）	100	90.0	90.0	完成	
		防城港市（12 个）	100	100	100	完成	

续表

类别	指标名称		2015年（“十三五”目标基准年）情况	2020年（“十三五”末期）目标	2019年实际情况	2020年完成情况	备注
环境质量改善指标	近岸海域水质优良率/%	广西全域	93.7	90.9	90.9	完成	国家考核要求为按22个国控点位计算水质优良率
	入海河流监测断面水质类别	南流江南域监测断面	Ⅲ类	Ⅲ类	Ⅲ类	完成	
		南流江亚桥监测断面	Ⅳ类	Ⅳ类[1]	Ⅲ类	完成	
		白沙河高速公路桥监测断面	Ⅳ类	Ⅳ类	Ⅲ类	完成	
		南康江婆围村监测断面	Ⅲ类	Ⅲ类	Ⅲ类	完成	
		西门江老哥渡监测断面	劣Ⅴ类	Ⅴ类	Ⅳ类	完成	
		大风江高塘监测断面	Ⅱ类	Ⅲ类[1]	Ⅲ类	完成	
		钦江东监测断面	Ⅲ类	Ⅲ类[1]	Ⅳ类	完成	
		钦江高速公路西桥监测断面	劣Ⅴ类	Ⅴ类	劣Ⅴ类	完成	
		茅岭江茅岭大桥监测断面	Ⅲ类	Ⅲ类[1]	Ⅱ类	完成	
		防城港三滩监测断面	Ⅲ类	Ⅲ类	Ⅱ类	完成	
		北仑河边贸码头监测断面	Ⅲ类	Ⅲ类	Ⅲ类	完成	
	入海河流劣Ⅴ类水体比例/%		18.2	消除	未消除	完成	
总量控制指标	化学需氧量排放总量/（t/a）		89 95500	89 063.37[2]	85 584.26	完成	
	氨氮排放总量/（t/a）		6 906.0	7 256.7[2]	7 102.3	完成	
	总氮排放总量/（t/a）		33 516	≤33 516	29 504	完成	
	总磷排放总量/（t/a）		2 839	≤2 839	2 038	完成	
管理目标	沿海地区城市污水集中处理率/%		93.08[3]	≥95.00	97.10	完成	
	北海市建成区污水集中处理率/%		93.98	100	99	完成	
	沿海地区县城污水集中处理率/%		88.89[3]	≥85.00	90.80	完成	
	城市生活垃圾无害化处理率/%		98.15[3]	100	100	完成	
	直排海污染源排放口废水达标率/%		59.2	100	87.1	完成	
风险防范指标	重大及以上突发环境事件		—	整个“十三五”期间不发生	未发生	完成	
生态保护指标	自然岸线保有率/%		>35[4]	>35[4]	37	完成	
	红树林湿地面积		—	新增280.00hm^2[5]	801.55hm^2	完成	

注：［1］《广西水污染防治行动计划工作方案》中的水质目标；［2］包括钦州市、北海市和防城港市；［3］指三市平均值；［4］数据来源于《广西壮族自治区环境保护和生态建设“十三五”规划》；［5］数据来源于《广西湿地保护“十三五”实施规划》。

4.2.2 “十三五”规划工程完成情况

“十三五”规划设置的工程总项目数为 145 个，按污染防治类型分为生态环境状况调查与评估工程、污染治理工程、生态修复与保护类工程和环境监测及监管能力建设工程共四大类。截至 2020 年 6 月，58 个项目已完成，占比 40%；44 个项目正在实施中，占比 30%；43 个项目未落实或取消，占比 30%。具体各类型工程项目实施概况见表 4.2。从项目的实施情况看，污染治理工程的完成比例相对较高，占其工程总项目比例的 49%，生态修复与保护类工程、环境监测及监管能力建设工程的项目完成比例较低。

表 4.2　“十三五”规划工程实施概况　（单位：个）

项目类型		总项目数	已完成项目数	实施中项目数	未落实或取消项目数
生态环境状况调查与评估工程		5	0	1	4
污染治理工程	生活污水处理及配套设施类项目	40	29	8	3
	城镇垃圾、污泥、危险废物处理处置类项目	19	9	9	1
	工业污染防治（含工业园区污水处理厂）类项目	17	5	9	3
	农业农村污染防治类项目	10	2	8	0
	海水养殖及废水治理项目	4	0	3	1
	船舶与港口污染控制与管理类项目	6	2	1	3
	环境综合整治项目	6	3	1	2
生态修复与保护类工程		21	5	2	14
环境监测及监管能力建设工程		17	3	2	12
合计		145	58	44	43

4.3 美丽海湾保护存在的不足

“十三五”期间，广西在海洋生态环境保护工作上取得了一定成绩，但也存在一些差距和不足，主要表现在以下方面。

4.3.1　海洋生态监测及应急能力仍需提高

1. 海洋生态监测装备及高新技术应用滞后

目前广西各级海洋环境监测机构尚未配备专业监测船舶，绝大部分监测任务须租用民船开展，制约监测工作向广、精、深发展。新型特征污染物、持久性有机污染物、微塑料等环境健康危害因素监测，以及遥感技术、无人机、无人船等的大尺度监测能力有待提高。海洋环境自动监测网络有待完善，自动监测站点不足，目前在各重点海湾内只布设 1 个自动站，个别重点海湾（如珍珠湾等）仍为空白；监测项目偏少，营养盐指标不足，缺少油类等应急监测指标；设备老旧，因更新维护经费缺口大欠缺更新维护。海洋生态监测网络信息化能力薄弱，信息系统建设落后于海洋环境保护管理的需要，未能整合海洋自动监测站、河口自动站以及直排海污染源在线监测的数据，实现基于水动力模型、耦合河流、陆源污染源的海洋生态环境的监控和预警。沿海各市环境监管能力依然薄弱，执法队伍建设水平还较低下，海洋环境监管监视系统不完善，不能有效支撑监管的需要。存在监测人员专业技术素养良莠不齐、海洋生态调查专业人才储备不足等问题。

2. 海洋环境应急监测能力亟待加强

海洋应急监测硬件能力不足，缺乏执行近海监测任务的专业应急监测船，以及基于北斗卫星导航系统、无人机、船舶、车辆、其他监管系统的海天一体化监管应急平台。自治区海洋环境监测中心站以及广西沿海三市监测中心未配备专用环境应急监测车，环境应急物资储备不足，配套便携式应急监测仪器设备数量不足，应急监测能力不强。海洋环境应急预案体系不完善，综合性的海洋生态环境应急预案尚未印发实施，综合性海洋生态监控预警体系有待建立，预警数据信息化较弱，部门联动机制不够完善。

4.3.2　海洋环境综合治理工作仍存在不足

“十三五”期间，中央对广西共开展了 1 次环境保护督察、1 次环境保护督察“回头看”以及 1 次国家海洋专项督察，审查出广西近岸海域环境保护工作中存在的部分问题，包含水污染防治、环境质量、企业环境监管、自然保护区生态破坏以及围填海管理等方面问题共 75 个。其中近岸海域局部水质下降、南流江及钦江水体污染、工业园区污水处理设施建设滞后、入海排污口达标排放率低、危险废物处置等问题存在反复被投诉被查处、整改不及时等现象，说明海洋环境综合治理工作仍存在不足。而在落实整改措施方面，个别部门主体责任落实不到位，风险意识较弱，在一定程度上存在重部署、轻落实，重形式、轻实效的问题，整改进度效率不高。

第 5 章　广西美丽海湾存在的突出问题

5.1　局部海域存在污染问题，“水清滩净”受到影响

5.1.1　海洋环境质量存在的主要问题

1. 局部海域存在水质污染问题

2016～2020 年广西海域水质总体保持良好，达到国家考核要求，海水水质优良率处于全国沿海城市前列。但局部海域水质较差，如茅尾海海域水质 2006～2019 年持续以第四类、劣四类为主（图 5.1），水质改善不明显；廉州湾、钦州湾、铁山港和防城港局部海域水质波动变化较明显；防城港东湾 2017 年达到第四类水质，廉州湾外沙港和南流江口附近海域、钦州港和铁山港沿岸中部时有达到第三至第四类水质。局部海域水质下降导致全区海域水质优良比例 2016～2020 年呈现波动下降趋势。

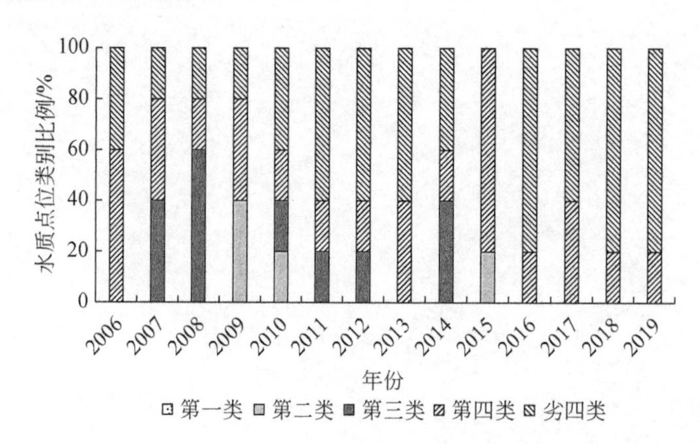

图 5.1　2006～2019 年茅尾海海域年均水质点位类别比例情况

2. 个别海湾氮磷浓度略有上升

广西海域水质污染因子主要以活性磷酸盐和无机氮为主，2016～2020 年部分重点海湾活性磷酸盐年均浓度均有不同程度的增加，廉州湾、钦州港、茅尾海年均活性磷酸盐浓度与 2016 年前相比分别增加了 1.8 倍、1.4 倍和 1.2 倍，防城港东湾 2016～2020 年内活性磷酸盐浓度最高超二类海水标准［详见《海水水质标准》（GB 3097—1997）］4.5 倍，见图 5.2。同时海湾氮磷浓度的增加，导致富营养化的上升，局部海域富营养化的增加导致整体海域富营养化总体呈现波动上升的趋势。

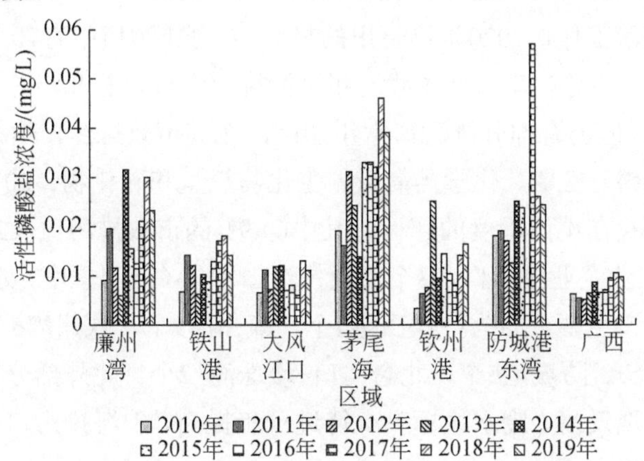

图 5.2　2010～2019 年广西部分海湾及广西全区活性磷酸盐浓度年际变化

5.1.2　海洋环境质量问题的主要原因

1. 陆源污染影响近岸海域“水清”目标

一是入海河流携带污染物量大。注入广西近岸海域的河流主要有南流江、钦江、茅岭江等 9 条河流。近年来广西对水质较差的入海河流推进了综合整治工程，河流携带的污染物仍然为主要入海污染来源，入海河流污染物总量大，2016～2020 年占广西近岸海域污染物总量的 67.8%～75.0%，占除海水养殖外入海污染物总量的 90.5%～95.5%。2019 年 9 条主要入海河流污染物总量为 69 477t，占广西近岸海域污染物总量（海水养殖除外）的 92.4%，其中氮磷占总污染物的 43.4%，是入海河流的主要超标因子，也是汇入海湾后海域的主要超标因子。2019 年由入海河流携带入海的总氮 2.78 万 t，总磷 0.19 万 t，分别占总氮和总磷总入海污染物的 83%以上，对近岸海域水质产生影响。同时部分河流水质较差，2019 年仍有 29.3%（3 个）的监测断面未达《地表水环境质量标准》（GB 3838—2002）Ⅲ类标准，分别为汇入钦州湾（茅尾海）的钦江 2 个监测断面（钦江东监测断面和钦江西监测断面），以及汇入廉州湾的西门江监测断面。钦江西监测断面和钦江东断面未达到《广西近岸海域污染防治方案》水质目标要求，其中钦江西监测断面 2016～2020 年基本为劣Ⅴ类水质，钦江东监测断面水质由Ⅲ类降为Ⅴ类，西门江监测断面虽然达到水质目标要求，但是常年Ⅳ类水质仍然对局部海域有影响。

二是直排入海排污口超标情况存在。2016～2020年，广西大力推进入海排污口规范化整治工作，2020年排查出的114个入海排污口中有70个排污口已整改截流，清理整治达标率（整改截流和达标排放的排口总和与总排口数量的比值）为86.0%。但仍有部分排污口常年超标，尤其市政排污口达标率低，主要超标因子为总磷、氨氮、化学需氧量、生化需氧量和硫化物。2019年49个排污口中仍有26个存在不同程度的超标，其中64.9%的市政排污口（24个）存在超标现象，1个工业企业排污口和3个市政排污口常年（1～4季度）处于超标状态。26个超标排污口主要分布为：铁山港4个、廉州湾9个、钦州湾6个（钦州港5个、茅尾海1个）、防城港5个，北仑河口-珍珠湾①2个。此外部分入海排污口清理整治效果出现反复，废水达标率有待进一步提高。入海排污口规范化整治工作仍需进一步提高。

三是沿岸海水养殖废水污染影响较大。广西沿岸海水养殖分布密集，重点位于茅尾海、铁山港、廉州湾等海域沿岸，海水养殖以虾/鱼塘、网箱养殖为主，2021 年广西在养的对虾养殖面积超过 1.9 万 hm^2，其中仅茅尾海北部海域就超过 4000hm^2。大部分滩涂海水养殖均无尾水处理，废水直接排放或仅经过简单沉淀处理后排放，海水养殖污染较突出。2019 年广西海水养殖占总入海污染来源的 18.5%，海水养殖中的有机物质（用高锰酸盐指数表示）占入海污染物总量的 23.7%。

2. 环保基础设施建设不足影响近岸海城“水清”目标

（1）城镇污水处理配套设施不完善

近年来，广西沿海生活污水处理设施等环保基础设施建设虽已大幅度提

① 北仑河口和珍珠湾地理位置靠近，周边情况基本相同，常合并考虑。

高，但实际处理效果和需求仍存在差距，污水处理问题依然突出。一是部分污水处理设施尾水超标现象严重。广西沿海已建成的全部城镇（含市县、乡镇）污水处理设施共 78 座，其中尾水排海/入海河流的污水处理设施达到监测要求（外排污水量大于 100t/d）的排口仅 10 个，2019 年对该 10 个排污口进行了 37 次监测，结果显示，受磷、氮等因子影响，尾水超标率高达 64.9%，超标排污口主要分布在：廉州湾 4 个、铁山港 1 个、钦州湾 2 个（茅尾海 1 个、钦州港 1 个）、防城港 1 个和北仑河口-珍珠湾 2 个。二是部分城镇污水处理厂未能正常运行、负荷率低，运转不稳定。部分市县级污水处理厂投入运营进度缓慢，自主体建筑建成后一直未能正常运行。镇级污水处理厂未普及，目前沿海仍有 5 个镇还未建成污水处理厂，已建成运行的镇级污水处理厂年平均负荷率低于 50%。部分镇级污水处理厂“重厂轻网”，设计规模偏大、管网建设不足，进水浓度低、水量小等情况比较普遍，同时因缺技术人员管理、缺运行维护费用、故障率高等原因，污水处理设施运转效率低甚至处于停运状态。部分镇级污水处理厂未与生态环境主管部门监控设备联网，已联网的个别污水处理厂自动监控设备数据存在异常。三是部分城镇污水处理厂满负荷或超负荷运转。因承接生活污水区域范围过大、工业废水的纳入等，造成部分城镇污水无法收集处理、超负荷运行或尾水易出现超标排放。此外，由于污水处理厂配套管网建设滞后，老城区雨污分流不彻底，管网长期缺乏养护、错接混接、破损点位较多，部分污水直排口截留不彻底等，大部分老城区的污水处理设施整体处理效能不高，未充分发挥污水处理厂减排效益。

（2）工业园区污水处理设施不完善

一是设施建设进度滞后。广西沿海共分布有 20 个工业园聚集区，其中廉州湾 4 个、铁山港 3 个、钦州湾 7 个（茅尾海 2 个、钦州港 5 个）、防城港 2 个、北仑河口-珍珠湾 4 个。目前有 2 个工业园（位于钦州湾和铁山港）未建设污水处理厂，1 个已建成污水处理设施但未与生态环境主管部门监控设备联网。已实现污水集中处理的工业园集聚区中，有 14 个工业园仅依托当地生活污水处理厂处理园区废水，依托比例偏高（77.8%），且普遍缺少前置工业废水调节等预处理工艺，存在废水处理中毒、重金属等特征污染物超标等环境风险隐患，并影响城镇生活污水处理效率。二是运行负荷率低。由于存在污水处理设施设计规模偏大、入园企业较少等问题，约半数集中污水处理设施负荷率偏低（低于 50%），部分园区污水处理厂未能正常运转。三是管网配套设施建设不完善，深海排放工程进度缓慢。根据排污口规范化整治要求和维持各海湾水质不下降的现状需求，新增工业园/企业/污水处理厂急需推进深海排放，而目前各重点海湾深海排放管网项目推进缓慢，廉州湾、铁山港、钦州港等新扩建污水厂/工业园等工程废水的深海排放问题亟待解决。

5.2　典型生态系统遭受破坏，“岸绿湾美”受到胁迫

5.2.1　红树林生态系统存在的主要问题

1. 红树林生境遭破坏偶有发生

与过去相比，当前围垦、毁林养殖已经不是破坏红树林资源的主要因素，对红树林直接的、大规模的破坏已经很少发生。但因沿海开发建设、围填海、近岸养殖等人为活动影响间接导致红树林生境遭破坏甚至导致红树林死亡事件偶有发生。近年来，工程建设占用红树林及非法采砂已逐渐成为红树林面积缩减的主要因素。根据《广西红树林资源保护规划（2020—2030 年）》，2011～2019 年，各种工程建设项目占用红树林 168.1hm^2，非法采砂等违法破坏红树林 21.2hm^2。2019 年，由于围填海作业引起潮水流向改变、流速下降，加之外源性高岭土和悬浮物的淤积，红树植物受低氧胁迫，光合作用受阻，导致合浦县白沙镇榄根村附近 17.84hm^2 红树林退化、死亡。

2. 外来物种蔓延趋势未能有效遏制

互花米草是当前对广西沿海影响最严重的入侵物种，自 1979 年在广西山口海域引种以来，2003 年已发展到 167hm^2，2008 年发展到 381.9hm^2，2013 年达到 602.3hm^2。2016 年互花米草呈现出由东向西扩散的趋势，已广泛分布于大风江以东的潮间带，总面积达 686.5hm^2（陶艳成等，2017），是引种初期（0.94hm^2）的 730 倍。根据调查发现，互花米草已自东向西扩散至钦州湾潮间带红树林外缘，存在继续向西入侵的趋势。在互花米草分布面积最大的丹兜海，互花米草除了占据红树林宜林滩涂，还入侵至稀疏的红树林内部；而在铁山港、北海东海岸和廉州湾，互花米草已呈入侵红树林之势。互花米草不仅压缩了红树林恢复的空间，还直接危害红树林的生态健康，并对大型底栖动物群落多样

性产生严重影响。

互花米草主要分布在北海市近岸滩涂，钦州市极少，防城港未发现有分布。根据广西壮族自治区海洋环境监测中心站《2016 年和 2021 年广西滨海湿地遥感解译报告》，与 2016 年相比，2021 年广西滨海湿地潮间盐水沼泽湿地面积明显增加，实地核查中发现互花米草是沼泽湿地的最主要类型，约占沼泽湿地的 2/3，由此估算 2021 年广西沿海互花米草分布总面积已达到 $1300hm^2$ 左右，部分互花米草斑块甚至入侵至红树林内，分布范围已扩散至大风江西侧钦州湾海域，红树林、海草床和土著盐沼植被等海洋生态系统已经受到互花米草的严重威胁。2003～2021 年广西沿海互花米草扩散面积变化见图 5.3。

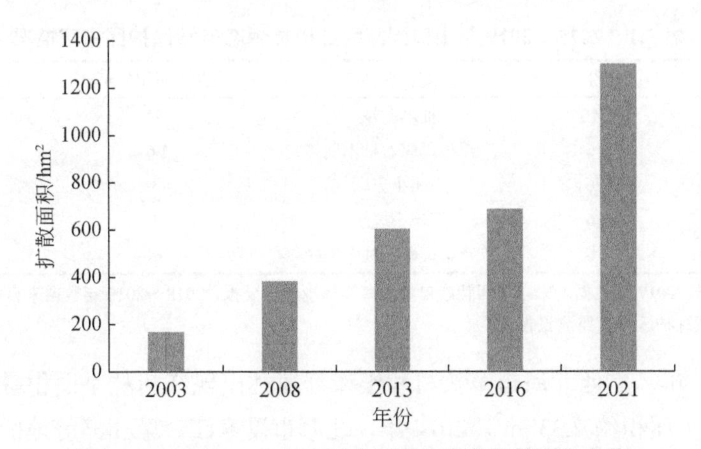

图 5.3　2003～2021 年广西沿海互花米草扩散面积变化

根据《广西红树林资源保护规划（2020—2030 年）》，2002 年以来，钦州、北海等地引入耐淹、速生、抗风、较耐寒的外来红树植物无瓣海桑用于造林，到 2013 年已形成 $189.36hm^2$ 的规模。近年来，无瓣海桑在各引种区都已经出现自然扩散的情况。2009 年，北海市引进种植适应能力和扩散能力比无瓣海桑更强的外来红树植物拉关木。虽然无瓣海桑和拉关木至今尚未定性为入侵物种，但两种外来植物均表现出明显的入侵性，不仅抑制本土红树植物的生长，还可能导致生物多样性降低，对本土红树林生态系统具有潜在威胁。

3. 红树林生物敌害发生频率较高

广西红树林群落结构单一，纯林比例很高，昆虫种类多样性远低于陆岸森林，克制害虫的天敌种类偏少，易诱发大规模虫害。根据广西壮族自治区海洋局广西壮族自治区海洋环境质量公报，2015～2019 年每年广西红树林发生虫害平均面积为 $104hm^2$。其中山口国家级红树林生态自然保护区和北仑河口国家级自然保护区每年均发生不同程度的虫害，虫害发生率较高。山口国家级红树林生态自然保护区在 2015 年和 2016 年受虫害影响面积较大，主要以广州小斑螟和柚木驼蛾虫灾为主，受害树种均为白骨壤纯林。2016 年北仑河口国家级自然保护区两次遭受虫害袭击，第一次是广州小斑螟的袭击，导致 $66hm^2$ 红树林受灾，同年 8～9 月，遭受柚木驼蛾虫灾，但受虫害影响面积较小。表 5.1 为 2015～2019 年山口国家级红树林生态自然保护区虫害情况。

表 5.1　2015～2019 年山口国家级红树林生态自然保护区虫害情况

年份	月份	主要虫害种类	虫害面积/hm^2	受害树种
2015	9～10	柚木驼蛾	62	白骨壤
2016	5～6	广州小斑螟、柚木驼蛾	66	白骨壤
2017	5～6	广州小斑螟	3	白骨壤
2018	5～6	广州小斑螟	1	白骨壤
2019	5～6	广州小斑螟、柚木驼蛾	14	白骨壤

注：2015～2017 年数据均来自广西壮族自治区海洋环境质量公报，2018～2019 年数据来自山口国家级红树林生态自然保护区年度监测报告。

2013 年，广西北海市草头村和银滩红树林出现红树林小面积暴发团水虱虫灾，受灾面积约 $2.33hm^2$。2014 年，北海市冯家江、廉州湾等地团水虱入侵导致 400 余株红树相继死亡。2017 年，北仑河口国家级自然保护区暴发团水虱大面积入侵红树林虫灾，受灾严重的面积近 $24hm^2$，其中死亡的约 $1hm^2$。近年来团水虱成为危害广西红树林的一种重要虫害之一，而且虫害呈扩散的趋势，引起相关部门的重视。表 5.2 为 2015～2019 年北仑河口国家级自然保护区虫害情况。

表 5.2　2015～2019 年北仑河口国家级自然保护区虫害情况

年份	月份	主要虫害种类	虫害面积	受害树种
2015	4～11	蜡彩袋蛾、柚木驼蛾	$87hm^2$	桐花树、秋茄树、白骨壤
2016	5～10	广州小斑螟、柚木驼蛾	$67hm^2$	白骨壤
2017	5～10	广州小斑螟、袋蛾、团水虱	$24hm^2$	白骨壤和桐花树
2018	6～10	袋蛾	小面积	桐花树
2019	5～10	广州小斑螟、褐袋蛾、柚木驼蛾	$19.6hm^2$	白骨壤和桐花树

注：2015～2017 年数据均来自广西壮族自治区海洋环境质量公报，2018～2019 年数据来自北仑河口国家级自然保护区年度监测报告。

5.2.2　红树林生态系统问题的主要成因

1. 局部红树林受到人为活动干扰

一是开发建设活动逼近红树林生境。近年来，随着广西北部湾经济区的开发建设，港口、房地产、临海重工业和新兴产业园等建设工程越来越逼近红树林生境边缘，红树林生存空间被不断挤压。港口码头吹填、工业设备运转、人员活动的增加及配套设施的建设，对周边海水环境和生态环境造成一定影响，对红树林的生长必然会产生影响。

二是红树林生物资源多样性下降。由于人类对海产品的巨大需求，红树林滩涂赶海、养殖、采摘等生产活动将长期存在；红树林区围网、放养家鸭等活动得不到有效缓解。过度的利用和强烈的人为干扰导致红树林矮化、稀疏化及生物多样性大幅下降。据广西红树林研究中心研究结果，广西红树林区经济动物野生资源（如中华乌塘鳢、拟穴青蟹、中国鲎）量等比 30 年前下降 85%以上。生物多样性的下降，尤其是底栖动物的减少会降低根系含氧量，不仅不利于红树林的生长，还会破坏食物链从而间接引发红树林虫害和蛀木生物团水虱的暴发。

2. 互花米草治理难度较大

一是互花米草防控治理效果不佳。目前互花米草防控方法主要有化学防治、生物防治、生物替代、物理防治及综合防治等措施。北海滨海湿地公园用成本最低的覆盖遮阴法（刈割加遮阴）治理互花米草效果较好，但治理后如不采取措施及时种上红树林，互花米草会很快占领已治理的区域，治理效果容易反弹。山口国家级红树林生态自然保护区受互花米草侵害最严重，采用最多的是刈割加翻根方法治理互花米草，但这种治理方法成本高，后期造林难度大，治理效果并不是很显著。

二是互花米草防控治理经费短缺。近些年互花米草受到社会的广泛关注，是新闻媒体报道的焦点和环保督察关注的重点领域。但是社会关注度跟保护资金投入不成正比。保护区、湿地公园只能通过申请项目获得外来物种防控资金；保护区外的互花米草由辖区管理，辖区政府拿不出更多的经费用于互花米草监测治理。互花米草刈割加翻根的治理花费大，达到 12 万元/hm^2，这还不包括后期植被恢复费用。防控治理经费短缺，互花米草扩散规模难以得到及时有效控制。

3. 造林恢复面临多重困难

一是红树林宜林滩涂日益稀缺。红树林的生长和分布受地形地貌、潮位、海水盐度、海浪、气候等多方面因素限制，尤其对高程有严格要求。理论上，平均海面以上的滩涂才是红树林的宜林潮滩，实践证明，在低高程滩涂造林很难获得成功。由于忽视了海岸冲淤、水深、波浪、敌害生物等不利因素，红树林宜林滩涂面积被大幅度高估了。广西已经实施人工造林多年，立地条件好的区域基本上都已经造完。2002 年以来，广西年均人工营造红树林的面积和保存率趋于下降，说明人工造林越来越难，最主要的原因是可营造红树林的宜林滩涂越来越少。当前规划的宜林滩涂大多属于低高程或为互花米草覆盖的困难滩涂，红树林恢复空间已经十分有限。

二是造林资金投入严重不足。2020 年之前国家还未就红树林保护提供专项资金支持，红树林造林从海防林建设获得资金支持，也只有每亩 500 元，而红树林工程造林代价较高。根据本书调研及结合广西已经成功种植的经验，恢复条件极好的造林地需要 4000～5000 元/亩，困难较大地方超过 2 万元/亩。根据自然资源部、国家林业和草原局联合印发的《红树林保护修复专项行动计划（2020—2025 年）》，中央财政投入仅用于造林、养殖池塘整地、退化红树林修复、保护地建设、监测与成效评估、种苗基地建设等，而养殖塘的腾退费用以及退养群众的生计解决，都需要地方政府负责。经估算，广西针对宜林养殖塘腾退费用和补偿费用大致需 122 033 万元，而广西地处中西部，后发展欠发达，显然无力支撑如此高昂的补偿费用。

三是红树林恢复技术水平薄弱。尽管在多年的造林实践中，红树林育苗技术、造林技术和宜林地的选择等植被恢复模式的研究取得了一定成效，红树林生态修复在条件较好的立地造林经验已经较丰富，但仍缺乏系统的红树林生态修复研究，红树林退化特征和驱动力等红树林生态机理研究几乎为空白，大面积人工恢复推广示范鲜有成功案例，科技成果支撑薄弱加大了红树林恢复重建的难度，制约了广西红树林保护修复工作的有效开展。

5.2.3 海草床生态系统存在的主要问题

1. 局部海草床面积变动较大

广西壮族自治区海洋环境监测中心站 2015～2020 年的监测调查数据显

示，北海合浦海草床面积近年来变化幅度较大。近年来海草床面积最大值出现在 2016 年，为 99.4hm^2；2018 年和 2019 年海草床面积较小；2020 年北海合浦海草床面积恢复到 70.6hm^2。防城港珍珠湾海草床面积近年来呈现逐渐增加的趋势。表 5.3 为 2015～2020 年广西海草床面积变化情况。

表 5.3　2015 ~ 2020 年广西海草床面积变化情况

年份	北海合浦海草床面积/hm^2	防城港珍珠湾海草床面积/hm^2
2015	25.0	—
2016	99.4	28.3
2017	58.5	35.2
2018	11.9	34.1
2019	10.2	73.9
2020	70.6	52.8

注：2015～2020 年北海合浦海草床数据以及 2020 年防城港珍珠湾海草床数据来源于广西壮族自治区海洋环境监测中心站；2016～2019 年防城港珍珠湾海草床数据来源于广西壮族自治区海洋局。

2. 局部海草床生物多样性衰退

北海合浦海草床有 3 种海草，分别为卵叶喜盐草、贝克喜盐草以及日本鳗草，其中贝克喜盐草和日本鳗草为混生状态。从 2015 年起海草种类开始呈现单一化趋势，日本鳗草加速退化，仅零星分布于榕根山海草床，面积不足 1m^2。目前北海合浦海草床海草主要以喜盐草为主。据相关研究表明，不同类型海草床之间大型底栖动物生物量显示出明显的日本鳗草海草床＞混生海草床＞喜盐草海草床的分布状况（张景平等，2011）。随着日本鳗草的衰退以及海草床面积的整体萎缩，那些依赖海草床生境的底栖生物也面临着栖息地丧失、种类和生物量下降以及生物多样性降低的危险。

5.2.4　海草床生态系统问题的主要成因

1. 航道疏浚、抽砂洗砂破坏海草生境

目前，海草床生境面临的主要影响因素是围填海、航道疏浚、抽砂洗砂等海洋工程产生的悬浮泥沙。悬浮泥沙增加了海水的浊度，严重影响海水透光率，从而影响海草光合作用，使海草退化。随着悬浮泥沙的推移和沉淀，悬浮泥沙覆盖海草栖息环境，并导致海草生长底质发生改变，影响海草的分布生长。这些因素

都限制海草床内海草的自然恢复。根据广西壮族自治区海洋环境监测中心站《2015年度海草资源现状调查报告》，2015年北海合浦海草床中的沙背海草床受附近填海作业和挖砂作业的持续影响，中潮区附近变为沙质，低潮区附近则堆积大量淤泥，底质的改变对沙背海草生长影响很大，而且持续影响时间较长。

2. 传统赶海作业对海草床扰动较大

在海草床上挖螺、挖沙虫、进行底拖网作业等渔业生产活动的频率和强度较高，对滩涂翻动的深度和范围较大。据统计，北海合浦海草床每天挖贝、挖沙虫和耙螺的渔民就近1000人，能把整个海滩翻15cm左右，人为的翻动使草体折断甚至将海草连根挖起，直接对海草产生毁灭性破坏；此外，种子翻出易被海水冲走，不利于海草的生长繁殖。因此，潮间带滩涂上生产作业对潮间带环境及海草床的扰动较大，是海草退化的主要原因。

3. 浒苔暴发以及互花米草入侵影响海草生长

养殖污水和生活污水排放造成局部海域富营养化，容易暴发浒苔等大型海藻。每年冬春季为浒苔高发期，浒苔的大量繁殖和生长，侵占了海草生长的生境，在草斑处大量滞留的浒苔等藻类覆盖在海草表面，妨碍海草的光合作用，影响海草的生长，是导致海草床分布面积减少的一个重要原因。在北海合浦海草床周边滩涂，互花米草的大量繁殖和生长，侵占了海草生长的生境，也是导致海草床分布面积减少的一个重要原因。互花米草面积的不断扩大改变了潮间带底质环境，也会对海草的生长造成一定影响。

4. 海草培育修复技术难度大

目前海草恢复方法主要包括移植法、种子种植法以及组织培养法。其中通过采集种子直接种植或者通过组织培养的方式对技术与设备方面的要求相对较高，目前仅开展了极少数海草种类的尝试，应用范围非常小。移植法具有成活率高、能较快成活并形成一定的覆盖度的特点。但广西海草由于草源稀少、现存面积小、覆盖度低且分布范围窄，海草采集存在较大难度，因此难以开展大规模的海草恢复工程。决定海草成功移植恢复的关键因素还需不断进行探索。

5. 海草保护管理难度较大

相较于红树林与珊瑚礁，海草床的生态价值极易被忽视，我国对海草床的保护更是乏善可陈。纵观《中华人民共和国渔业法》、《中华人民共和国海域使用管理法》、《中华人民共和国海洋环境保护法》和各级海洋功能区划，基本上没有关于海草床的保护内容。其中，《中华人民共和国海洋环境保护法》中虽然要求保护重要渔业水域，但并未把海草床提到与红树林、珊瑚礁同等重要的位置。目前《广西海洋生态红线划定方案》将海草床作为生态敏感区、脆弱区和关键渔业生物栖息地，划为生态红线区，严禁渔业、采砂和海洋工程建设，但广西目前尚未建立以海草床为明确保护目标的保护区。由于保护制度不够完善，保护对象不够明确，管理不够严格，海草床的生态状况并未得到显著改善。

5.2.5　珊瑚礁生态系统存在的主要问题

1. 珊瑚礁群落呈现退化趋势

涠洲岛珊瑚以造礁石珊瑚为主，共10科23属42种，与同纬度的徐闻造礁石珊瑚相当，优势种也类似，表现为独特的北缘珊瑚礁生态系统。研究表明，珊瑚礁群落演替过程中初级群落以滨珊瑚为优势种，中级群落以菌珊瑚科的十字牡丹珊瑚为优势种，顶级群落以鹿角珊瑚为优势种。据文献记录，2008年之前，涠洲岛沿岸珊瑚优势种中包括鹿角珊瑚。但在近年来的监测中，涠洲岛珊瑚群落以十字牡丹珊瑚和滨珊瑚为绝对优势种，顶级群落中的鹿角珊瑚因种类和数量减少，不再是珊瑚优势种。珊瑚礁群落涠洲岛造礁石珊瑚群落优势种从枝状珊瑚演变为块状珊瑚，表明涠洲岛局部珊瑚礁群落正在退化（周浩郎等，2014）。表5.4为2015～2020年涠洲岛珊瑚礁监测断面优势种类。

表5.4　2015～2020年涠洲岛珊瑚礁监测断面优势种类

调查断面	优势种类					
	2015年	2016年	2017年	2018年	2019年	2020年
牛角坑断面	牡丹珊瑚属和刺孔珊瑚属	牡丹珊瑚属和刺孔珊瑚属	十字牡丹珊瑚	十字牡丹珊瑚	十字牡丹珊瑚	十字牡丹珊瑚
竹蔗寮断面	滨珊瑚	滨珊瑚	滨珊瑚	滨珊瑚	滨珊瑚	滨珊瑚和角蜂巢珊瑚
坑仔断面	—	—	—	角孔珊瑚	角蜂巢珊瑚	滨珊瑚和角蜂巢珊瑚

2. 硬珊瑚补充量逐年下降

根据广西壮族自治区海洋环境质量公报，2016～2020 年，涠洲岛珊瑚礁竹蔗寮断面、牛角坑断面以及坑仔断面三个监测断面平均硬珊瑚补充量呈现逐年下降的趋势。2020 年平均硬珊瑚补充量为 0 个/m^2（图 5.4）。由于 2020 年夏季平均水温持续偏高，珊瑚白化情况严重，其中竹蔗寮断面白化率高达 76.2%，直接导致珊瑚繁殖和再生能力降低（补充量减少）。除此之外，珊瑚病害发生率也较高，其中竹蔗寮断面达到了 8.8%。病害的侵蚀同样不利于珊瑚的生长繁殖。

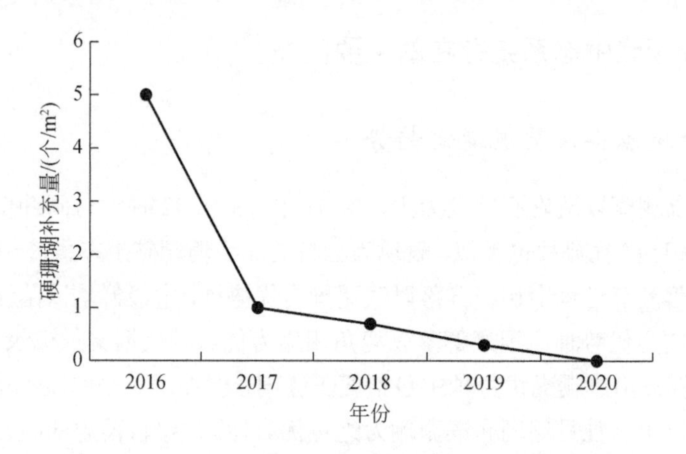

图 5.4 2016～2020 年涠洲岛硬珊瑚补充量变化情况

5.2.6 珊瑚礁生态系统问题的主要成因

1. 自然环境条件变化影响珊瑚礁生长

近年来，涠洲岛海水日平均温度快速上升，与全球气候变暖呈准同步变化趋势，导致涠洲岛珊瑚白化现象突出。2020 年 7～9 月因平均水温持续偏高而出现大面积珊瑚白化，直接威胁珊瑚生存并导致珊瑚礁生态系统恶化，是涠洲岛珊瑚礁生态系统退化的主要原因。此外，台风、暴雨等极端气候事件的增加，导致珊瑚生长率的下降。台风和暴雨带来的泥沙直接覆盖在珊瑚之上，抑制珊瑚的呼吸作用或导致珊瑚死亡。台风伴随的极端降水，还造成珊瑚礁海岸侵蚀。冲蚀物质使海水悬浮体和沉积物增加，造成海湾淤积。在风力和沿岸流的作用下，珊瑚礁海域的悬浮体浓度增加，造成海水透明度降低、浊度增加，影响共生藻类的光合作用，致使珊瑚生长缓慢或死亡。根据《2018 年广西海洋灾害公报》、《2021 年广西海洋灾害公报》，涠洲岛石螺口至滴水村岸段和后背塘至横岭岸段为广西海岸侵蚀较为严重岸段，最大下蚀高度呈逐渐增加的趋势。海岸侵蚀也会给珊瑚礁生长带来不利影响。表 5.5 为涠洲岛海岸侵蚀重点监测岸段侵蚀情况。

表 5.5　涠洲岛海岸侵蚀重点监测岸段侵蚀情况

岸段名称	岸线类型	年份	监测岸线长度/km	最大侵蚀距离/m	平均侵蚀距离/m	最大下蚀高度/m	平均下蚀高度/m
石螺口至滴水村	砂质海岸	2018	2.529	0.25	0.12	0.12	0.006
		2021	2.41	—	—	0.8	—
后背塘至横岭	砂质海岸	2018	5.707	0.57	0.21	0.1	0.008
		2021	5.22	—	—	0.9	—

2. 潜水观光活动对珊瑚礁生长不利

一是旅游潜水人数逐年增多。随着涠洲岛旅游开发程度逐渐增大，人类活动对珊瑚礁环境系统（水质、生态、地貌）的影响巨大。据北海市涠洲岛管委会提供数据统计，2019 年上岛游客数量与 2015 年相比翻了一番，见图 5.5。与此同时，参与珊瑚礁潜水观光活动的人数也日益增多，而且时间集中在每年 5～9 月的旅游旺季。频繁的船舶航运、停靠以及游客下潜活动带来的物理损伤（踩踏、抛锚等）给珊瑚礁造成了不利影响。

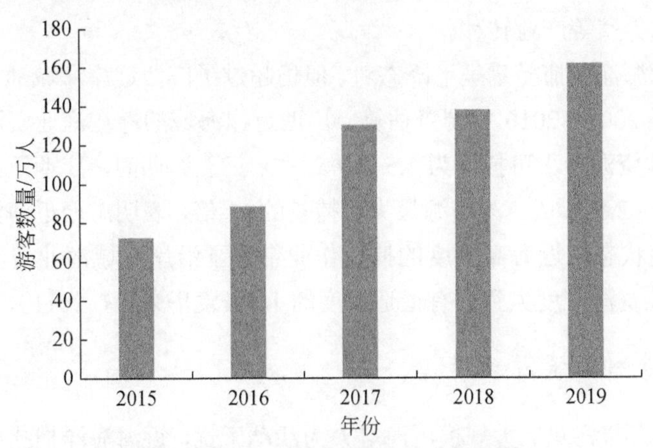

图 5.5　2015～2019 年涠洲岛游客数量

数据来源于涠洲岛管委会

二是未划定明确的潜水观光区域。竹蔗寮、坑仔珊瑚礁常规调查断面分别位于涠洲岛南湾口两侧的西南面和东南面沿岸，均属于广西涠洲岛珊瑚礁国家级海洋公园功能区划中的珊瑚礁资源适度利用区，区域沿岸居民密集，渔业、客运生产活动比较频繁。据调查，虽然牛角坑调查断面位于珊瑚礁重点保护区，但其附近珊瑚礁海域仍是一些潜水公司开展观光活动的定点水域。人为的不利影响抑制了珊瑚礁的自然补充生长，这也是导致珊瑚礁硬珊瑚补充量相对较低的原因之一。

5.3 海洋物种多样性保护不足，“鱼鸥翔集”存在困难

5.3.1 近海渔业资源存在的主要问题

1. 渔业资源过度捕捞

根据《2019 年广西海洋经济统计公报》及《2020 中国渔业统计年鉴》，2019 年广西近岸海域海产品总产量为 199.49 万 t，比 2014 年增加 25.05 万 t。2014～2019 年远洋捕捞量总体大幅度快速上升，海水养殖量逐年增加，与此同时近海捕捞量则几乎逐年下降，2019 年仅为 55.1 万 t，见图 5.6。随着近海捕捞量及其渔获量降低，海洋捕捞产业随着资源的衰退正在逐步地进行调整，向远洋捕捞、海水养殖等产业转移。

尽管近海渔业捕捞量呈下降态势，但仍超过了广西近岸海域渔业资源最大可捕量。据 2009～2010 年调查估算，广西近岸海域的潜在渔业资源量为 10.9 万 t/a，渔业资源最大可捕量为 5.5 万 t/a。“十三五”期间，广西近岸海域年均捕捞量约为 62.5 万 t/a，为资源最大可捕量的 11 倍，表明广西近海渔业资源处于捕捞过度状态。近海高强度的捕捞作业带来了沿岸海域渔业资源的衰退，2010 年渔业资源密度大致只有最适密度的 1/5（袁华荣等，2011），见图 5.7。

2. 渔业种群资源衰退

受海洋环境污染、大规模用海等人为活动干扰，近海海洋捕捞的渔获率以及水产品质量下降，优质鱼种比例逐渐减少。多数经济种群主要由 1 龄以内的

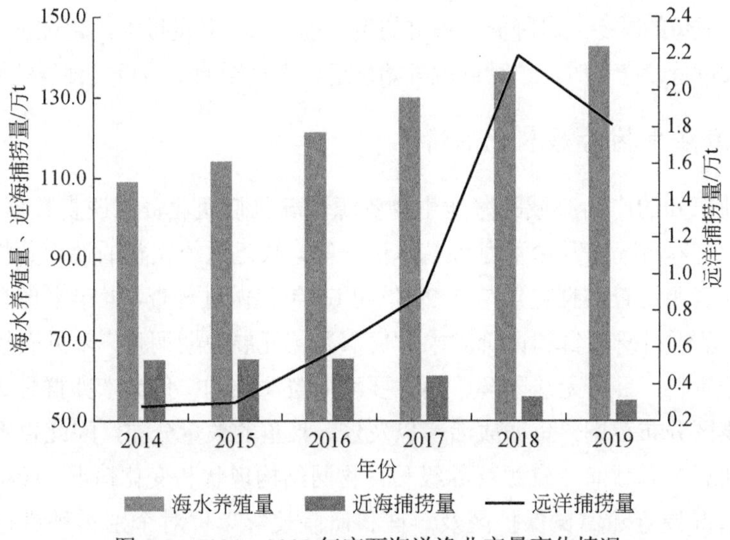

图 5.6　2014～2019 年广西海洋渔业产量变化情况

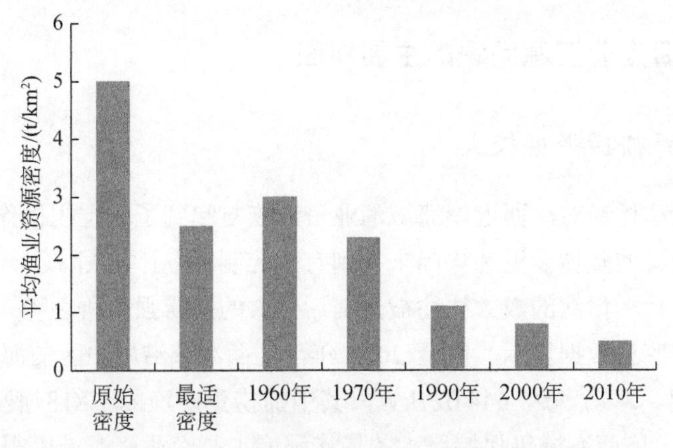

图 5.7　广西沿海渔业资源密度变化情况

数据来源于（孙典荣，2008）及（袁华荣等，2011）

幼鱼组成，群落中个体大、生命周期长、食物层次高的种类普遍为个体小、生命周期短、食物层次低、经济价值较次的种类所取代，渔获物优势种向小型化、低龄化转变（孙典荣，2008）。以带鱼和二长棘犁齿鲷为例，根据北海市水产技术推广站针对 2017 年所捕获的带鱼进行的统计调查，发现捕获的带鱼之中，小幼鱼、中鱼、成鱼的比例约为 5∶3∶2，小幼鱼居多，占了带鱼渔获量的一半，成鱼占比最小。鱼类种群的均衡性被打破，成鱼随着捕捞量的增加而变小，鱼群中的鱼类幼体成为捕捞死亡量的主体，中鱼和成鱼由于鱼类幼体的捕捞死亡而减少，成鱼的减少同时降低了种群的生长率，当渔获量过大，超过了该鱼类种群的最大可持续产量时，该种群就开始衰退，直接影响了该鱼类种群的繁衍。

3. 海洋生物资源本底不清

目前已知的广西海域的海洋生物资源情况包括渔业资源调查数据、“三场一通道”基本情况以及珍稀海兽基本情况等，缺乏系统完整的调查数据。广西海洋渔业资源调查数据也仅是在20世纪60年代做过普查，近年来也有一些文献，大都基于科研项目和评价需求对局部海域开展短期调查，未见有较全面详细的数据资料。目前无法了解广西主要渔业资源结构，鱼类产卵群体大小，产卵场密集区分布范围，鱼卵成活率以及仔、稚鱼的数量分布，因此也不能充分掌握广西近岸海域渔业资源营养级和食物网结构现状和变化情况。珍稀海洋动物基本情况调查除儒艮保护区及一些科研院校等单位对个别物种进行过较深入的研究外，绝大多数动物的资源量及其生态习性仍鲜为人知。

5.3.2　近海渔业资源问题的主要成因

1. 近海捕捞强度较大

尽管伏季休渔对广西近岸海域渔业资源恢复起到了一定积极作用，但广西海域渔业资源的整体衰退态势尚未得到有效控制，其主要原因之一是渔场捕捞强度过大。伏季休渔的成效往往被开捕后巨大的捕捞强度所吞噬。《2020中国渔业统计年鉴》数据显示，截至2019年，广西海域沿岸地区的海洋机动渔船有7841艘，总功率达644 027kW，其中捕捞生产渔船7818艘，总功率达615 439kW。广西海域仍保持巨大的捕捞强度也是渔业资源难以得到有效保护和恢复的主要原因之一。

2. 海洋牧场能力建设不足

一是海洋牧场数量少及面积较小。目前广西在建海洋牧场示范区仅3个，其中国家级海洋牧场示范区仅有2个，总面积为1300多公顷。海洋牧场数量和面积显然不能满足广西海域海洋环境保护与修复的需要，对渔业资源的保护作用也有限。

二是海洋牧场生境改造方式单一。当前，海洋牧场的建设中人工鱼礁的投放几乎成为唯一的生境改造方式。广西海域分布的红树林湿地、海草床、珊瑚礁等区域是大多数渔业资源繁殖和育幼场所，能够为近海鱼类育幼和摄食提供支撑作用，这些幼鱼对当地渔业资源具有补充作用。而相关部门在规划广西海洋牧场时，没有将红树林、海草床、珊瑚礁等生态系统发挥的作考虑进来。

三是增殖放流种类与资源现状不匹配。当前海洋牧场增殖放流种类大多为具有较高经济价值的种类，如真鲷、石斑鱼以及对虾等，短期内为恢复渔业资源和当地渔民增产增收起到了积极作用。但从长远的角度考虑，这些增殖放流种类的选择没有更多考虑广西近岸海域生态系统和渔业资源的特点。由于目前广西渔业增殖放流种类评估工作大多未开展，增殖放流的效果不明显，加上广西海域渔业资源结构在人类活动和自然环境的扰动下，鱼类优势种向小型化、低龄化、低营养级转变的可能性大，因此在海洋牧场建设初期阶段应增加增殖放流种类的评估，并考虑科学合理性，选择低营养级种类为主要增殖放流对象。

5.3.3　珍稀海洋动物保护存在的主要问题

1. 海兽搁浅和死亡事件时有发生

目前海兽搁浅救助工作由农业农村部渔业渔政管理局主导，儒艮保护区负责协助配合。以下仅统计儒艮保护区参与救助的海兽事件，数据来源于儒艮保护区海洋珍稀濒危野生动物救护工作报告。2015 年发生中华白海豚和印太江豚等海兽搁浅死亡事件 5 起；2016 年发生布氏鲸搁浅死亡事件 1 起；2017 年发生海兽搁浅死亡事件 10 起，其中印太江豚 7 起、中华白海豚 1 起；2018 年发生海兽死亡事件 22 起，其中印太江豚 20 起、中华白海豚 1 起、布氏鲸 1 起。2019 年发生海兽搁浅死亡事件 11 起，其中印太江豚 8 起、布氏鲸 2 起、中华白海豚 1 起。

2. 珍稀物种数量有所减少

据相关调查数据，广西海域中国鲎数量在过去数十年间，呈指数下滑。中国鲎的数量从 20 世纪 90 年代以前的 60 万～70 万对，骤降为 2010 年左右的约 30 万对。根据广西壮族自治区海洋研究所开展的调查估测，2019 年广西海域中国鲎数量已锐减至约 4 万对。根据《广西壮族自治区合浦儒艮国家级自然保护区生态环境监测调查报告》，儒艮保护区与广西生物多样性保护协会开展联合调查，发现保护区内幼鲎密度从 2017 年的 0.48 只/100m^2 下降至 2018 年的 0.23 只/100m^2，种群数量呈下降趋势。

5.3.4 珍稀海洋动物保护问题的主要成因

1. 人类活动对海兽影响较大

人类活动的影响是导致海兽搁浅死亡的主要原因之一。根据儒艮保护区年度珍稀海洋动物救护报告，导致保护区及广西近岸海域鲸豚及珍稀海洋生物搁浅及死亡的影响因素如下：①鲸豚活动栖息的周边海域渔民的非法作业是导致鲸豚死亡的主要因素，特别是电鱼作业和高速快艇冲撞等，导致鲸豚皮肤大片受损或肢体部位折断从而死亡；②人类直接丢弃在海里的塑料制品、渔网具，使鲸豚遭海洋垃圾、绳索、渔网缠绕溺亡，或海洋塑料垃圾等被鲸豚误食导致其生病或死亡；③死亡的鲸豚很多是新生幼崽，可能是外部环境影响导致新生幼崽和母兽分开从而成活率大幅降低；④涠洲岛附近海域不文明观鲸行为如贸然乘船追逐鲸鱼、堵截鲸群迫使鲸鱼改变游动路线，造成鲸鱼的呼吸障碍，甚至用船桨打伤鲸鱼，导致鲸鱼受到身体伤害；⑤目前广西沿海还没有完善的大型动物急救装备，鲸豚受到惊吓而搁浅后，单靠人力来救活搁浅的鲸豚难度非常高。

2. 沿海渔民对中国鲎的保护意识不足

人类的过度捕捞是导致鲎种群危机的主要原因之一，此外，电鱼和底拖网的非法捕捞现象仍存在。广西沿海渔民对中国鲎的保护意识较差，多数渔民有食鲎的习惯，在沿海的餐馆也常见到有中国鲎出售，人类捕杀是中国鲎最大的威胁。经调查发现，中国鲎的成体鲎较少，绝大多数为亚成体。大量的亚成体被渔民捕获后因经济价值和食用价值不高而随意丢弃或暴晒死亡，是中国鲎种群数量衰减的一个重要原因。

5.4 “宜居宜业宜游”环境存在风险，“人海和谐”尚有差距

5.4.1 海洋环境存在的主要风险问题

1. 重点海湾环境风险增加

一是陆域危险化学品及石油泄漏风险增加。身处“一带一路”的出海口，

广西各沿海化工园区近年来进行了高标准规划，紧抓龙头项目，并优化营商环境，引来多个大型项目落户，已经成为了化工园区当中的“潜力股”。随着广西沿海石化和化工类企业逐年增多，由该类企业带来的环境风险也不断加大。广西沿海较大及重大环境风险源主要集中分布在钦州港、防城港及铁山港沿岸，涉及的行业主要有：石化、化工、火电、酒精以及核电，其中规模较大的石化企业有 11 家，具体见表 5.6。

表 5.6　广西沿海主要石化企业列表

序号	公司	产业规模	所在海湾
1	中国石化北海炼化有限责任公司	年产 20 万 t 聚丙烯、69.08 万 t 催化重汽油、23.40 万 t 催化轻汽油、11.20 万 t 抽余油及 24.76 万 t 焦化汽油	铁山港
2	中国石化集团管道储运公司	有 32 座 10^5 m^3浮顶罐原油商业储备库	铁山港
3	中国石油化工股份有限公司天然气分公司	设置 4 座 $1.6×10^5 m^3$LNG 储罐	铁山港
4	广西北海和源石化有限公司	年处理 12 万 t 混合芳烃、3 万 t 抽余油；年产 1.29 万 t 化工轻油、4.75 万 t 轻质混合芳烃馏分、6 万 t 重质混合芳烃馏分、9 万 t 调质油、8.6 万 t 沥青、0.32 万 t 燃料油和 0.0336 万 t 自用瓦斯气	铁山港
5	广西新鑫能源科技有限公司	年产 14.4 万 t 三甲基戊烷、15.4 万 t 甲基叔丁基醚、6.48 万 t 正丁烷	铁山港
6	中国石油天然气股份有限公司广西石化分公司	1000 万 t/a 原油加工、1000 万 t/a 常减压蒸馏、350 万 t/a 重油催化裂化、220 万 t/a 蜡油加氢裂化、220 万 t/a 连续重整、240 万 t/a 柴油加氢精制、60 万 t/a 气体分馏、120 万 t/a 汽油精制、20 万 t/a 聚丙烯、1 万 t/a 硫磺回收 400 万 t/a 渣油加氢脱硫、200 万 t/a 柴油加氢改质、100 万 t/a 汽油加氢脱硫、10 万 t/a 甲基叔丁基醚、26 万 t/a 硫磺回收 40 万 t/a 轻石脑油异构 80 万 t/a 航煤加氢精制 10 万 t/a 甲基叔丁基醚脱硫、50 万 t/a 催化轻汽油醚化	钦州湾
7	钦州天恒石化有限公司	10 万 t/a 醚后碳四异构化 20 万 t/a 异辛烷 5.4 万 t/a 硫酸钙	钦州湾
8	广西东油沥青有限公司	年处理原油 100 万 t 的沥青蒸馏	钦州湾
9	广西钦州泰兴石油化工有限公司	15 万 t/a 润滑油加氢异构和 13 万 t/a 非芳溶剂油	钦州湾

续表

序号	公司	产业规模	所在海湾
10	广西玉柴石油化工有限公司	24万t/a醚后碳四异构化 年产6万甲基叔丁基醚 年产8万t混合轻芳烃、4万t液化气	钦州湾
11	广西新天德能源有限公司	10万t/a以干木薯为原料生产食用酒精、2万t/a以淀粉为原料生产变性淀粉、2万t/a液体二氧化碳 15万t/a乙酸乙酯 建设12万t/a甲醛、2万t/a多聚甲醛、6万t/a高浓度甲缩醛、5万t/a聚甲缩醛（DMM3） 6万t/a二氧化碳回收 年产有机-无机复合肥料10万t、有机物复混肥料5万t、有机肥料5万t 3万t/a乙酸丁酯、2万t/a乙酸丙酯 2500t/a 2-氯烟酸系列产品 一期40万t/a改性沥青；二期60万t/a改性沥青、5万t/a非固化沥青防水涂料	钦州湾

由表5.6可见，广西沿海重大及较大环境风险源以石化行业为主，临海石化产业由于涉及到油品、危险品的运输、存储与加工，其不可避免地带来布局性、累积性的环境风险。临海石化产业是广西沿海的支柱产业之一，因而也是最主要的涉海风险源。

各海湾中，钦州湾分布的重大及较大环境风险源最多，主要为石化、化工类企业和红沙核电站，其次为防城港，风险源主要为化工类企业。铁山港和涠洲岛分布的重大及较大环境风险源主要为石化类企业。这些企业均存在大量的油品或危险化学品储罐，尤其是钦州港沿岸的钦州石化产业园涉及危险化学品共有101种，存在最多的10种危险化学品为原油、燃料油、柴油、汽油、二甲苯、甲醇、石脑油、苯、丙烷、煤油，占总量的83.32%。这些原料或产品在生产、储存或装卸过程中一旦发生泄漏、爆炸或火灾等事故，将造成人身安全事故、财产损失、海洋环境污染和海洋生态破坏，因此，钦州港、防城港西湾、铁山港及涠洲岛是陆域油品或危险化学品泄漏污染海洋事故易发区域。而其中的钦州港、铁山港及涠洲岛周围分布有红树林自然保护区、珊瑚礁自然保护区及旅游风景区等敏感目标。当该类事故对敏感目标区域造成污染时，其生态环境影响更大。

此外，钦州湾核电厂运行阶段则存在核泄漏风险，虽然这部分风险发生的概率很低，但是一旦发生严重核泄漏事故则会造成人员财产巨大损失，导致周围环境受到核污染，对环境造成致命打击，这种污染在几十年甚至几百年内都难以修复。

二是海上溢油及危险化学品泄漏风险增大。至 2019 年底，广西沿海港口企业有 92 家，共 270 个生产性泊位，其中万吨级以上泊位 86 个，最大靠泊能力 30 万 t，综合通过能力达 2.6 亿 t，其中集装箱能力达 425 万标准箱。2015～2019 年，随着沿海港口快速发展，海上交通流量和船舶（包括油船）通航密度增加，货物吞吐量以及石油化工制品集疏运量基本上逐年增长（表 5.7），进出港船舶大型化趋势明显，船舶装载燃油量增加，发生船舶海上交通事故并导致严重污染后果的风险增大；特别是钦州港，除布置了原油码头外同时还有海上原油过驳装卸作业，成为我国沿海港口海上原油过驳的第一大港。船舶在海上进行油品以及危险化学品的运输及海上原油过驳装卸作业过程中容易发生泄漏事故，而泄漏事故可能会造成海洋环境污染及生态破坏。此外，在海上监管措施覆盖不到或薄弱的海上交通密集的海域，发生海上交通事故并导致污染后果的风险进一步增大。

表 5.7　2015～2019 年广西沿海港口货物吞吐量、进出口港船舶艘次、石油化工原料及制品集疏运量

年度	货物吞吐量/万 t	进出港船舶艘次/次	石油及其制品集疏运量/万 t	化工原料及化工制品集疏运量/万 t
2015	18 420.56	57 750	2 365.39	182.80
2016	20 257.66	59 765	2 585.94	203.16
2017	22 930.70	79 657	2 902.54	209.53
2018	21 694.00	104 098	2 545.40	163.26
2019	27 177.00	105 851	3 420.04	257.56

2. 赤潮绿潮暴发风险增加

广西壮族自治区海洋局广西壮族自治区海洋环境质量公报显示，“十三五”期间，广西沿海共发生 9 起水质异常事件，主要发生于廉州湾、钦州湾海域，赤潮种类主要为球形棕囊藻。球形棕囊藻具有囊体巨大、难以去除的特点。2014 年底，在广西防城港核电厂一期工程 1 号机组热试期间，核电厂所在的冷源水取水海域钦州湾暴发了球形棕囊藻赤潮，赤潮严重时出现了冷却水系统堵塞现象，严重威胁到核电的安全。此次由藻类引发的威胁核电冷源安全的事件在国内尚属首例。鉴于钦州湾海域球形棕囊藻赤潮发生概率较高，需进一步对球形棕囊藻的预警监测和防控方法进行深入研究，以达到早期预防、保障核电冷源系统安全用水的目的。

此外，近年来浒苔绿潮在北海南岸及铁山港附近海域频繁暴发，对当地的海洋生态环境造成不良影响。在红树林海域，大量繁殖的浒苔严重阻碍红树林的呼吸作用；浒苔缠绕在红树林的枝干、根部，会增加潮水对苗木的冲击力，对红树林苗木易造成机械伤害，对红树林的生长不利。在海草床附近海域浒苔的大量繁殖和生长，侵占了海草生长的生境，在草斑处大量滞留的浒苔等藻类覆盖在海草表面，妨碍海草的光合作用，影响海草的生长，进而破坏海洋生态系统。

5.4.2　海洋环境风险问题的主要成因

1. 沿海化工及石化企业逐年增多

沿海化工及石化企业逐年增多，根据目前各海湾的产业布局，钦州港和铁山港均形成以石化为主导的产业格局，钦州湾目前已形成了以石化作为特色的产业集群，防城港主要布局化工、钢铁和有色金属产业。根据《北钦防一体化规划》，广西沿海三市拟构建三大向海产业带，其中“临港产业带”依托临港工业园区和部分重点项目，大力发展石化、冶金及有色金属、林浆纸、食品加工、能源等产业。由此可见，随着该规划的实施，未来石化企业数量会进一步增加，广西沿海将形成一条石化产业带，众多石化企业齐聚一地，大部分化工企业靠近海湾，其配套的油品及危险化学品仓储设施均临海设置，一旦发生泄漏、爆炸或者火灾，会对附近海域造成严重污染，环境风险问题非常突出。

2. 海上运输油品及危险化学品逐年增加

广西沿海石化企业多以原油为原料，化工企业以危险化学品为原料，随着沿海化工及石化企业逐年增多，运输油品及危险化学品的船舶通航量逐年增加。船舶溢油或发生交通事故的可能性大。而根据《北钦防一体化规划》，广西拟将北钦防三港域打造成西部陆海新通道国际门户港，其中钦州港域以集装箱和石油化工运输为主，着力打造国际集装箱干线港。随着该规划的实施，海上通航船舶数量及油品和危险化学品运输量将进一步增加，海上溢油及危险化学品泄漏风险增加。

3. 陆源排污未得到全面有效控制

广西沿海陆源排污仍未得到有效控制，海洋水体中的氮、磷过剩是导致赤潮发生的最主要原因，而这些氮、磷正是来源于人类生产生活、农业生产、工业企业生产、养殖业发展等陆源排污。近年来，广西沿海部分河流入海断面水质仍较差，直排入海排污口废水不能稳定达标，沿海水产养殖排污整治成效依然不理想，加上广西近岸海域属于半封闭海湾，水体交换能力差等原因，使得局部海湾的营养盐浓度有所上升，当水体中的营养盐浓度达到一定水平，在合适的水文、气象、海流和海况条件下，赤潮生物就会出现大量增殖。

5.4.3　公众临海亲海存在的主要问题

1. 亲海空间环境质量不高

一是沿海海漂和海滩垃圾数量较大。从北海侨港海域海水浴场、钦州三娘湾旅游风景区、防城港白浪滩旅游区海洋垃圾监测的数据来看，海滩垃圾数量密度为 4.1～12.1 万个/km^2，中小块以上海漂垃圾数量密度为 2000～6000 个/km^2，以来自陆源的垃圾为主。海滩垃圾不仅会影响游客视觉感受，还会对人体造成危害。广西海滩垃圾主要以塑料类、木制品和玻璃瓶为主，容易造成游客被绊倒、刺破、割伤等身体伤害。此外，难以降解的塑料还会污染海产品，使微塑料进入生态食物链危害人类。

二是海水浴场优良率下降。作为公共空间的海水浴场为大众消费、放松、娱乐提供了休闲场所。但 2016～2020 年，北海银滩和防城港金滩海水浴场优良率和适宜游泳比例呈明显下降趋势，总体水质变差，与 2015 年相比，北海银滩海水浴场优良率从 90%下降到 40%，防城港金滩从 82%下降至 17.6%，降幅分别达到 50 个百分点和 64.4 个百分点。海水浴场超标因子主要为粪大肠菌群，2019 年 17 次的监测中，北海银滩海水浴场就有 9 次因粪大肠菌群超标而不适宜游泳，除了影响公众亲海，也存在较大的公共卫生安全隐患。

2. 亲海空间利用不充分

广西海洋旅游资源得天独厚，但亲海空间规划不合理、不科学，亲海空间未得到充分利用。目前广西已开发的沿海亲海空间仅有近 20 个，其中纳入监管的海水浴场仅有 3 个，分别是北海银滩、北海侨港和防城港金滩；沿海海滩也只开发有银滩、金滩、白浪滩等数个。随着沿海经济的发展、人口的增长以及旅游度假知名度的提升，游客人数逐年增加，与此同时旅游资源开发速度却跟不上。目前已开发成熟的亲海空间不多，近年来沿海没有新开发的旅游景区，远远不能满足公众临海亲海需求。

5.4.4　公众临海亲海问题的主要成因

1. 亲海空间环境管理能力不足

目前各景区环卫保洁基本靠人力工作。随着沿海景区游客接待量大幅增加，产生的垃圾量也成倍增加，但由于景区相应的垃圾清理清运设备、人力和管理资金投入不足，成倍增加的垃圾无法及时清理，导致游客享受临海亲海的乐趣和体验大打折扣。此外，多数海滩周边分布有开放式公共渔港、码头，因此除了景区游客带来的垃圾之外，每天潮水都会从景区之外带来大量的生活垃圾、渔业生产垃圾以及船舶维修废弃物等杂物。加上海滩景区周边海域又缺乏有效的监管，村民、渔民抛弃的垃圾污染累及景区环境，导致景区环保工作日益艰巨。

2. 亲海空间配套基础设施较薄弱

相对日渐增长的旅游人数，亲海空间显得拥挤和不足，从而造成了交通拥堵、游客拥挤状况，节假日尤其严重。部分可开发的景区因没有配套完善的基础服务设施，交通设施不能最大限度地使用，起不到旅游人数分流作用；部分景区接待经营点设施陈旧，景区停车场、公共服务设施等无法满足游客需求，不适应景区发展需要。景区游客中心、停车场面积较小，普遍成为了景区接待能力的瓶颈，在客流量较大的节假日出现拥堵，在一定程度上造成了游客的流失，尤其是在目前自助游、自驾游、自由行成为主流出游方式的形势下，游客中心、停车场的扩大建设尤为迫切。

5.5　海洋环境监管存在不足，为美丽海湾护航受限

5.5.1　海洋监管能力存在的主要问题

2018 年国家机构改革以来，明确了生态环境部门“四个统一”职责（统

一政策规划标准制定、统一监测评估、统一监督执法、统一督察问责)，更好地发挥了统筹协调作用。明确生态环境部门负责开展海洋生态保护与修复监管工作，主要包括监督协调重点海域综合治理、陆源污染物排海等对海洋污染损害的生态环境保护工作，以及按权限审批海岸和海洋工程建设项目环境影响评价文件等。由于海洋监管涉及面广、工作负荷重、难度大、专业性强、硬件要求高，加之监管机构不全、人员力量不足、监管能力薄弱，“小马拉大车”的问题越到基层越为严重。部分地方也确实不同程度地存在着执法监管不严、有案不移、有案难移、有案慢移的问题。

1. 环境违法综合打击力度不足

广西沿海三市政府对环境违法行为综合检查和执法打击力度不够。市政执法方面，对未达标预处理的污水排入市政管网行为未能有效管控，对违反《城镇排水与污水处理条例》等相关法规的行为未能严厉查处，导致廉州湾、钦州港等沿岸工业废水超标纳入市政管网，致使城镇污水处理厂长期超标排放的现象突出。国土执法方面，对沿岸土地私自改造为养殖池塘以及非法围海养殖、非法占用滩涂及海域开展养殖等行为未能有效控制，“十三五”期间两轮中央督察和海洋督察均发现铁山港等区域存在非法养殖现象。渔业执法方面，对未办理养殖证的养殖户清理力度不够，以及对养殖规划中禁养区清理不到位。海洋执法方面，非法采砂行为屡禁不绝。环境执法方面，对污水处理厂经常性超标排放没有严格处罚。

2. 入海河流环境治理监督力度有待加强

政府大力推进入海河流综合整治工作，但部分入海河流水质存在反弹或改善不明显现象（如汇入茅尾海的钦江西断面2019年以前大部分情况都为Ⅴ类或劣Ⅴ类)，未能切实落实各入海河流环境综合治理攻坚方案，保障各断面稳定达到水质目标要求，同时还存在河道内砂厂、造船厂、修（拆）船厂污染防治不足、无证无照及“散乱污”企业（作坊）情况。说明部分入海河流环境治理还应进一步加强，切实可行的长效巡查监管机制还有待完善，禁养区复养行为巡查有待加强，行业主管部门的职责（如河长制责任等）还需进一步推进落实。

3. 水产养殖污染防治工作监管力度不足

一是敏感海域周边水产养殖存在无序发展现象，禁养区养殖现象仍有存在，水产养殖规模化水平低，普遍没有养殖尾水处理设施，大量养殖尾水直排入海（河）。二是全区海域使用权证和海域滩涂养殖证双证齐全的养殖面积仅占约 10%，无证养殖泛滥导致监管难度加大。

4. 海洋环境监测监管专业队伍人员不足

2018 年国家机构改革后，海洋环境保护职能整合入生态环境部门，职责包括海洋生态环境监测和监管、陆源污染物排海监督、防治海岸和海洋工程建设项目、海洋油气勘探开发和废弃物海洋倾倒对海洋污染损害的生态环境保护工作等。但自职责整合后相应人员编制划转不到位：广西壮族自治区海洋局划转了 3 名行政编工作人员至广西壮族自治区生态环境厅，北海市海洋局划转了 2 名行政编工作人员至市生态环境局，防城港市海洋局划转了 1 名海洋执法人员至市生态环境局，钦州市无人划转。除此之外，目前广西在海洋生态环境保护执法领域改革尚未严格落实《关于深化生态环境保护综合行政执法改革的指导意见》，海洋执法及监测编制、监测人员、设施均未划转，人员少、执法设施设备不足的问题较突出。同时在地方机构改革中，个别城市环保监管和执法单位剥离，在改革过渡期间，日常监管工作中发现问题无法及时执法制止的现象突出，工作协调不顺畅，环境监管能力削弱。

5. 海洋环境监测监管能力尚待加强

海洋监测方面，各市海洋辐射监测能力和仪器配备明确不足，海洋生态调查分析人才缺乏，专业监测船舶配备不足。海洋监管方面，沿海各市环境监管能力依然薄弱，执法队伍建设水平还较低下，海洋环境监测监视系统和环境预警系统不完善，不能有效支撑监管的需要。海洋应急方面，综合性海洋生态监控预警体系有待建立，预警数据信息化较弱，部门联动机制不够完善，基于北斗卫星导航系统、无人机、船舶、车辆、其他监管系统的海天一体化监管应急平台还未建成。

5.5.2　海洋监管能力问题的主要成因

1. 海洋保护责任和合力意识不足

近年来，广西海洋环境质量虽然总体保持稳定，但局部环境不容乐观。对此，个别地方的基层领导并没有给予足够的重视，海洋生态环境底子好的优越感明显，对生态保护特别是原生生态系统保护的重要性认识不足，研究较少。一是在处理经济发展与资源环境的矛盾和冲突时，个别地方的基层领导还是不自觉地倾向于优先发展经济。二是近岸海域污染防治工作在各部门间合力不足。海洋生态保护工作涉及多个部门（包括生态环境、住房和城乡建设、农业农村、海洋等部门），各部门根据各自产业发展需要进行管理，缺乏有效统一的科学决策，海洋的综合优势和合理保护未能得到充分协调，加之基层部门之间协调合作力度不足等。三是相关海洋科学研究投入不足，基础研究不充分。这些问题一定程度上阻碍了海洋生态文明建设的进程。

2. 联防联控机制有待进一步完善

广西跨地级市的入海河流主要有南流江、茅岭江等，跨地级市的海湾主要有钦州湾和大风江口等，对于跨地级市的河流、海湾，相应的联防联控机制不足。一是陆海统筹的污染源管理机制未能推广，用“以海定陆”总量控制方式来对入海污染物实行监管的思路还未能实施推行，污染源管理体系未彻底纳入管理。二是跨流域综合整治工作有待进一步加强。目前开展了以南流江为试点的跨地级市综合整治工作，但对其他跨地级市的入海河流流域、海湾的综合整治工作目前暂未启动或推进缓慢，不同地级市之间对共同的流域、海域未能形成有效的联防联控机制，大部分工作思路局限于各自辖区内。三是沿海三市区域的环境保护措施只在辖区内开展，未能与共同海域的海洋生态环境质量的要求相衔接，各市实施情况不同步，北钦防设施一体化有待推进。

3. 涉海问题管理部门职责不明确

2018 年国家机构改革虽然明确了生态环境部门负责开展海洋生态保护与修复监管工作等，但海洋监管还涉及海砂海泥监管、海洋生态系统保护、海域使用和海岛保护监管、船舶污染排放监管，以及海水养殖、涉海自然保护区监管等工作，这些仍然分别由海洋、交通、渔业和自然资源等部门负责和多部门共同负责。但目前，各个监管工作范围未有明确界线划定、职责单位未有明确的划分，各部分涉海管理工作仍普遍存在交叉、重叠管理现象。比如对于海洋生态系统保护的监管工作，生态环境、自然资源、海洋等部门都有涉及，但具体工作范围不清，容易在部门间产生推诿扯皮现象，影响监管执行力和效力。

5.6　重点海湾问题清单

广西重点海湾有 6 个：廉州湾、铁山港、大风江口、钦州湾（茅尾海和钦州港）、防城港和珍珠湾。各海湾环境问题的具体表现、症结成因分析、对策措施以及目标指标见附表 2“广西‘十四五’海洋生态环境突出问题‘四个在哪里’问题清单”。

第6章 广西美丽海湾未来形势研判

6.1 海域环境污染问题“十四五”形势分析

6.1.1 近岸海域水环境承受压力增大

根据2020年广西壮族自治区环境保护科学研究院编制的《北海钦州防城港经济社会发展海洋排污需求报告》，至2025年，广西沿海区域的主要污染源为生活源、工业源、畜禽养殖、水产养殖、农业种植等，对比2017年，工业源排放增幅较大，化学需氧量、氨氮排放量分别增加了163%、140%，总磷排放量增加了6倍多；根据2025年预测结果，在要求沿海城镇生活污水处理后达到《城镇污水处理厂污染物排放标准》（GB 18918—2002）一级A标准排放的前提下，城乡生活源水污染物排放占比仍然较高，其化学需氧量、氨氮、总氮和总磷排放占比分别为29.8%、70.9%、35.9%和19.1%。沿海区域各污染物排放量中，化学需氧量排放以生活源（占29.8%）、水产养殖（占25.8%）和畜禽养殖（占35.1%）为主；氨氮排放以生活源（占70.9%）和农业种植（占17.7%）为主；总氮排放以生活源（占35.9%）和农业种植（占38.2%）为主；总磷排放中农业种植占比最高为35.6%，其他污染源排放占比均处于12%～20%。表6.1为2025年沿海区域污染排放预测汇总表。表6.2为2025年重点海湾汇水区域的水污染排放预测汇总表。

表6.1 2025年沿海区域污染排放预测汇总表 （单位：t）

类别	化学需氧量排放量	氨氮排放量	总氮排放量	总磷排放量
生活源	40 527.2	4 249.5	8 244.7	504.3
工业源	12 623.8	358.7	840.2	356.1
畜禽养殖	47 714.3	322.7	2 672.9	524.2
农业种植	—	1 062.3	8 756.5	937.9
水产养殖	35 125.1	—	2 435.1	315.6
污染排放合计	135 990.4	5 993.2	22 949.4	2 638.1

表 6.2 2025 年重点海湾汇水区域的水污染排放预测汇总表

重点海湾	排放量					
	化学需氧量/t	氨氮/t	总氮/t	总磷/t	合计/t	占比*/%
铁山港	15 871.1	639.9	2 389.9	265.8	19 166.7	11.7
廉州湾	48 115.4	2 417.6	8 629.9	1 001.8	60 164.7	36.6
大风江口	11 988.0	350.9	1 681.2	197.6	14 217.7	8.7
茅尾海	36 986.2	1 860.0	7 173.3	793.9	46 813.4	28.5
钦州湾	7 657.6	315.6	1 107.2	158.6	9 239.0	5.6
防城港	7 212.1	229.4	875.8	90.0	8 407.3	5.1
珍珠湾	5 362.7	119.6	610.5	61.0	6 153.8	3.7
合计	133 193.1	5 933.0	22 467.8	2 568.7	164 162.6	100

注：*由于数据修约，表格中占比加和与 100%有一定偏差。

根据各海湾 2025 年预测结果，与 2017 年相比，重点海湾铁山港、廉州湾、大风江口、茅尾海、钦州湾环境承载压力增大。

①铁山港汇水区水污染物总氮排放量增加明显，主要污染源工业源增加显著，“十四五”期间铁山港水环境保护和改善的压力更大。

②廉州湾汇水区水污染物总氮和总磷排放量虽然变化不大[①]，但是如果城镇生活污水处理不能达到一级 A 标准排放，总氮和总磷的排放量将会增加很多，同时主要污染源还增加了工业源和水产养殖，“十四五”期间廉州湾水环境保护和改善的压力很大。

③大风江口汇水区水污染物总氮排放量虽然变化不大，但是如果城镇生活污水处理不能达到一级 A 标准排放，总氮排放量增大；同时对污染工业源的总氮排放占比不高，但是其增幅较大，“十四五”期间大风江口海域水环境保护和改善的压力将会更大。

④茅尾海汇水区水污染物总氮和总磷排放量虽然变化不大，但是如果城镇生活污水处理不能达到一级 A 标准排放，总氮和总磷排放量将明显增大；同时工业源总磷的排放总量大幅增加，且成为主要污染源，因此，“十四五”期间茅尾海海域的水环境保护和改善的压力将会更大。

⑤钦州湾汇水区水污染物总氮和总磷排放量均明显增加，同时总氮和总磷

① 在要求沿海城镇生活污水处理后达到《城镇污水处理厂污染物排放标准》（GB18918—2002）一级 A 标准排放的前提下，汇水区水污染物总氮和总磷排放量变化不大。

排放的主要污染源增加了工业源，且工业源总氮和总磷的排放量显著增加，因此，“十四五”期间钦州湾海域的水环境保护和改善的压力将会更大。

结合 2019 年的分析结果，南流江、大风江、西门江、钦江 4 条河流的水质已经超过了入海水质限制，白沙河、茅岭江、防城江 3 条河流的水质已经接近入海水质限制条件，说明入海河流水质状况对近岸海域水环境保护带来很大压力。

重点海湾中，茅尾海和钦州湾（东至钦州港保税港、西至红星村一带）海域、大风江口（湾口东至北海曾屋垌村、西至钦州苏屋村一带）海域、铁山港监测点位附近海域等海水水质为三类，水环境承载力较弱，16 个排污区中北海市地角排污区、大风江口排污区、钦州港金鼓江污水深海排污区 3 个排污区海域的水质为三类，需加大入海河流、沿海陆域污染源整治，及入海排污口治理和沿海水产养殖污染治理等治理，强力推进陆域污染源实施集中深远海排放。

因此，为了保护和改善水质超标海域的水环境质量，必须加快推进陆域水污染物集中深远海排放，同时加快开展广西近岸海域环境功能区划的修订，对目前位于水质较差或水环境交换能力较弱海域的海洋排污区进行合理调整和扩容。

6.1.2　局部海湾水环境承受压力增大

针对“十四五”期间新开展的重大项目和新设定调整的排污口，局部海域的污染承载压力不断加大。一是排污口的调整，根据广西沿海三市发展规划，将要在北海市铁山港新设定排污区，以及在北海南部的深海、钦州港外湾和防城港企沙南港外等海域设立深海排污区，这将增加局部沿海和深海海域的环境承载压力，给海湾环境保护工作增加挑战力度。二是港口岸线的调整，根据广西壮族自治区人民政府发布的《钦州港总体规划（2035 年）》，将较大幅度地增加金鼓江、大榄坪、三墩和三娘湾等岸线的利用，改变钦州港和三娘湾的港口和航线周围的水文条件，导致区域环境容量减少，增加环境污染风险。这要求“十四五”期间相应海湾应进一步加强环境保护措施，做好各项陆域和海域的污染防治工作。

6.1.3　海域磷污染上升趋势仍然存在

根据广西壮族自治区环境保护科学研究院发布的《北海钦州防城港经济社会

发展海洋排污需求报告》的预测结果，2025 年广西总磷污染物入海量为 2638.1t，和 2019 年相比将增加 23.2%，其中入海河流携带污染物量增加 49.8%，水产养殖增加 47.5%。“十二五”至“十三五”期间，广西海域重点海湾（廉州湾、钦州港、茅尾海等）的磷浓度都呈现上升趋势，说明要在“十四五”内控制广西海域的磷水平不上升甚至下降将十分具有挑战性。因此，控制陆域磷排放和控制各海湾富营养化不上升将是十分必要的，控制入海河流、农业面源、入海排污口的磷排放尤为重要。

6.1.4　沿岸水产养殖污染影响难削弱

“十四五”期间将大力发展水产养殖行业，不断提高水产养殖产量。根据《北海钦州防城港经济社会发展海洋排污需求报告》的预测结果，和 2019 年相比，2025 年广西水产养殖产生的污染物入海量将增加 47.8%，结合“十三五”期间广西沿海水产养殖污染防治呈现出来的环境基础设施较薄弱、缺乏有效可推广的海水养殖尾水处理系统和养殖尾水治理力度不高等问题，“十四五”期间若要减轻水产养殖的排污影响，则急需进一步加快推进水产养殖污染防治工作。

6.2　典型海洋生态系统“十四五”形势分析

6.2.1　红树林生态系统生境仍有威胁

近年来，广西红树林受保护和重视的程度越来越高，随着《广西壮族自治区红树林资源保护条例》以及《国务院关于加强滨海湿地保护严格管控围填海的通知》等相关保护条例和管理措施的落实，红树林湿地保护力度进一步增强，面积也在不断增加。但在全球气候变暖、海平面上升和外来植物入侵的大背景下，红树林的生境仍存在威胁。过度的利用和强烈的人为干扰导致红树林矮化、稀疏化及生物多样性的大幅度下降，城市生活污水、工业废水直接或间接排放到红树林，诱发敌害生物泛滥。非法采砂活动导致岸线侵蚀崩塌、淤泥覆盖，引发红树林成片死亡的现象不时发生。围填海工程造成红树林生境破碎化，硬质海堤建设阻断了红树林和陆地生态系统的连通性，改变水动力特征，引起红树林退化。据《广西红树林资源保护规划（2020—2030 年）》，2011～2020 年，广西沿海红树林的外缘有缓慢向陆岸后退的趋势，红树群落正由成熟型向以白骨壤和桐花树为主的先锋群落类型逆行演替，低矮的白骨壤林和桐花树林占广西红树林总面积的 60%，70%的红树林高度不超过 2m，呈灌木林状。“十四五”期间，各项不利因素导致的部分红树群落类型逆行演替的趋势将逐渐凸显；而互花米草的持续蔓延入侵会给红树林生态系统健康带来较大危害。目前在红树林保护修复方面仍缺乏系统的生态修复研究，互花米草的治理效果仍然不理想，红树林保护形势依然严峻。为了更好地保护红树林生态资源，“十四五”期间需进一步提高红树林修复技术水平，加大互花米草治理资金投入以及加快其治理方案研发。

6.2.2　珊瑚礁生态系统人为干扰增加

根据《广西旅游“十四五”发展规划要点》以及《北海市全域旅游发展总体规划》，广西将在“十四五”期间加快北部湾国际滨海度假胜地的转型升级，集中开发建设包括涠洲岛在内的休闲度假景区；明确涠洲岛 “国际知名、国内一流的生态休闲度假海岛”的目标定位，将涠洲岛打造成为海岛特色鲜明、生态环境优良、产品类型丰富、设施服务一流的生态型度假海岛，创建国家级海岛旅游度假区，打造中国海岛旅游第一品牌。随着涠洲岛旅游开发活动的推进，观光和潜水的人数逐年增多，相应地客货运输也日渐繁忙，对珊瑚礁生态系统扰动程度也会越来越重。此外，不利于珊瑚礁生长的全球气候变化趋势无疑会给珊瑚礁的保护修复带来困难。结合“十三五”期间涠洲岛珊瑚礁的管理、保护和利用缺乏统筹规划的问题，“十四五”需加快实行相关管理办法，对涠洲岛的珊瑚礁资源实行更严格的保护以及更有效的利用。

6.2.3　海草床生态系统保护难度不小

“十四五”期间，随着铁山港港口码头的进一步开发建设以及必不可少的航道、港池等大型海洋疏浚工程的开展，海洋工程产生的悬浮泥沙有可能会加重对海草床周边海域的不利影响。周边渔民在海草床滩涂上挖螺、挖沙虫、进行底拖网作业等渔业生产活动的频率和强度只增不减。加上对海草本身的生长特性以及环境变化响应机理还没有研究透彻，海草资源的保护和管理难度很大。基于“十三五”期间广西海草资源缺乏相应的管理保护条例和办法的状况，“十四五”期间如要保持海草床生态系统健康稳定发展，需加快建立广西海草保护区和出台相关管理办法。

6.3　渔业资源和珍稀海洋动物保护“十四五”形势分析

6.3.1　近海渔业资源衰退趋势难扭转

在统筹谋划海洋经济高质量发展上，渔业资源的相关管理保护政策还不够精准，实施的措施不够具体；针对海域管理“面广、线长”的现状，伏季休渔监管仍有缺位，违规偷捕现象没有根治。随着广西沿海三市的海洋经济发展和人口的增加，未来对海产品的需求量也会相应地增加，因此对近海捕捞的压力将持续存在。虽然渔业资源养护不断加强，但在持续较高强度的捕捞下，广西近海渔业资源很难得到有效的缓解，而且渔业资源管理是个长期和动态的任务，短时间内很难达到理想的效果。目前，广西近海渔业资源已呈衰退的趋势，为了近海渔业资源的可持续发展，“十四五”期间，需进一步加强政府相关政策支持和引导，严格控制近海捕捞强度，大力发展近岸海水养殖业和远洋捕捞业，加强海洋牧场建设。

6.3.2　珍稀海洋动物保护不利因素增加

“十四五”期间，随着广西“向海经济”快速发展，向海大通道大产业大开放格局加速形成。作为我国西部最便捷的出海口，广西近岸海域往来船舶更加密集，在一定程度上会对这片海域的海洋动物造成潜在威胁。当前面临的主要问题是对这些珍稀海洋动物调查研究还不够全面深入以及救护保护能力不足。因此，当务之急是合理规划珍稀海洋动物保护区；规范近岸海域捕捞作业，改善渔业作业方式；有针对性地展开全面的、持续性的珍稀海洋动物资源调查工作。

6.4　“宜居宜业宜游”环境“十四五”形势分析

6.4.1　海洋环境风险增大趋势明显

一是陆域危险化学品及石油泄漏风险进一步增大。

根据广西沿海三市的“十四五”规划基本思路，北海市在“十四五”期间仍以产业发展作为第一要务，将按照产业树全景图，加快形成以电子信息、石油化工、新材料三大主导产业为核心的产业集群。钦州“十三五”期间石化、造纸等临港工业基本完成重大龙头企业布局，“十四五”期间将全面进入产业集群化发展阶段。防城港在“十四五”期间将围绕钢铁、有色金属、化工、能源、粮油、装备制造六大支柱产业，充分发挥龙头企业的带头作用，延伸产业链条，形成先进产业集群。但这些临港工业属于高耗能产业，面临国家关于绿色低碳发展的更高要求，节能降碳减排压力将前所未有，同时还面临产能过剩的风险，有可能成为产业发展的瓶颈。因此，“十四五”期间，广西临港大工业在扩量的同时要更加注重绿色循环发展要求，采取措施加快培育发展战略性新兴产业，构建具有广西特色、体现高质量发展要求的现代产业体系。

随着临港工业集群化发展，沿海石化和化工类企业在“十四五”期间将继续呈现增长趋势，虽然沿海规划思路表明未来临港产业集群注重绿色循环发展，但随着企业增多，其储运的油品及危险化学品数量仍会增加，因此，由该类企业带来的环境风险也将进一步增大。

二是北部湾港口发展使船舶运输量加大，海上溢油及危险化学品泄漏风险持续增加。

“十四五”期间，广西面临着国家“一带一路”建设推进、中国-东盟合作深化、西部陆海新通道建设和北部湾一体化等重大机遇，同时，也面临着我国即将步入高收入国家和经济高质量发展所带来的质量变革、效率变革和动力变革，在新时代广西也进入了一个新的发展时期。根据《西部陆海新通道总体规划》，北部湾将晋级国际门户港口，成为重庆四川产业和贸易的出海口，在西南内陆获得强大腹地。西部陆海新通道战略深入实施，全面打通广西与西部内陆省份的联系渠道，广西作为西部地区主要出海口的地位不断巩固和强化，西部内陆地区的贸易、产业将越来越多选择以广西沿海作为新的集散中心。

此外，广西沿海拥有大陆岸线 1629km 和海岛岸线 325km，分属防城港、钦州和北海三市。根据广西沿海三市港区总体规划，北部湾港规划利用港口岸线 219.109km（其中深水岸线 164.059km）（表 6.3），可建 834 个生产性泊位（深水泊位 566 个），年货物通过能力约 21 亿 t。

根据防城港市政府《防城港市城市总体规划（2008～2025 年）》，其预测防城港域货物吞吐量至 2020 年为 3.2 亿 t，2030 年为 4.2 亿 t，2020～2030 年年均增长 2.8%。根据《钦州港总体规划（2035 年）》，其预测钦州港域货物吞吐量至 2020 年为 1.24 亿 t，2030 年为 1.73 亿 t，2020～2030 年年均增长 3.4%。

根据广西壮族自治区人民政府《北海港总体规划（2035 年）》，其预测北海港域货物吞吐量至 2020 年为 8400 万 t，2030 年为 1.43 亿 t，2020～2030 年年均增长 5.5%；预测 2020 年防城港域旅客吞吐量为 250 万人次，2030 年为 350 万人次。

表 6.3 北部湾港口岸线利用规划汇总表 （单位：km）

港域名称	规划港口岸线长度		已利用港口岸线长度	
	总长度	其中：深水岸线长度	总长度	其中：深水岸线长度
防城港域	94.857	71.661	14.948	12.174
钦州港域	65.635	49.820	15.977	10.493
北海港域	58.617	42.578	8.409	5.691
总计	219.109	164.059	39.334	28.358

注：数据来源于《广西北部湾港船舶污染物接收、转运、处置能力评估及相应设施建设方案修编》（征求意见稿）。

由此可见，随着北部湾港口的迅速发展，“十四五”期间港口货物吞吐量及旅客吞吐量增加趋势明显，进出港船舶密度持续增大，发生船舶海上交通事故并导致海上溢油及危险化学品泄漏风险持续增加。

6.4.2 亲海空间管理能力仍然薄弱

随着公众对优美海洋生态环境的需求的增长以及海洋环境保护意识的进一步提升，公众对改善亲海空间质量的呼声也越来越高。根据《广西文化和旅游发展“十四五”规划》《钦州港总体规划（2035 年）》等，广西将在“十四五”期间加快北部湾国际滨海度假胜地的转型升级，亲海空间利用程度将进一步加大。但目前广西在亲海空间质量上仍有上升空间，对标发达地区的景区管理能力，广西部分景区管理能力还存在诸多薄弱环节，服务意识仍有待加强。为了改善公众亲海空间的质量，提高公众亲海幸福感，“十四五”期间首要任务是在增加亲海空间利用的基础上，进一步加强亲海空间的管理和监督；相应加大景区资金与人力投入，改善景区设备设施，提高管理服务意识。

第 7 章　广西美丽海湾保护与建设的目标与指标

7.1　广西美丽海湾保护与建设的总体目标

“十四五”期间，以增强老百姓的幸福感和获得感为目标，以满足老百姓对美好海洋生态环境的期盼为要求，在广西海洋生态环境质量总体保持优良的基础上，到 2025 年，实现广西典型海洋生态系统健康和自然保护区生态服务功能持续稳定，海洋环境风险得到有效防控，近岸海域环境综合监管、预警监测和应急能力显著提升，重点海湾生态环境质量持续稳定改善，公众对亲海空间满意度提升，入海河流稳定达标，陆源氮、磷污染物入海通量得到有效控制，进一步巩固提升广西近岸海域“水清滩净、鱼鸥翔集、人海和谐”的美丽海湾景象。让海洋生态环境能“提供更多优质生态产品以满足人民日益增长的优美生态环境需要”，让公众享受到碧海蓝天和洁净沙滩，切实提高老百姓对碧海蓝湾的获得感、对临海亲海的幸福感。

7.2　广西美丽海湾指标设置

以“两个一百年”奋斗目标和美丽中国建设目标为指引，立足广西沿海各地级市的海洋生态环境保护工作需求、突出广西典型海洋生态系统特色和满足公众对美好海洋环境的向往，在综合考虑国家和广西未来可能考核的相关指标、“十三五”期间尚未解决且需要延续到“十四五”继续解决的问题，以及针对当前广西海洋生态环境主要问题，紧紧围绕美丽海湾的总体要求，提出重点海湾海洋生态保护修复、陆域污染控制、海洋环境质量改善、公众临海亲海、海洋监管等规划目标和具体指标体系。到“十四五”末期，针对本底生态环境状况较优越的海湾，解决好仍然存在的海洋生态环境问题，建成全国第一批美丽海湾。广西美丽海湾指标体系详见表 7.1。

表 7.1 广西美丽海湾指标体系

序号	一级指标	二级指标	三级指标	单位	指标类型
1	水清滩净	入海污染治理情况	入海河流断面水质达标率	%	指导性
2		海水环境质量状况	近岸海域水质优良面积比例	%	约束性
3			近岸沉积物质量优良点位比例	%	指导性
4			廉州湾富营养化下降程度	%	指导性
5		岸滩环境质量状况	无废海滩数量	个	指导性
6	岸绿湾美	海洋生态保护与修复	近海与海岸湿地保有量	hm^2	约束性
7			红树林生态系统健康状况	—	指导性
8			红树林湿地修复面积	hm^2	指导性
9			自然岸线保有率	%	约束性
10			岸线修复长度	km	约束性
11			珊瑚礁生态系统健康状况	—	指导性
12	鱼鸥翔集	海洋生物多样性状况	新建海洋牧场数量	个	指导性
13			海洋特征物种种群稳定	—	指导性
14	人海和谐	亲海环境品质状况	海水浴场水质优良率	%	指导性
15			新增海水浴场数量	个	指导性
16			新增亲海岸线长度	km	指导性
17	美丽海湾	美丽海湾建设数量	美丽海湾数量	个	指导性

7.2.1 “水清滩净”——海洋环境质量改善指标

1. 陆域污染控制

陆域污染控制指标为入海河流断面水质达标率。

广西入海河流主要有 9 条河流 11 个断面：南流江南域监测断面、南流江亚桥监测断面、白沙河高速公路桥监测断面、南康江婆围村监测断面、西门江老哥渡监测断面、大风江高塘监测断面、钦江高速公路东桥监测断面、钦江高速公路西桥监测断面、茅岭江茅岭大桥监测断面、防城港三滩监测断面、北仑河边贸码头监测断面，对所有断面进行综合评价获取年度达标率作为考核指标，也是对“十三五”各断面水质评价指标的延续。

2. 海洋环境质量改善

①近岸海域水质优良面积比例：符合第一类、第二类水质海水面积分别占所辖近岸海域和重点海湾面积比例。区别于“十三五”点位法的统计，属于“十三五”指标的改善。

②近岸沉积物质量优良点位比例：优于第一类沉积物质量点位比例。属于新增指标。

③廉州湾富营养化下降程度：河口区平均富营养化指数降低程度，属于新增指标。

④无废海滩数量：海滨风景名胜区和海水浴场毗邻的岸滩、近岸亲水区无可见塑料垃圾、建筑垃圾、海漂垃圾及其他废弃物等。属于美丽海湾新增指标。

彩图 11 展示了广西美丽海湾水清滩净的景象之一。

7.2.2　“人海和谐”——公众亲海空间改善指标

①海水浴场水质优良率：海水浴场水质标准达到《海水水质标准》（GB 3097—1997）要求的第二类海水水质以上的监测次数与监测总次数的比例。属于美丽海湾新增指标。

②新增海水浴场数量：评估和建设海水浴场点位，纳入海水浴场水质考核。属于新增指标。

③新增亲海岸线长度：新增可让公众临海亲海的旅游观光、休闲娱乐等岸滩、栈道、护堤等。属于新增指标。

彩图 12 展示了广西美丽海湾人海和谐的景象之一。

7.2.3　“岸绿湾美”——海洋生态保护与修复指标

①自然岸线保有率：大陆自然岸线长度占总岸线长度的比例。为“十三五”指标的延续。

②岸线修复长度：通过整治修复，修复恢复自然岸线的长度。

③近海与海岸湿地保有量：近海及海岸湿地主要有红树林湿地、海草湿地、

潮间盐沼以及潮间淤泥质海滩几种类型。广西沿海主要以红树林湿地为主。为“十三五”指标的延续。

④红树林生态系统健康状况：红树林生态系统健康评价，包含红树林系统内的物种保护。属于新增指标。

⑤红树林湿地修复面积：统筹开展现有红树林生态系统中林地、潮沟、林外光滩、浅水水域等区域的修复，特别是对人工纯林、有害生物入侵、生境退化的红树林等进行抚育，采取树种改造、有害生物清除、潮沟和光滩恢复等措施，对红树林生态系统进行修复，提高生物多样性。属于新增指标。

⑥珊瑚礁生态系统健康状况：珊瑚礁生态系统健康评价。属于新增指标。

7.2.4 “鱼鸥翔集”——海洋生态物种保护指标

①新建海洋牧场数量：海洋牧场建设数量。属于新增指标。

②海洋特征物种种群稳定：中华白海豚种群数量保持稳定。属于新增指标。

彩图 13 展示了广西美丽海湾鱼鸥翔集的景象之一。

7.2.5 “美丽海湾”——第一批美丽海湾指标

美丽海湾数量：根据生态环境部对全国海洋生态环境保护“十四五”规划编制要求，到 2035 年，全国 1467 个大小不同的海湾都建成美丽海湾。到“十四五”末期，针对本底生态环境状况较优越的海湾，解决好仍然存在的海洋生态环境问题，建成全国第一批美丽海湾。广西对现有 41 个海湾进行湾区划分后选取适宜海湾建设成第一批美丽海湾。

7.3 广西美丽海湾指标值确定

到 2025 年，广西近岸海域水质优良面积比例达到 93.0%，水质级别保持为“优”；近岸沉积物质量优良点位比例达到 87.5%；海水浴场水质优良率达到 50%；各海湾中廉州湾富营养化下降不低于 10%，钦州湾、防城港和铁山港优良水质比例达到 50%。入海河流各监测断面水质与 2020 年相比不退化，优良率符合国家控制要求；县城污水处理率达到 96%。

到 2025 年，大陆自然岸线保有率不低于 37%；岸线修复长度 40km；红树林、珊瑚礁生态系统健康状况保持健康稳定；近海与海岸湿地保有量保持在 25.9 万 hm^2；红树林湿地修复面积 3500hm^2；新增海水浴场 1 个；新增亲海岸线 10km；中华白海豚种群数量保持稳定；新建海洋牧场 1 个；建成第一批美丽海湾。表 7.2 为广西“十四五”海洋生态环境保护指标体系。

表 7.2　广西“十四五”海洋生态环境保护指标体系

类型	领域	指标	单位	2020 年完成情况	2025 年目标	指标类型
水清滩净	陆域污染控制	入海河流断面水质达标率	%	90.9	不下降	指导性
	海洋环境质量改善	近岸海域水质优良面积比例	%	90.9*	93.0	约束性
		近岸沉积物质量优良点位比例	%	87.5	不下降	指导性
		廉州湾富营养化下降程度	%	富营养化指数均值为 1.1	富营养化指数下降不低于 10%	指导性
		无废海滩数量	个	0	2	指导性
人海和谐	公众亲海空间改善	海水浴场水质优良率	%	“十三五”17.6～99	50	指导性
		新增海水浴场数量	个	—	1	指导性
		新增亲海岸线长度	km	—	10	指导性
岸绿湾美	海洋生态保护与修复	近海与海岸湿地保有量	hm^2	25.9 万	25.9 万	约束性
		红树林生态系统健康状况	—	健康	健康	指导性
		红树林湿地修复面积	hm^2	—	3500	指导性
		自然岸线保有率	%	37	37	约束性
		岸线修复长度	km	32.9	40	约束性
		珊瑚礁生态系统健康状况	—	健康	健康	指导性
鱼鸥翔集	海洋生态物种保护	新建海洋牧场数量	个	/	1	指导性
		海洋特征物种种群稳定	—	—	中华白海豚种群数量保持稳定	指导性
美丽海湾	第一批美丽海湾	美丽海湾数量	个	—	5	指导性

注：*因 2020 年情况特殊，近岸海域水质优良面积比例数据不具代表性。根据国家考核目标设定原则，此项数据为 2018～2020 年平均值。

7.3.1　“水清滩净”指标

1. 陆域污染控制

陆域污染控制指标为入海河流断面水质达标率（指导性）。

根据《2016—2020年广西壮族自治区海洋生态环境质量报告书》，2020年广西入海河流Ⅰ～Ⅲ类水质的监测断面10个（占全部入海河流断面的90.9%），钦江高速公路西桥监测断面水质低于Ⅲ类。根据水质目标管理现状和入海河流综合治理进程，“十四五”断面水质要求不下降。按《广西生态环境保护“十四五”规划》最终考核要求确定。表7.3为广西各入海河流监测断面2018～2020年水质类别及“十四五”水质要求。

表7.3　广西各入海河流监测断面2018～2020年水质类别及“十四五”水质要求

河流名称	监测断面名称	“十四五”水质要求	2020年水质类别	2019年水质类别	2018年水质类别	汇入海域
南流江	南域监测断面	水质不下降	Ⅲ类	Ⅲ类	Ⅳ类	廉州湾海域
	亚桥监测断面		Ⅲ类	Ⅲ类	Ⅲ类	
大风江	高塘监测断面		Ⅲ类	Ⅲ类	Ⅲ类	大风江-三娘湾海域
白沙河	高速公路桥监测断面		Ⅲ类	Ⅲ类	Ⅳ类	铁山港海域
南康江	婆围村监测断面		Ⅲ类	Ⅲ类	Ⅲ类	铁山港海域
西门江	老哥渡监测断面		Ⅲ类	Ⅳ类	Ⅲ类	廉州湾海域
钦江	高速公路东桥监测断面		Ⅲ类	Ⅳ类	Ⅳ类	茅尾海海域
	高速公路西桥监测断面		Ⅳ类	劣Ⅴ类	Ⅴ类	
茅岭江	茅岭大桥监测断面		Ⅱ类	Ⅱ类	Ⅱ类	茅尾海海域
防城江	三滩监测断面		Ⅱ类	Ⅱ类	Ⅲ类	防城港海域
北仑河	边贸码头监测断面		Ⅲ类	Ⅲ类	Ⅲ类	北仑河口海域

2. 海洋环境质量改善

（1）近岸海域水质优良面积比例（约束性）

采取面积法计算优良水质比例。2020年，广西“十四五”国控40点位，符合第一类、第二类海水水质面积占所辖近岸海域面积比例为96.0%；2016～2020年水质状况级别为“良好”至“优”，优良面积比例为90.7%～96.0%（表7.4），“十三五”均值为93.1%。2021年10月27日，生态环境部正式确定广西“十四五”近岸海域水质优良比例目标值：2021年为91.5%，2025年为93.0%，广西水质优良比例“十四五”末较“十三五”均值提升3个百分点。

为了确保广西完成考核目标，需对广西沿海三市考核目标进行分解，设置方案。

表7.4　广西全域及沿海三市“十三五”近岸海域水质优良面积比例　（单位：%）

区域	近岸海域水质优良面积比例					
	2016年	2017年	2018年	2019年	2020年	“十三五”均值
北海市	93.1	95.3	95.0	95.0	98.9	95.5
钦州市	88.9	87.6	80.2	88.1	89.0	86.8
防城港市	95.9	95.5	95.2	96.0	98.9	96.3
广西全域	92.7	93.1	90.7	93.3	96.0	93.1

①各市考核方式和边界确定问题

“十四五”期间，近岸海域水质考核方式采用海域面积插值法，全年开展春季（4～5月）、夏季（7～8月）、秋季（10～11月）三期监测，年度评价以三期水质优良面积比例的算数均值（年均优良比例）作为考核数据。

因此，对各市的考核需要明确的海域评价范围。由于钦州市和防城港市对于交界海域茅尾海已有核定的海域边界，但北海市和钦州市交界海域大风江口海域暂无核定边界，根据2021年6月11日生态环境部海洋生态环境司召开的“全国沿海城市海水水质排名机制研讨交流视频会”的工作精神，结合《“十四五”国家海洋生态环境监测网络布设方案》中大风江口点位从属钦州的原则，广西壮族自治区生态环境厅已于7月向生态环境部申请明确大风江口海域全部划入钦州范围，该方案已获得生态环境部海洋生态环境司认同，国家海洋环境监测中心已下发核定后边界。根据核定后的边界，边界内海域仅作为考核区域，不作为行政区勘界的依据，其中，北海市考核海域范围约2887km^2，考核点位17个；钦州市考核海域范围约2094km^2，考核点位9个；防城港市考核海域范围约2134km^2，考核点位14个。

广西沿海三市中，总体上北海市和防城港市“十三五”期间近岸海域水质优良面积比例均值分别为95.5%和96.3%，2018～2020年平均近岸海域水质优良面积比例分别为96.3%和96.7%，均高于广西全域平均水平，钦州市相对较差，“十三五”均值为86.8%，2018～2020年平均为85.8%，离广西考核目标要求较大（表7.4）。

②各市水质目标确定的基本原则

根据广西考核目标要求，结合全国对各省的布设原则，初步拟定对广西沿海三市分解目标的原则如下。

一是近岸海域水质“只能更好，不能变差”。

广西沿海三市“十四五”近岸海域水质规划目标值须落实“只能更好，不能变差”的要求，原则上不得低于 2018～2020 年平均值（北海市 96.3%、钦州市 85.8%、防城港市 96.7%），确保广西达到国家要求。

二是因地制宜确定差异化目标要求。

广西沿海三市近岸海域优良水质比例的 2020 年现状值或 2018～2020 年平均值比广西“十四五”目标值（93.0%）低的，“十四五”期间的水质改善要求越高；近岸海域优良水质比例的 2020 年现状值或 2018～2020 年平均值比广西“十四五”目标值高的，要保持近岸海域水质稳中向好趋势。

在此基础上，充分考虑沿海三市近岸海域水质现状及水质改善的潜力，对三市“十四五”水质规划目标进行适当调整优化。

③广西沿海三市指标设置理由

北海市目标的考虑原则；北海市“十三五”考核范围内水质较差或波动较大的海湾主要位于铁山港和廉州湾，此两个海湾水质本底较好，1～2 个监测点位的近岸海域水质主要受到入海河流、海水养殖等方面的影响，通过加强局部的整治能全面提升水质。考虑到北海市发展空间和近岸海域水质可能的波动影响，将北海市“十四五”近岸海域优良水质比例定为 96.3%，同 2018～2020 年平均值（96.3%）持平。

钦州市目标的考虑原则：钦州市“十三五”考核范围内水质较差的海湾主要位于茅尾海，茅尾海水质历年持续为第四类至劣四类，“十四五”期间重点推进茅尾海的污染攻坚战，水质将得到进一步改善，因此考虑将钦州市“十四五”近岸海域优良水质比例定为 88.5%，高于 2018～2020 年平均值。

防城港市目标的考虑原则：防城港市“十三五”考核范围内水质较差的海湾主要为辖区内的茅尾海海域（约 53km^2），“十四五”期间重点推进茅尾海的污染攻坚战，水质将得到进一步改善。充分考虑防城港市发展空间和近岸海域水质可能的波动影响，将防城港市“十四五”近岸海域优良水质比例定为 96.5%。

（2）近岸沉积物质量优良点位比例（指导性）

沉积物采取点位法计算优良比例。2020 年“十四五”国控 40 点位第一类沉积物点位比例为 87.5%，2015～2020 年均值为 87.0%。根据保持“优良”级别不下降的原则，同时考虑到 87.0%已是较高的比例，确定广西近岸沉积物质量第一类沉积物比例目标为大于等于 85.0%。表 7.5 为 2015～2020 年海洋沉积物类别比例。

（3）廉州湾富营养化下降程度（指导性）

该海域“十四五”国控点位有2个（GXN05001和GXN05004），历年优良点位比例不高（2010～2020年除了2020年为100%其余为0～50%），采取“富营养化下降程度”作为指标考核水质改善情况。2020年廉州湾平均富营养化指数为0.1，2015～2020年为贫营养化至轻度富营养化，指数为0.1～2.3，6年均值为1.15。按保持海湾水质稳定不下降的原则，确定富营养化下降程度不小于10%。表7.6为2010～2020年廉州湾海域海水富营养化程度。

表7.5　2015～2020年海洋沉积物类别比例

年份	实测点位	第一类沉积物	第二类沉积物	第三类沉积物	劣三类沉积物	质量状况
2015	数量	32	5	1	0	一般
	占比/%	84.2	13.2	2.6	0	
2017	数量	31	3	0	1	优良
	占比/%	88.6	8.6	0	2.8	
2019	数量	35	2	0	3	优良
	占比/%	87.5	5.0	0	7.5	
2020	数量	35	2	0	3	优良
	占比/%	87.5	5.0	0	7.5	

注：沉积物每两年监测一期。

表7.6　2010～2020年廉州湾海域海水富营养化程度

监测点位	富营养化程度	2010年	2011年	2012年	2013年	2014年	2015年	2016年	2017年	2018年	2019年	2020年
GXN05001（GX0501）	水质类别	第三类	第四类	第二类	第一类	劣四类	第二类	第二类	第三类	第四类	第一类	第一类
	富营养化指数	2.2	1.8	0.4	0.4	8.1	0.8	1.7	1.6	3.4	0.5	0.2
GXN05004（GX0504）	水质类别	第一类	第三类	第二类	第一类	第三类	第二类	第一类	第一类	第三类	第四类	第一类
	富营养化指数	0.1	3.7	0.7	0.0	2.4	0.7	0.4	0.8	1.2	2.3	0.1
廉州湾海域（平均）	水质优良比例/%	50	0	100	100	0	100	100	50	0	50	100
	富营养化指数	1.1	2.7	0.6	0.2	5.3	0.8	1.1	1.2	2.3	1.4	0.1
	富营养化状况	轻度富营养化	轻度富营养化	贫营养化	贫营养化	中度富营养化	贫营养化	轻度富营养化	轻度富营养化	轻度富营养化	轻度富营养化	贫营养化

（4）无废海滩数量（指导性）

共北海银滩和防城港金滩 2 个无废海滩。

7.3.2 “人海和谐”指标

1. 海水浴场水质优良率（指导性）

2020 年，北海银滩海水浴场水质优良率为 72.2%，防城港金滩海水浴场为 70.0%；2015～2020 年北海银滩海水浴场水质优良率为 40%～99%，防城港金滩海水浴场为 17.6%～82%，基本均呈现水质下降趋势。以提高公众亲海水平为目标，确定北海银滩和防城港金滩海水浴场水质优良率均大于等于 50%。表 7.7 为 2015～2020 年北海银滩海水浴场和防城港金滩海水浴场水质优良率。

表 7.7 2015～2020 年北海银滩和防城港金滩海水浴场水质优良率 （单位：%）

海水浴场	水质优良率					
	2015 年	2016 年	2017 年	2018 年	2019 年	2020 年
北海银滩海水浴场	92	99	78	61	40	72.2
防城港金滩海水浴场	82	73	74	63	17.6	70.0

2. 新增海水浴场数量（指导性）

在钦州三娘湾（犀丽湾）建设一个海水浴场。

3. 新增亲海岸线长度（指导性）

在北海南岸、金滩、钦州茅尾海红树林公园等处新增亲海岸线共计 10km。

7.3.3 “岸绿湾美”指标

1. 近海与海岸湿地保有量（约束性）

根据第二次全国湿地资源调查结果，广西近海与海岸湿地面积为 25.9 万 hm^2，2025 年目标为不低于 25.9 万 hm^2。

2. 红树林生态系统健康状况（指导性）

根据 2016～2020 年山口红树林和北仑河口红树林的健康评价结果，至 2025 年，红树林生态系统健康状况维持稳定。

3. 红树林湿地修复面积（指导性）

2015～2019 年，广西新增和修复红树林共计 638hm^2。根据自然资源部和国家林业和草原局印发的《红树林保护修复专项行动计划（2020—2025 年）》《广西红树林资源保护规划（2020—2030 年）》，提出“十四五”期间修复红树林湿地 3500hm^2。

4. 自然岸线保有率（约束性）

根据 2017 年《广西海岸线调查统计报告》，广西自然岸线保有率 37.31%，超过《广西海洋生态红线划定方案》中设定的目标值（35%）。“十三五”期间，防城港和北海开展了“蓝色海湾”综合整治行动和生态修复工程，恢复和增加了自然岸线长度。在秉持广西良好海洋生态格局的基础上，结合“十四五”期间各项涉海重大战略部署安排以及广西北部湾典型后发展湾区向海经济发展的需求，将该指标定为 37%。

5. 岸线修复长度（约束性）

根据《广西海洋生态环境修复行动方案（2019—2022 年）》，到 2022 年，整治和修复受损岸线长度不少于 100km。2016～2019 年，“蓝色海湾”综合整治行动目标整治和修复海湾线指值为 36km，已完成 32.9km。“十四五”期间继续推行“蓝色海湾”综合整治行动，将该指标定为 40km。

6. 珊瑚礁生态系统健康状况（指导性）

根据 2016～2020 年珊瑚礁健康评价结果，涠洲岛珊瑚礁生态系统健康状况维持稳定。

7.3.4　“鱼鸥翔集”指标

1. 新建海洋牧场数量（指导性）

根据《国家级海洋牧场示范区建设规划（2017—2025 年）》，钦州三娘湾、北海近海海域 2 个海域在列。其中，三娘湾列入南海区国家级海洋牧场示范区的中长期建设规划和任务中，同时获得农业农村部以及广西壮族自治区资金支持。目前正扎实推进海洋牧场一期工程项目建设，2025 年完成三娘湾海洋牧场建设。

2. 海洋特征物种种群稳定（指导性）

根据近年的调查结果，广西近岸海域中华白海豚种群数量总体保持稳定。

7.3.5　“美丽海湾”指标

美丽海湾数量（指导性）：根据国家要求以及结合广西沿海三市美丽海湾选划，拟将其中的 5 个海湾——银滩岸段、涠洲岛、钦州湾钦州段、珍珠湾和防城港西湾建设成全国第一批美丽海湾。

第8章 广西美丽海湾保护与建设总体策略

8.1 广西美丽海湾保护与建设主要任务

8.1.1 保持优良海洋环境，展现“水清滩净”的美丽海湾

1. 强化污水收集处理，推进深海排放

一是进一步完善城镇污水处理厂配套管网建设，推进广西沿海三市深海排放管网建设，提升城市污水处理率。做好沿海三市深海排放区的论证调研工作，重点推进北海南部海域排污区、钦州市三墩排污区和国星市政排污口、防城港企沙南港排污区深海排放选定区论证和管网建设工作。加强建成区现有污水管网的排查工作，重点排查雨污混接、老旧劣质管及断头管情况，加快推进整改。

二是强化工业集聚区配套或依托的污水集中处理设施的管理和配套管网建设。做好工业废水预处理后的水质监控，以满足相应污水集中处理厂的进水水质要求，确保处理设施稳定运行、达标排放。加快建设北海市工业园污水处理厂集中至大冠沙污水处理厂深海排放建设工程，推进北海市合浦县龙港新区北海铁山东港产业园和钦州市北部湾华侨投资区污水处理设施建设。

三是加强入海排污口监管。针对不达标的新发现的非法和设置不合理的入海排污口进行清理整治，建立长效机制，确保全部入海排污口达标排放，避免反弹。

四是推进污水处理厂工艺改造和监管。对排口位于环境容量小、敏感海域的污水处理厂（如防城港市污水处理厂），鼓励优化升级污水处理工艺，使其尾水排放直接达到《海水水质标准》（GB 3097—1997）第四类水质标准。对已有污水处理厂加强监管，强化城镇污水处理设施氮磷去除能力，确保沿海城区、县区污水处理厂尾水排放稳定达到《城镇污水处理厂污染物排放标准》（GB 18918—2002）一级A标准。

2. 持续加强入海河流水环境治理

一是持续加强重点入海河流（钦江、西门江和南流江等）流域环境治理，继续推进落实《钦州市茅尾海污染防治实施方案（2019—2021年）》和落实南流江流域水环境综合治理攻坚方案，加强钦江、西门江和南流江等入海河流的整治，保障南流江南域、亚桥监测断面稳定达到Ⅲ类水质标准，西门江老哥渡监测断面稳定达到Ⅳ类水质标准。对钦江和南流江等入海河流的畜禽禁养区、限养区进行全面复查，严厉打击禁养区复养行为，规范限养区养殖污染治理，同时建立切实可行的长效巡查监管机制，避免问题反弹。

二是推动入海小河流综合整治。针对流程短、水量大、水质差的入海小河流开展排查和治理，重点推进防城港江平河、北海铁山河等小河流域的综合整治。

3. 加强水产养殖污染防控

一是推进禁止养殖区内的水产养殖清理工作。北海市、钦州市、防城港市及8个重点县区均已颁布实施养殖水域滩涂规划，禁养区、限养区和适养区已经划定，有效推进禁养区清理整治工作。

二是大力发展健康水产养殖，推进清洁化、生态化水产养殖方式和人工鱼礁、深水抗风浪网箱养殖、近海域增殖放流等标准化健康养殖模式，鼓励开展海洋离岸养殖和深水抗风浪网箱养殖，推进水产养殖污染治理工作，以防城港市出台的《防城港市海水养殖尾水处理模式技术指导意见（试行）》作为试点，进一步优化改造养殖池塘尾水处理设施，推动工厂化水产养殖和海水循环回用示范项目建设和生化处理池、沉淀池等尾水处理设施建设，加强试点经验总结，并优化提升，以期在广西沿海三市全面铺开。

4. 完善涉海管理基础研究和地方标准

健全海洋环境保护和海洋生态建设标准体系，充分发挥标准引领作用，贯彻落实国家有关海洋的各项环境质量标准及城镇污水处理、污泥处理处置等污染物排放标准。“十四五”期间，一是做好海洋基础研究工作。统筹考虑广西“十四五”期间沿海地区将布局的一批重化工、新材料、能源等重大产业项目对附近海域的环境容量和生态环境保护提出的更高要求，结合广西海洋环境质量现状、变化趋势，科学测算海洋环境容量、碳减排目标等，对新兴污染物［持久性有机污染物（POPs）和微塑料等］开展深入研究，并有针对性地从治理、技术、措施等方面开展研究并提出解决方法，实现产业高质量发展和生态环境保护的协调。二是制定、修订一系列涉海管理的地方标准，如完善对广西海洋环境功能区划修编；制定“十四五”相应海洋监测规划、北钦防一体化环境保护设施规划和沿海城乡污水排污区规划以及《城市水系生态环境修复技术指南》等；根据广西沿海养殖种类制定一批海水养殖相关规范和标准，如《海水石斑鱼池塘清洁养殖技术规范》《虾塘养殖尾水排放标准》《海水池塘养殖清洁生产要求》等多项环境保护和生态建设领域广西地方标准，不断健全环境保护和生态建设标准体系。

8.1.2　加强海洋生态保护，打造“岸绿湾美”的广西海岸

1. 严守生态保护红线，严格围填海管控

一是严格落实海洋生态保护红线制度。明确生态保护红线管控要求，构建红线管控体系。强化海洋生态保护红线监督管理，实施最严格的管控措施和海洋环境标准，在建设项目用海环评、排污许可、入海排污口设置等方面严格落实红线管控要求。二是开展海洋生态保护红线评估调整工作。根据国家建设生态保护红线监管平台的要求，加强广西生态保护红线能力建设，结合广西“三线一单”数据共享及应用平台，加强海洋生态保护红线监管，把该保护的海洋生态系统、海洋保护区、重要滨海湿地、重要砂质岸线和沙源保护海域等重要生态功能区切实保护好，确保广西海洋生态安全。三是贯彻落实《国务院关于加强滨海湿地保护严格管控围填海的通知》的要求。严格围填海管理和监督，严肃查处非法围填海行为，加强近岸海域湿地的开发建设活动管理，坚守自然岸线底线，层层压实各级政府主体责任，实施海岸线整治修复工程，全面推进海岸线分类保护和整治修复工作。每年开展一次广西滨海湿地和岸线遥感监测评估，准确掌握广西滨海湿地和岸线的动态变化，对非法侵占湿地和自然岸线的行为予以严厉打击。四是加快处置围填海历史遗留问题。妥善处置合法合规围填海项目，依法处置违法违规围填海项目，开展生态评估和生态保护修复方案编制工作，以此为依据组织开展生态修复。

2. 加大海岛、海岸带整治修复力度

持续巩固推进“蓝色海湾”综合整治行动，开展海岛、海岸带湿地生态保护修复工程。重点开展南流江口、大风江口等重要河口湿地以及铁山港、英罗

港、西村港等滨海湿地保护修复工作。对禁养区内的水产养殖池塘进行拆除或搬迁，全部或局部清除塘堤，补种红树等湿地植被，恢复湿地植被群落，清除有害入侵物种等。重点推进北海南部海岸带（银滩岸段、湿地公园、营盘岸段等）侵蚀、破坏岸段修复工程。采取环境整治、沙滩养护、硬质海堤生态化改造、红树林生物岸线生态修复、清退区内虾塘及残留堤围等措施，促进自然岸线结构完整、功能提升。加强北海涠洲岛等重点海岛资源环境承载力监测与评估，规范海岛开发利用方式及强度，促进宜居宜游海岛建设。对七十二泾内淤积严重、建有填海连岛堤坝的海岛，进行清淤和退堤还海。

3. 加强红树林保护及修复

（1）实施红树林生态修复

科学营造红树林。落实《红树林保护修复专项行动计划（2020—2025年）》，结合“蓝色海湾”综合整治行动、海岸带保护修复工程、湿地保护修复工程、沿海防护林体系建设等，加大资金投入，科学营造红树林，稳步恢复红树林面积。到2025年，计划通过实施宜林滩涂造林和宜林养殖塘退塘还林，在北海南部海洋产业园区岸段和湿地公园、山口红树林、茅尾海保护区以及北仑河口国家级自然保护区共新造红树林1000hm^2。

修复现有红树林。采用自然恢复和适度人工修复相结合的方式，统筹开展现有红树林生态系统中林地、潮沟、林外光滩、浅水水域等区域的修复。到2025年，计划修复现有红树林3500hm^2。2026～2030年，重点加强红树林造林地的管护、巡护，巩固造林成效。

（2）推进有害生物防控

实施互花米草专项治理。一是实施对互花米草群落的动态监测。对互花米草分布范围、面积、覆盖度等进行动态监测，掌握互花米草的生长状况，评估被侵入高风险区域，提前做好防范，把被动治理转变为主动防治。二是开展互花米草的整治工作。统一制定互花米草防治方案和监控方案，在互花米草集中分布区和典型区域如儒艮国家级自然保护区内以及北海南部的营盘岸段开展互花米草除治工作，有效抑制和预防其蔓延。到2025年，计划完成600hm^{2}互花米草专项治理，扼制互花米草蔓延势头。

加强潜在外来入侵物种管控。将无瓣海桑和拉关木明确为潜在外来入侵物种，严格禁止在自然保护区、自然公园和红树林保护小区引进、种植无瓣海桑和拉关木等外来红树植物。开展对自然保护区、湿地公园内已种植的无瓣海桑和拉关木的跟踪监测，并适时组织入侵性评估论证。推进自然保护地内的红树林营造工程和退塘还林工程，严禁使用外来物种。

加强病虫害防控。积极贯彻“预防为主、治早、治小、控制蔓延不成灾”的病虫害防治方针，加强红树林病虫害防控体系建设，确保红树林生态系统健康。在红树林集中连片分布的重点区域，重点在红树林自然保护区、红树林湿地公园等建设红树林病虫害监测预报点；采用先进科学的病虫害防治方法，坚持以生物防治和物理防治为主，完善、更新虫害防治设备；在海岸带营造半红树林带，招引天敌昆虫；控制海鸭养殖和养殖污染排放，减少团水虱以及藤壶对红树林的危害。

（3）提升保护监管能力

完善保护基础设施。加强野外保护站点、巡护路网、监测监控、有害生物防治等保护管理设施建设，利用高科技手段和现代化设备促进资源保护、巡护和监测的信息化、智能化。配备、升级管理和巡护队伍的技术装备，逐步实现规范化和标准化。为红树林自然保护地及红树林执法部门配备、更新一批机动性好的巡护船只，提高应对红树林破坏事件处理响应速度。在自然保护地以外的红树林集中分布区，设置宣传栏和警示标牌，提高公众保护意识。

健全保护管理机构和力量。按照优化协同高效的原则，整合优化红树林保护管理机构设置、职责配置和人员编制，引进红树林保护急需的管理和技术人才，充实红树林保护管理队伍力量，建设高素质专业化队伍，提升管理水平和管理成效。加强红树林所在地乡镇（街道）林业站管护能力建设，配备必要的巡护管理设施、设备。设置红树林专职护林员岗位，加强红树林一线巡护队伍力量，确保红树林野外巡护全覆盖，建立日常巡护工作制度，及时处理日常巡护中发现的问题。

（4）推进红树林种苗技术攻关

针对当前红树林种苗选育、幼苗抚育成活率保存率低等突出问题，统筹协调国内与红树林有关的研究机构和技术专家，立项安排专项资金进行技术攻关。坚持政府扶持、市场主导，提高红树林种苗供给能力。重点扶持技术力量雄厚的机构，扩大现有红树林种苗繁育基地，加强良种选育，鼓励有技术、有资金的社会企业参与红树林种苗繁育。在北仑河口国家级自然保护区以及防城港西湾红树林滩涂新建红树林种苗繁育基地，加强良种选育和壮苗培育等基础科研试验工作。尽快出台种苗繁育指导意见和造林用苗计划，通过政府采购、订单生产的方式，解决工程造林用苗。用于造林的种苗必须严格执行有关种苗标准，应采用乡土树种的本地种源育苗，原则上不使用外来树种。

4. 建立海草研究保护和管理机制

开展海草资源普查行动。在国家层面上对广西海草分布区的海草种类资源、海草床分布区域及其群落结构组成等特征进行详细调查，即全面启动海草种类资源和海草床分布的普查行动。主要对广西合浦、珍珠湾两处典型海草床开展生态系统健康监测评估。在此基础上，对广西海草种类进行濒危等级评估。

加快建立海草自然保护区。建立保护区是海草床生态系统保护与恢复的重要保障。当前广西海草保护区明显偏少且缺少国家级保护区，因此应在国家、省、市多个层面建立保护区与示范区，在保护区内加大对海洋环境及海草床生态系统的监控和保护力度，为研究海草的培植技术和海草床生态系统的恢复、修复技术提供实验平台。

加强海草恢复和种质资源保护工作。目前广西海草床退化的主要诱因仍不明确，海草床人工恢复研究刚刚起步，应加强海草床退化机理的研究。通过就近原则在广西壮族自治区合浦儒艮国家级自然保护区内开展海草床修复研究与示范建设（包括海草室内繁育基地和海草室外繁育基地以及海草规模化修复示范区），开展海草床的人工恢复实验，并探索海草床自然恢复的可行性，为大规模的海草床恢复提供实践经验。同时对一些濒危物种可进行就地、迁地保护以及室内种质资源保存及增殖技术研究。

加大公众宣传和教育力度。长期以来，由于公众对海草床的重要性认识不足，关于海草保护和修复工作难以开展。因此，要加大宣传和教育力度，利用多种途径宣传海草床的重要价值，增强人们保护海草床的意识。首先是加大海草保护在各级政府部门间的宣传力度，积极引导当地民众转变破坏海草的传统生产方式；其次是加大海草保护在当地民众间的宣传力度，通过新闻媒体报道、设立宣传牌、发放宣传手册等各种活动和方式向渔民及居民宣传、介绍海洋环境和保护海草的意义；最后是联合市海洋和渔业综合执法支队人员不定期地到海草床附近海域开展执法检查工作，发现违法用海、破坏海草行为及时纠正。

5. 强化珊瑚礁保护修复与管理

加强海洋公园规划与能力建设，完善管理机制。加快修改施行《广西涠洲岛珊瑚礁国家级海洋公园管理办法》，对涠洲岛的珊瑚礁资源实行更严格的保护。积极推进海洋公园项目建设，完善配套监视监控设备以及珊瑚礁生态试验基地。珊瑚礁资源适度利用区内合理划定珊瑚礁潜水观光区域；在珊瑚礁重点保护区内禁止对生态系统产生破坏的任何开发活动。确保“十四五”期间，涠洲岛珊瑚礁国家级海洋公园适度利用区的珊瑚礁健康评价等级保持在健康状态。

推进珊瑚礁生态恢复示范性项目工程。依托高校、科研院所等机构开展海洋公园的生态监测等科研工作。逐步推进完成珊瑚礁资源本底调查及可恢复性评估、工程恢复区设立、珊瑚幼体培育、珊瑚水下苗圃建设、珊瑚幼体的分批移植、珊瑚生物礁体投放以及珊瑚敌害生物的防控等工作。

6. 加快完善广西海洋生态补偿机制

完善《广西壮族自治区海洋生态补偿管理办法》，构建红树林、珊瑚礁和海草床海洋生态保护补偿和损害赔偿制度，建立相关标准体系，探索设立海洋生态整治修复专项基金、建立流域-海域联动的生态保护修复机制、开展海洋保护地等禁止开发区生态补偿机制试点示范，建立市场化、多元化海洋生态保护补偿和损害赔偿机制。将生态补偿纳入涉海工程建设的环境审批和竣工验收内容，通过对海洋生态受益者、保护者及建设者之间的利益关系进行平衡和调整，推动遭受破坏的海洋资源和生态得到相应补偿。

8.1.3　恢复海洋物种资源，实现“鱼鸥翔集”的海湾景象

1. 开展系统性海洋生物本底调查

由于广西沿海三市专业技术力量薄弱，目前尚没有能力针对广西近岸海域多数关键性物种展开全面的、持续性的资源调查工作。建议由省海洋与渔业厅牵头，争取国家有关方面的支持，市级相关单位配合，落实调查监测经费，加强调查和监测。在三娘湾建设中华白海豚等珍稀海洋动物保护救护国际合作研究与网络建设项目，摸清广西海域中华白海豚、江豚、布氏鲸和中国鲎等关键物种的数量、分布、季节性变化、栖息时间、活动范围、行为学特征等种群生态状况。同时建立鲸豚个体识别档案，分析并建立鲸豚栖息地核心特征信息，提出重点保护区域。同时开展全面的、系统性的渔业资源调查工作。以金线鱼、石斑鱼、鲹、鲷、乌贼、对虾、梭子蟹等广西近岸海域主要关键性种类的资源现状、变动趋势、群落结构和重要栖息地调查为重点，开展渔业资源和生态环境长期、连续、全面监测和评估，构建渔业资源数据库与共享平台，为广西近

岸海域渔业资源总量管理、水产种质资源保护区管理、渔业资源养护与生态修复、生物多样性保护等提供基础数据和技术支撑。

2. 统筹推进基于区域特征的海洋牧场建设

一是加强人工鱼礁建设工程建设。2018 年农业农村部在全国海洋牧场建设工作现场会上指出，要重点推进“一带多区”海洋牧场建设，力争到 2025 年建设好 178 个国家级海洋牧场示范区，到 2035 年基本实现海洋渔业现代化。目前广西海洋牧场不仅数量少，总面积也较小，显然不能满足北部湾海域渔业资源与海洋环境保护与修复的需要，对渔业资源的保护作用也有限。根据《国家级海洋牧场示范区建设规划（2017—2025 年）》，钦州三娘湾、北海近海海域 2 个海域在列。广西沿岸地区要积极响应会议精神和国家相关规划部署，科学合理地在北海和三娘湾海域建设国家级海洋牧场和海洋牧场示范区，促进北部湾海域海洋生态环境的保护和渔业资源的恢复。

二是科学选择增殖放流种类。目前广西海域渔业资源结构在人类活动和自然环境的扰动下，产生了逆行演替，由“成熟态”向“幼态”发展。在这样的环境背景下，选择具有性成熟早、繁殖力强、生长快的特征的渔业种类作为目前修复渔业资源的主要种类可能是比较有效的手段。基于这一认识，建议海洋牧场建设初期阶段选择放流种类时，将主要以浮游植物、浮游动物和小型无脊椎和脊椎动物为食的低营养级鱼类、甲壳类和头足类作为主要对象。而在将来海洋牧场建设达到一定规模和数量后，增加体型大、性成熟晚、寿命长的高营养级渔业种类，如石斑鱼类等的放流。这样才能形成稳定和完善的食物网，支持高营养级渔业种类的资源恢复。

三是加强政府相关政策支持和引导。将海草床生境构建纳入海洋牧场的建设中，依托现有的海草床进行修复和保护，海草床极高的初级生产力将为海洋牧场提供丰富的有机质来源，更重要的是海草床将为海洋牧场许多经济动物提供产卵场、育幼场。建议从沿岸浅水到深水，从更广阔的海域空间去规划、建设和管理海洋牧场，实现集环境保护、资源养护、渔业产出和景观生态建设于一体的现代海洋牧场的健康发展。

3. 完善渔业资源监测保护的法规制度建设

一是严格控制近海捕捞强度。实施海洋渔业资源捕捞总量控制制度，全力保障南海伏季休渔制度，继续执行海洋捕捞“双控”及捕捞量负增长政策，严格实施《打击电炸毒鱼等破坏海洋渔业资源专项整治行动工作方案》，严厉打击、整顿非法捕捞行为，确保渔区稳定与渔业可持续发展。科学合理地实行渔船轮休制，避免休渔期后报复性的不合理的捕捞。二是加强渔业空间管控。划定滨海湿地常年禁捕区，对接内陆水域禁渔和南海伏季休渔，推动河流-海洋、滩涂-近岸-浅海系统性渔业资源与生态环境保护。三是严格执行禁渔区制度，减少捕捞渔船数量。规范渔民的作业行为，改善渔业作业方式，控制网具规格，取缔电拖网渔船，对中华白海豚和江豚经常出现的水域严格控制拖网渔船及其他类型渔船的数量和作业方式。出台相应管理办法，严格管控海上塑料垃圾和渔网具的丢弃行为。

4. 提升海洋珍稀物种保护和救助能力

一是提升海兽救护能力和效率。集成现有以及国内外先进救护技术和经验，针对鲸豚活体救护、死亡搁浅、活体运输及救护场馆暂养等制定《海洋动物救护操作规程》和《海洋动物救护技术手册》。同时，协调各级政府相关管理部门、科研院校以及海洋馆等成立鲸豚的救护技术后盾，进一步完善搁浅救护信息网络，健全救护工作联动机制。与自治区渔政指挥中心沟通汇报，建立与渔政举报电话和 110 指挥中心联网信息机制，建立健全珍稀海洋动物救护的信息网络。二是修复珍稀海洋动物资源。多部门联合开展研究中国鲎等珍稀海洋动物繁殖和幼苗孵化培育技术。在北海南部海域、铁山港、防城港、珍珠湾、江山半岛等中国鲎的重要栖息地开展中国鲎增殖放流行动。

8.1.4　提升宜居宜业水平，构建“人海和谐”的美好环境

1. 加强海洋环境风险防控

一是建设涉海风险源管控系统。开展专项行动梳理全行业潜在涉海风险源，形成全口径涉海风险源管控清单；开展涉海风险源风险指数计算及陆海联动应急能力评估工作，形成有效的分级管理管控制度和应急管理台账。

二是加强石油和危险化学品风险防控。全面勘查近岸海域石油和危险化学品品类、品种、所在位置等情况。开展石油和危险化学品泄漏污染风险评估。基于石油和危险化学品物质流向，分析、评估危险化学品暴露的可能性及后果，确定企业环境风险管控等级，提出环境风险防范和控制管理措施建议，完善陆域环境风险源、海上溢油及危险化学品泄漏对近岸海域影响的应急方案。针对

沿海石油化工企业集中分布的区域特征，购置油指纹分析仪器设备，建立部分区块油指纹库。运用模糊综合评价方法评估溢油污染损害，预测溢油长期潜在的对环境的影响，为解决海上溢油事故中各类责任纠纷和选择适当的溢油应急响应措施提供重要的科学依据。

2. 强化应急响应和协同处置能力建设

一是建设应急指挥决策系统。基于地理信息系统，充分整合区域内环境管理、环境风险源、应急资源、环境敏感保护目标、应急处置技术与案例等数据信息，建立污染扩散预测预警模型，并构建充分运用5G通信技术的综合性环境应急指挥、协调与辅助决策信息系统。推进船舶监视监测系统建设，完善溢油监视雷达系统配备，升级改造甚高频（VHF）系统，扩建船舶交通管理（VTS）和闭路电视（CCTV）系统，完善各油品码头作业区溢油浮标跟踪系统配备。加快建设海洋生态保护红线、入海排污口、海洋倾倒区、涉海工程和船舶污染监管体系。进一步将卫星、空中、岸基等监视监测手段相结合，形成完善的溢油监测报警系统，实现溢油应急指挥部实时反馈船舶污染的相关信息。

二是加快完善应急物资储备与信息数据库。开展现有应急设备库检查与应急能力评估工作，结合区域应急能力建设要求，系统配置完善政府公用和企业自用应急物资及设备。定期对应急设备库进行维护，建设地方政府船舶污染应急设备库、岸线清污设备库及回收物陆上接收处置设施。按照“统一管理、合理布局、集中配套”原则，建设应急物资统计、监测、调用综合信息平台。整合区域内各职能部门应急物资装备、应急队伍、环保企业、重点物资生产企业的相关信息，构建环境应急资源信息库，实现环境应急资源信息化综合运用。

3. 全面提升环境应急监测水平

一是配齐各类应急监测设备。根据《生态环境应急监测能力建设指南》，加快完善自治区、市级海洋环境监测中心站环境应急监测车、应急监管指挥艇及必要的监测模块配备。构建应急监测移动实验室，配备具有综合应急监测能力的专业船舶、无人机、无人船，强化海洋应急监测能力。加强移动应急监测平台能力建设，全面提升应急监测装备水平。

二是强化应急监测队伍建设。加强海上应急监测能力建设，培养专业海洋应急监测人员队伍，分类实施海洋生态环境风险监测。联合各部门开展应急演练，提升人员素质，提升油品、危险化学品泄漏事故应急能力。建立政府船舶污染应急专职队伍，丰富应急专家智慧库，强化海洋应急人员定期培训，系统提升政府船舶污染应急专职队伍、船舶污染清除单位应急人员、港口企业及船舶企业等海洋应急人员的专业水平。

三是完善应急监测协同联动机制。结合生态环境监测机构改革，建立沿海城市“自治区—自治区驻市—市县”三级应急监测网络，对沿海城市应急监测分中心加大建设力度，完善区域联动的应急响应与调度支援机制，打造陆域 2 小时应急监测圈，有效应对行政区域内多起突发环境事件。建立监测预警模型及水质预警联动平台，建立监测与监管执法联动快速响应机制，提升突发环境事件应急监测能力水平。及时更新和完善各级应急预案，完善应急协作机制，切实加强区域、部门间协作，提升共同应对风险的能力。完善涉海部门间监视监测信息共享机制，加强各专业监测机构间的合作，建立有效的分工协作机制，促进数据资料的交换与服务，实现信息资源共享，为突发性环境事件的应急处置决策提供准确的数据支持。

4. 构建近岸海域环境自动监控预警体系

开发近岸海域环境自动监控预警管理系统。实现入海河流、直排污染源、海上污染源和近岸海域环境自动监测数据的同化集成，研究区域生态环境数学模型，构建近岸海域环境自动监控预警系统，科学引导环境管理与风险防范。

开展近岸海域赤潮灾害风险监测与应急处置方案的研究。根据海域特征开展近岸海域赤潮灾害风险评估，建立监测与应急处置方案，为赤潮灾害减灾防灾提供技术支撑。加强对北部湾赤潮和绿潮的发生、发展和消亡规律的研究，开发赤潮、绿潮预警预报技术和处置技术。充分利用现有的自动监测能力，综合运用卫星遥感、浮标、无人船、海底基和无人机等先进技术设备，实现管辖海域赤潮灾害高发海域陆基-岸基-海基立体化监控。加强赤潮、绿潮对核电站等重要企业取水的预警防控技术研究与能力建设，防范引起生产事故和环境风险。

5. 提升亲海空间质量和容量

实施亲海岸线整治工程。结合“蓝色海湾”综合整治行动，重点推进北海竹林、银滩等侵蚀、破坏岸段修复工程，加快退岸还滩和补砂养滩，拆除护岸海堤，拓展沙滩干滩（滩肩）。推动开展涠洲岛南湾整治修复沙质岸线工程，改善海岛岸线生态环境及景观。大力推进金鼓江区域下埠江段整治工程，修复护堤沿线的生态绿化和景观。

合理开发适宜亲海空间。统筹推进建设淡水湾生态滨水护岸及生态长廊，打造滨海湿地亲海空间景观。逐步推进廉州湾海岸廉州湾大道建设，打造开放式台阶，拓增亲海沙滩和休息景观。推动钦州茅尾海红树林公园以及红树湾公园栈道工程建设，营造以红树林生态系统观光为特色的亲海空间，加强人文与自然生态的融合。积极推进犀丽湾滨海浴场和辣椒槌沙滩浴场建设，增加公众亲海空间。

加强亲海空间环境监管。大力推进涠洲岛亲海空间品质提升工程，强化亲海空间管理，有效控制游客数量、规范相关娱乐经营活动，加强亲海空间公共服务设施建设。积极推进犀丽湾亲海品质提升工程建设，加强海滩周边入海排污口排查和监管工作，避免污水排入海水中对浴场造成污染。禁止海滩周边渔船进入景区，避免渔船生活污水、生产垃圾以及船舶维修废弃物等杂物对亲海空间造成污染。推进实施金滩海水浴场品质提升工程，铺设污水收集管网，强化排污监管，提高海水浴场水质。

加快建立海上环卫制度。完善海上环卫各项规章制度，统筹推进沿海和海洋垃圾治理，打造整洁海滩和洁净海面，实现岸滩、河流入海口和近海海洋垃圾治理常态化、规范化管理，建立监督考核机制，明确海上环卫工作具体负责部门，督促各有关部门相互配合，齐抓共管，形成合力，切实履行海上环卫工作职责。

完善亲海空间配套公共设施。加大资金与人力投入，完善景区停车场、洗浴场、卫生间以及垃圾投放箱等设备。增加环卫工人，配备垃圾收集船舶及相应垃圾清扫收集工具，提高管理服务意识，实行巡回保洁制度，加强各景区环卫保洁工作，及时清理打捞海上海滩垃圾，保持海上海滩干净。打造广西“无废海滩”亲海名片，以北海银滩和防城港白浪滩为试点，落实垃圾收集、运输和处理处置“一站式”服务，实施海滩垃圾全面整治工程。

8.1.5 提升监管执法能力，保障美丽海湾的稳定建成

1. 加大海洋环境监管执法力度

一是加大环境综合执法力度。强化落实排污许可证制度，依法查处违法排污或预处理不达标企业。加大城镇生活污水处理厂监控监管力度，充分发挥在线监控作用，对超标情况及时预警提醒，以例检、抽检的方式，依法追究超标

排放责任。强化工业企业、港口码头污染监管工作，完成广西沿海三市市区内排入市政管网的排水单位全面排查，严厉查处违反《城镇排水与污水处理条例》等相关法规的行为。沿海三市要组织市政管理部门和生态环境部门联合开展工业废水依托城镇污水处理厂排污企业排查，要求所有排污企业污水经预处理达标后方可进入管网，及时查处超标排污企业，保障城镇污水处理厂进水浓度处于合理范围。

二是严格审批水污染排放项目。进一步强化建设项目环评审批与污水处理设施建设情况挂钩机制，在园区污水处理设施建成之前，一律暂停审批和核准该园区内新增水污染物排放建设项目。

三是强化入海排污口排放监督管理。定期组织地方部门对入海排污口废水排放情况进行监督监测，各市强化对不达标排污口的清理整治工作。

四是进一步加大对非法养殖、围填海等活动的管控。开展近岸海域多部门联合执法，严格依法对涉及非法违规围填海、改变滩涂用途、水产养殖、采砂等的活动进行打击和清理，并建立联防联控机制，定期开展联合执法。

2. 提升海洋环境综合监管能力

一是继续推动建立陆海统筹的污染源管理体系。加快制定沿海城市主要污染物入海排放总量削减方案，实施总量控制，以实现污染物入海监管方面的以海定陆。试点推行“湾长制”“滩长制”，比如以大风江口、钦州湾、廉州湾和防城港等为重点，协同推进近岸海域污染治理。完善污染源管理体系，强化农业面源、移动源管理，建立统一的清单和数据库，逐步将所有污染源纳入排污申报登记管理程序中，实施动态监管。

二是完善流域协作机制，加强跨区域、海域水环境保护应急联动机制。开展北钦防三市环境执法一体化工作，建立信息共享机制、会商制度及联合执法制度，定期开展一次交叉执法检查。

三是加强海洋环境监测、监察队伍能力建设。通过一系列系统的培训、实践、考评和评先活动，全面提高执法人员执法水平。

8.2　广西美丽海湾保护与建设重大工程

广西现已确定由自治区层面推进的“十四五”的重大涉海生态环境工程主要有重点海湾污染治理工程、海洋生态保护修复工程、亲海岸滩“净滩净海”

工程、环境风险防范和应急响应工程、生态环境监管能力建设工程共五大类，总项目数为 125 个。

涉及广西整体海域的重大工程包含 3 类共 10 个项目，其中海洋生态保护修复类 3 个项目，生态环境监管能力建设类 5 个项目，环境风险防范和应急响应类 2 个项目。

北海市 6 个湾区和全市海域共 36 个项目，其中铁山港东侧岸段 4 个项目，铁山港 4 个项目，银滩岸段 8 个项目，廉州湾 8 个项目，大风江口北海段 1 个项目，涠洲岛 3 个项目，全市海域 8 个项目。

钦州市 3 个湾区和全市海域共 41 个项目，其中钦州湾 28 个项目，三娘湾 7 个项目，大风江口 3 个项目，全市海域 3 个项目。

防城港市 4 个湾区和全市海域共 38 个项目，其中钦州湾防城港段 3 个项目，防城港东湾（含企沙半岛南岸）6 个项目，防城港西湾（含江山半岛东岸）7 个项目，北仑河口-珍珠湾 7 个项目，全市海域 15 个项目。

具体详见表 8.1。

表 8.1　重大工程概况　　（单位：个）

区域	海湾	重点海湾污染治理工程	海洋生态保护修复工程	亲海岸滩“净滩净海”工程	环境风险防范和应急响应工程	生态环境监管能力建设工程	合计
广西			3		2	5	10
北海市	铁山港东侧岸段	1	3				4
	铁山港	2	1		1		4
	银滩岸段	1	4	3			8
	廉州湾	5	1	1	1		8
	大风江口北海段		1				1
	涠洲岛	1	1	1			3
	全市	1	3	1		3	8
钦州市	钦州湾	15	6	5	2		28
	三娘湾	3	1	3			7
	大风江口	2	1				3
	全市	1				2	3

续表

区域	海湾	重点海湾污染治理工程	海洋生态保护修复工程	亲海岸滩“净滩净海”工程	环境风险防范和应急响应工程	生态环境监管能力建设工程	合计
防城港市	钦州湾防城港段	2	1				3
	防城港东湾（含企沙半岛南岸）	4	1	1			6
	防城港西湾（含江山半岛东岸）	3	2	2			7
	北仑河口-珍珠湾	3	2	2			7
	全市	4	3		3	5	15

8.3　广西美丽海湾建设制度特点

8.3.1　美丽海湾多元共建有广度

推动美丽海湾建设应由政府主导的单一建设主体向多元共建主体转化。政府为主导、企业为主体、社会组织和公众共同参与，各居其位、合力共建，形成多层次、多主体网络化的美丽海湾保护与建设体系（康婧等，2021）。政府的主要责任在于海洋生态环境保护修复以及建设任务的设计与安排，海洋生态环境保护价值理念的引领与引导，生态环境问题治理中的服务与监管；企业的主要责任在于树立现代企业理念与改进企业生产模式，提高企业环保技术与发展清洁生产，加大环保资金投入与主动承担海洋生态环境保护责任；社会组织（特别是环保组织）的主要责任在于海洋生态环境保护理念宣传教育与环保知识普及，为政府、企业提供专业信息和咨询决策，搭建政府、企业、公众三者之间沟通的桥梁；公众的主要责任在于按照政府要求改变生产方式与转变生活观念，践行绿色低碳等环保行动，提高海洋生态环境保护意识与主动参与海洋生态环境问题治理，依法对海洋生态修复建设措施的制定与落实进行监督（周伟，2022）。“共同但有区别的责任”既明示了各主体共同责任，又明确了各主体主要职责，有利于各主体责任的落实和合作建设的有序开展。

8.3.2　美丽海湾多维建设有深度

美丽海湾建设包括突出生态环境问题治理、海洋生态环境保护修复以及重大项目工程的建设，是一个涉及政治、经济、社会、文化、科技等多层次多维度的复杂问题，涉及到对自然资源的占有、利用和分配问题，而这种占有、利用和分配总是在特定的社会体系、社会制度、社会意识形态下发生和展开的（黄建安，2015）。所以，要彻底解决生态环境突出问题，建设美丽海湾绝不能仅仅停留于技术层面，还需要调整制度、理念以及意识形态本身。党的十九大把坚持人与自然和谐共生，保护生态环境和建设生态文明纳入国家发展战略目标，这充分反映了党和国家对生态环境保护和生态文明建设的高度重视和坚定决心。我们必须树立尊重自然、顺应自然、保护自然的生态文明理念，把生态文明建设放在突出地位融入美丽海湾保护与建设各方面和全过程，坚持污染防治与生态保护修复并重，经济、社会和生态效益相统一，开创广西美丽海湾多维建设之路。

8.3.3　美丽海湾长建长管有力度

海洋生态环境保护、修复与建设绝非一时一日之功，不能只注重当前成效，需在长建长管长效上发力（齐玥等，2021）。一是建立高效规范的长效监管机制。面对广西美丽海湾存在的环境风险加剧、局部海域污染、生态系统功能退化等现象，可持续发展的监管理念聚焦于减少由经济建设开发造成的不良影响，同时建立良好的人与自然的关系。在机制实行过程中，需要不断细化完善生态补偿等立法机制，解决当前许多规范损害生态环境行为无法可依的局面，对于海域污染、生态破坏等问题，制定不同的规章制度和惩罚力度，保证机制有效运转。二是构建公开透明的考评机制，让公众与第三方机构共同参与到美丽海湾建设的目标考核考评中，并制定完善的制度以确保考核的客观公正性。同时，考核内容上要确保全面化，既要包括海水水质、近海与海岸湿地保有量等硬性指标内容，也要包括临海亲海幸福感、获取优质海产品等与公众生活息息相关的内容，更要涵盖海洋生物多样性、生态系统健康、海洋经济等海洋环境高质量发展与向海经济高水平保护的重要内容。

第 9 章　广西美丽海湾保护与建设实施方案

9.1　广西美丽海湾建设部署

9.1.1　美丽海湾责任主体

广西美丽海湾涉及广西沿海三市 9 个县区，其中不少海湾岸段跨市跨县区，比如铁山港，就涉及到北海市合浦县和铁山港区两个县区，廉州湾则涉及到北海市合浦县和海城区两个县区，如只笼统划分铁山港和廉州湾不利于行政管理和明确责任主体。目前，广西壮族自治区正全面推行湾长制，这与广西美丽海湾的保护与建设需求高度契合，因此，海湾岸段划分、保护、管理与建设工作应结合湾长制，按照分级管理、属地负责、单元管控的原则，构建行政区域与海域相结合的自治区、市、县组织体系。

1. 组织体系

自治区级湾长。设立自治区级总湾长，由自治区党委书记、自治区政府主席担任，副总湾长由自治区政府分管生态环境和海洋工作的副主席担任，并兼任钦州湾（含茅尾海）、铁山港、大风江口 3 个自治区级海湾的湾长。

地方湾长。北钦防三市及所辖县（区）设立地方总湾长，原则上由同级党委政府主要领导担任。各海湾管控单元可根据实际工作需要，进一步细化分区并自行设置市、县（区）、镇、村级湾长，原则上由同级党委政府有关领导担任。跨行政区域的管控单元原则上由上一级领导担任，同时分段设立本级湾长。

县级以上湾长设置相应的湾长制办公室，成员单位由同级发展改革、教育、工业和信息化、公安、民政、司法、财政、自然资源、生态环境、住房和城乡建设、交通运输、水利、农业农村、文化和旅游、应急、林业、北部湾办、大数据发展、海洋、海事、海警等部门组成，日常工作原则上由同级生态环境部门牵头负责。

2. 工作机制

湾长是美丽海湾保护与建设工作的第一责任人，负责对海湾生态环境保护与建设过程中发现或投诉举报问题予以解决或移交有关职能部门处理，或向上级湾长办公室、上级湾长报告。自治区级总湾长、副总湾长/执行湾长负责对自治区级湾长管控海湾岸段、下级湾长难以解决的海洋生态环境问题区域开展重点巡察工作，督促、协调解决典型、重大生态环境问题。

市、县（区）级湾长负责所辖行政区海湾岸段的保护与建设工作，内容包括：管控海湾岸段海域水质达标情况，生态环境保护督察、入海排污口达标排放情况，海滩及近岸海漂垃圾情况，海岸和海洋开发利用情况，红树林、海草床、珊瑚礁等重要海洋生态系统保护和修复情况，公众亲海空间维护情况，港口码头（含交通运输港和渔港）环境综合整治情况，养殖区环境污染治理情况，沿海农村环境综合治理情况，投诉举报问题的处理情况等。协调解决重大、疑难问题，投诉举报的重点、难点问题以及下级湾长巡湾发现上报的典型、重大问题，统筹推进广西美丽海湾建设工作。

9.1.2 美丽海湾建设范围

1. 岸段岸线细划

根据海湾岸段的自然属性、生态功能以及行政区域，结合湾长制工作管理制度中的责任主体，将广西美丽海湾细分为 20 个岸段，其中北海市 9 个，钦州市 4 个，防城港市 7 个，海湾岸段划分详见表 9.1。需注意的是，20 个岸段的细划仅为了明确行政管理和责任主体，在实际的美丽海湾建设实施方案和建设任务、重点工程中并不需要细划到 20 个岸段，根据海湾岸段相同的海湾生态属性、突出环境问题、症结成因以及目标指标，其建设任务和重大工程项目等内容也大致相同。

2. 岸段海域划分

除了考虑到岸段岸线的划分，还应根据岸段对应的海域生态特征、海洋功能区划以及考核目标指标进行海域范围的划定。建议各海湾岸段海域的划分从

表 9.1　广西美丽海湾岸段划分表

序号	海湾岸段		行政归属	空间范围 （起止点，坐标系 CGCS2000）	岸段总长/km
1	铁山港东侧岸段		北海市合浦县	粤桂分界线—合浦县白沙镇沙尾村， 109°44'58.56"N，21°33'49.26"E； 109°38'1.26"N，21°33'45.89"E	83.34
2	铁山港	铁山港合浦县段	北海市合浦县	合浦县白沙镇沙尾村—合浦县闸口镇仙人桥村， 109°38'1.26"N，21°33'45.89"E； 109°29'08.76"N，21°39'39.98"E	134.70
3		铁山港铁山港区段	北海市铁山港区	铁山港区南康镇黄丽窝村—铁山港区营盘镇黄稍村， 109°29'08.76"N，21°39'39.98"E； 109°29'28.28"N，21°28'34.02"E	66.24
4	银滩	银滩铁山港区段	北海市铁山港区	铁山港区营盘镇黄稍村—铁山港区营盘镇白龙社区， 109°29'28.28"N，21°28'34.02"E； 109°19'40.19"N，21°28'50.46"E	26.43
5		银滩银海区段	北海市银海区	银海区福成镇古城村—冠头岭国家森林公园， 109°19'40.19"N，21°28'50.46"E； 109°02'52.33"N，21°27'27.98"E	82.21
6	廉州湾	廉州湾海城区段	北海市海城区	冠头岭国家森林公园—海城区高德街道垌尾村， 109°02'52.33"N，21°27'27.98"E； 109°09'32.62"N，21°33'28.15"E	28.01
7		廉州湾合浦县段	北海市合浦县	合浦县廉州镇五四村—合浦县西场镇那隆村， 109°09'32.62"N，21°33'28.15"E； 109°0'16.16"N，21°36'16.50"E	77.02
8	大风江口北海段		北海市合浦县	合浦县西场镇那隆村—合浦县西场镇裴屋村， 109°0'16.16"N，21°36'16.50"E； 108°54'30.38"N，21°45'21.02"E	60.15
9	大风江口钦州段		钦州市钦南区	钦南区那丽镇土地田村—钦南区犀牛脚镇沙角村， 108°54'30.38"N，21°45'21.02"E； 108°51'46.25"N，21°37'34.33"E	258.16
10	涠洲岛		北海市海城区	涠洲岛含斜阳岛及周边海域*	32.00
11	三娘湾		钦州市钦南区	钦南区犀牛脚镇沙角村—尖岭山， 108°51'46.25"N，21°37'34.33"E； 108°42'33.75"N，21°43'59.48"E	60.65

续表

序号	海湾岸段		行政归属	空间范围 （起止点，坐标系 CGCS2000）	岸段总长/km
12	钦州湾钦州段（含茅尾海）	钦州湾钦州自贸区钦州港片区段	钦州市自贸区钦州港片区	尖岭山—七十二泾， 108°42'33.75"N，21°43'59.48"E； 108°35'7.49"N，21°46'19.06"E	64.37
13		钦州湾钦州钦南区段	钦州市钦南区	七十二泾—茅尾海钦防边界， 108°35'7.49"N，21°46'19.06"E； 108°27'45.89"N，21°53'55.90"E	132.88
14	钦州湾防城港段	钦州湾防城港防城区段	防城港市防城区	防城区茅岭镇沙坳村—防城区茅岭镇大山坳村， 108°27'45.89"N，21°53'55.90"E； 108°30'52.36"N，21°46'08.34"E	59.21
15		钦州湾防城港港口区段	防城港市港口区	港口区公车镇白沙村—港口区光坡镇符屋村， 108°30'12.53"N，21°44'22.98"E； 108°30'18.44"N，21°35'22.53"E	115.65
16	防城港东湾（含企沙半岛南岸）		防城港市港口区	港口区光坡镇符屋村—防城港 401 号泊位东侧， 108°30'18.44"N，21°35'22.53"E； 108°20'3.82"N，21°35'9.68"E	198.19
17	防城港西湾（含江山半岛东岸）	防城港西湾港口区段	防城港市港口区	防城港 401 号泊位东侧—针鱼岭大桥， 108°20'3.82"N，　21°35'9.68"E； 108°20'6.69"N，21°41'27.59"E	19.27
18		防城港西湾防城区段	防城港市防城区	针鱼岭大桥—白龙古炮台， 108°20'6.69"N，21°41'27.59"E； 108°12'46.95"N，　21°30'10.80"E	45.75
19	北仑河口-珍珠湾	北仑河口-珍珠湾防城区段	防城港市防城区	白龙古炮台—黄竹江口， 108°12'46.95"N，21°30'10.80"E； 108°13'00.75"N，21°37'35.66"E	44.36
20		北仑河口-珍珠湾东兴市段	防城港市东兴市	黄竹江口—中越交界， 108°13'00.75"N，21°37'35.66"E； 107°59'56.4"N，21°32'54.76"E	56.11

注：本表海湾岸段为结合实际情况与湾长制划分的美丽海湾实施岸段，岸段总长与对应海湾岸线长度有所区别。

* 闭环圆形岛屿，无起止经纬度。

县区分界处，即各岸段的起始点往外海垂直划分至广西海洋功能区划范围线，再根据指标值的设定进行适当调整。比如在实现约束性指标中“近岸海域水质优良面积比例”时，这一指标必须结合海域范围内国控或区控监测点位分布情况考虑，看该岸段对应的海域范围内是否布设有足够的水质监测点位用于评价水质优良面积比例，满足水质目标考核以及环境评价等需求。当垂直划分岸段海域后，如发现海域内用于评价水质的点位过少，为了便于水质的监测和考核，可适当调整划线，将附近已开展连续监测的水质监测点位的海域也纳入该岸段对应的海域范围中。

9.2　广西美丽海湾实施方案

为了便于美丽海湾的建设和实施，根据沿海市县区行政区域范围，将广西 20 个海湾岸段整合划分为 13 个海湾单元，16 个海湾子单元，其中北海市海湾分为 6 个海湾单元（同时为海湾子单元）：铁山港、廉州湾、银滩岸段、铁山港东侧岸段、大风江口北海段、涠洲岛；钦州市海湾分为 3 个海湾单元（同时为海湾子单元）：钦州湾钦州段、三娘湾、大风江口钦州段；防城港市海湾分为 4 个海湾单元（7 个海湾子单元）：钦州湾防城港段、防城港东湾（含企沙半岛南岸）（又分防城港东湾、企沙半岛南岸 2 个海湾子单元）、防城港西湾（含江山半岛东岸）（又分防城港西湾、江山半岛东岸 2 个海湾子单元）和北仑河口-珍珠湾（又分北仑河口、珍珠湾 2 个海湾子单元）。16 个海湾子单元中，5 个争取于“十四五”末期建成第一批美丽海湾，分别为：北海市的银滩岸段和涠洲岛，钦州市的钦州湾钦州段，防城港市的防城港西湾和珍珠湾。

9.2.1　北海市美丽海湾实施方案

1. 北海市美丽海湾实施基础

北海市，中国西部地区唯一列入全国首批 14 个进一步对外开放的沿海城市，拥有大陆岸线 528.16km，海岛岸线 145km，有涠洲岛和斜阳岛等海岛 56 个，海洋环境质量优良，自然资源优厚，海洋生物多样性丰富，发展潜力巨大。根据国家以及自治区的重大战略部署，北海市将重点提升海洋资源保障能力，打造绿色临港产业集群，升级发展向海传统产业，打造高新技术与海洋经济示范区、生态宜居滨海城市、海上丝绸之路旅游文化名城。

近年来，北海市认真贯彻落实自治区关于生态环境和海洋环境保护与近岸海域污染防治的决策部署，大力推进海洋污染防治和海洋生态保护修复工作：一是加强生活污水处理设施及配套管网建设和改造，完成了污水处理设施（红坎污水处理厂、合浦县污水处理厂、铁山港区污水处理厂）提标改造；二是环境整治和污染防治工作不断深入，完成入海排污口（53 个）清理整治，推进

“清洁海滩”工作，加大推进船舶污染防治现场监督检查，建立渔业生态养殖场池塘尾水治理养殖企业（5 家）；三是积极开展“蓝色海湾”综合整治行动，完成冯家江滨海国家湿地公园生态修复工程，持续推进银滩中区岸线生态修复工程。为北海市打造美丽海湾奠定良好基础。

（1）地方环境规划基础

北海市于 2022 年 9 月印发了《北海市海洋生态环境保护高质量发展“十四五”规划》。据此，北海市海洋生态环境保护 2035 年远景目标为：“建成‘水清滩净、鱼鸥翔集、人海和谐’的廉州湾、大风江口北海段，至此全面建成北海市全市全岸线美丽海湾，持续推进海洋生态环境保护政策的完善，健全现代化海洋生态环境治理体系；不断提升海陆空天地一体化立体监管手段，满足新时代海洋生态环境保护新要求；实现海洋生态环境根本好转的美丽愿景。”

“十四五”总体目标：“到 2025 年，北海市重点海湾海域水质持续改善，入海污染源得到控制；典型海洋生态系统退化情况得到遏制，海洋生物多样性保护能力增强，海洋生态资源有所改善；亲海空间环境状况得到改善，公众对亲海空间满意度提升；海洋生态环境监测监管和风险防范应急响应处置能力显著提高，海洋生态环境基础治理水平得到全面提升；海洋生态文明制度体系进一步完善，加快海滨都市、美丽海湾建设。”

“十四五”具体指标有以下四项。

第一，近岸海域水环境质量污染情况得到有效控制。到 2025 年，主要入海河流监测断面（南流江南域监测断面、南流江亚桥监测断面、西门江老哥渡监测断面、白沙河高速公路桥监测断面和南康江婆围村监测断面）维持总体消除劣Ⅴ类比例 100%，近岸海域水质优良面积比例达 96.3%。

第二，典型海洋生态系统和生物多样性得到妥善保护。到 2025 年，大陆自然岸线保有率不低于 35%；退围、退养还滩面积不小于 $44hm^2$；修复滨海（红树林）湿地面积 $1600hm^2$；珊瑚礁活珊瑚覆盖度维持 14.8%；营造红树林 $624hm^2$；持续清理互花米草至少 $460hm^2$；建设海洋牧场 2 个。

第三，亲海空间环境质量与品质得到有效提升。到 2025 年，修复沙滩岸线长度 3km，联通沙滩通道；基本建成银滩岸段美丽海湾 1 个。增强公众亲海的获得感与体验感。

第四，海洋生态环境监测监管能力得到有效发展。到 2025 年，建设海洋生态环境监测技术专业用房 1 个，加强海洋生态环境监测监管能力建设。

（2）北海市美丽海湾的划分

北海市共有一县三区：海城区、银海区、铁山港区、合浦县，主要海湾从东至西分别为铁山港、银滩岸段、廉州湾、大风江口北海段、涠洲岛。

铁山港：沿岸行政区域涉及合浦县、铁山港区，其中东面行政区域范围主要为合浦县白沙镇、山口镇，东面分布有山口国家级红树林生态自然保护区、合浦儒艮国家级自然保护区，涉及红树林、海草床等海洋生态系统，以及中华白海豚、绿海龟等珍稀保护水生生物，总体铁山港东面环境相对敏感。除了东面外，铁山港区域范围主要为铁山港区和合浦县闸口镇、公馆镇等，现状区域主要为乡镇和铁山港港口开发区域，分布有铁山港工业园区，总体铁山港西面环境以工业企业及乡镇为主。因此可以考虑将铁山港东面和其余铁山港划分区别。其中，铁山港东面海湾布设 2 个国控考核点位 GXN05005、GXN05008；铁山港海湾布设 2 个国控考核点位 GXN05003、GXN05018。

银滩岸段：沿岸行政区域涉及银海区和铁山港区，岸线现状主要以城镇和天然浴场风景区为主，可考虑单独划为一个海湾。海湾布设 1 个国控考核点位 GXN05007。

廉州湾：沿岸行政区域涉及海城区和合浦县县城、党江镇、沙岗镇等，因西面接连大风江口海湾，为了措施实际操作，可考虑按乡镇划分，沙岗镇以东划为廉州湾，沙岗镇以西纳入大风江口范围。廉州湾岸线现状主要分布为城镇、乡村，主要有南流江入海河流汇入，廉州湾总体沿岸环境较统一，可考虑单独划为一个海湾。海湾布设 4 个国控考核点位 GXN05001、GXN05002、GXN05004、GXN05015。

大风江口：大风江口为跨市海湾，接连北海市和钦州市，按海洋功能区海域市界划分，从大风江中线区分，以东为北海区域，以西为钦州区域。北海区域涉及行政区域主要为合浦县西场镇。大风江口岸线现状主要分布为乡镇，主要有大风江入海河流汇入，总体沿岸环境较统一，可考虑北海岸段单独划为一个海湾。海湾布设 1 个国控考核点位 GXN14008。

涠洲岛：距离北海市 15km 左右的海岛，有珊瑚礁生态系统，环境区域独立，可考虑单独划为一个海湾。海湾目前布设 3 个区控点位。

因此，结合上述县区行政区域和海湾地理特征，对北海市海湾进行划分，可分为 6 个海湾单元，分别为铁山港东侧岸段、铁山港、银滩岸段、廉州湾、大风江口北海段、涠洲岛。

2. 铁山港东侧岸段保护建设方案

（1）分布范围

铁山港东侧岸段位于北海市东部海域，部分处于广西与广东交接的英罗湾内，包含了北海市两大国家级自然保护区——山口国家级红树林生态自然保护区和合浦儒艮国家级自然保护区，涵盖《我国部分海域海岛标准名称》录中的丹兜海。岸线长度约为 81km，总面积约为 260km^2（不包括广东省境内海域面积）。

（2）存在问题

铁山港东侧岸段主要的问题为两个方面：区域典型海洋生态系统威胁、海湾河口局部污染存在。

①区域典型海洋生态系统威胁

一是局部红树林生境受到破坏。2017 年，合浦县白沙镇榄根村部分白骨壤林区被大量高岭土悬浮物和填土泥沙溢流淤积，被潮流或雨水冲刷淤积于林内，造成呼吸根被埋，导致白骨壤林死亡。同年 12 月红树林开始受损（约 8.25 亩），此后受损面积逐年扩大，2018 年 10 月 71.55 亩，2019 年 6 月 141.30 亩，2020 年 4 月达 257.67 亩，迄今尚无稳定迹象。

二是红树林虫害发生率较高。山口国家级红树林生态自然保护区每年均发生不同程度的虫害，主要虫害种类为广州小斑螟。

三是外来物种互花米草入侵严重。互花米草侵占红树林和海草床生境，广西互花米草分布面积最大的区域位于该海湾的丹兜海，互花米草除了占据红树林宜林滩涂，还入侵至稀疏的红树林内部；在山口国家级红树林生态自然保护区，部分互花米草已经入侵至红树林下。互花米草不仅压缩了红树林恢复的空间，还直接危害红树林的生态健康，并对大型底栖动物群落多样性产生严重影响。

四是海草床生物多样性衰退。海草床生态系统退化，合浦海草床的面积呈现较大的波动趋势，保护区内滨海湿地被侵占；海草种类开始呈现单一化趋势，日本鳗草加速退化。

五是围填海侵占滨海湿地，铁山港东岸港口码头吹填增加。

②海湾河口局部污染存在

一是入海河流水质未能稳定达标：汇入该海湾的入海河流有白沙河，水质不稳定，总磷超标频次较多，在“十三五”期间曾多次下降至Ⅳ～Ⅴ类。

二是直排入海排污口未能全部达标排放：汇入铁山港的直排入海排污口中，沙田码头市政排污口排污不稳定，其中2019年4次监测仅有1次达标。

三是海水养殖问题突出：主要表现为海湾对虾养殖池塘广泛分布、海湾北部插桩养殖密度大、近岸海域网箱养殖普遍、禁养区非法养殖清理不到位。

四是海鸭养殖影响水质环境：铁山港沿岸滩涂普遍存在的海鸭养殖对周边海域环境产生不利影响。

（3）症结成因

在海洋生态方面：一是港口码头等海洋工程建设影响红树林生境，航道疏浚、抽砂洗砂破坏海草生境；二是人为生产生活干扰及养殖废水排放间接引发红树林虫害，传统赶海作业、浒苔暴发以及互花米草入侵对海草床扰动较大，影响海草生长；三是互花米草治理难度较大，经费不足。

在区域河口海湾污染方面：一是入海河口周边乡镇雨污分流不彻底，农业面源污染等影响白沙河水质；二是合浦儒艮国家级自然保护区内存在养殖场非法养殖等人类活动影响，侵占合浦儒艮国家级自然保护区内滨海湿地，影响海草床的生存条件；三是受围海养殖等人类活动影响，互花米草入侵侵占山口国家级红树林生态自然保护区内红树林生存空间。

（4）目标指标

一是在"十四五"期间，白沙河高速公路桥监测断面水质保持达标。

二是至2025年，在铁山港东侧岸段实施退塘还林，新造红树林面积达到国家下达指标。红树林生态系统保持健康稳定。

三是至2025年，清退合浦儒艮国家级自然保护区内非法养殖行为，科学开展保护区内海草监测和生态修复。海草床生态系统保持健康稳定。

四是至2025年，清除山口国家级红树林生态自然保护区内威胁红树林生存空间的互花米草。

（5）任务工程

开展入海河口综合整治工程。在白沙河入海河口区域针对白沙河进行综合整治工程，使入海监测断面水质持续达标。

开展海岸带生态修复工程。在山口国家级红树林生态自然保护区内推进山口红树林生态系统滩涂造林工程，优先实施自然保护地范围内的宜林滩涂造林，开展退塘还林工程，保护地内的宜林养殖塘全部腾退。

开展合浦儒艮国家级自然保护区海草规模化修复示范项目。对保护区内养殖场进行清退工作并对所占用湿地进行海草斑块规模化移植，布设管护设施，进行海草修复监测，修复海草种类为卵叶喜盐草、贝克喜盐草和日本鳗草。

开展互花米草专项治理工程。在山口国家级红树林生态自然保护区内运用刈割加遮阴的综合物理防控方案，有效清除互花米草。

3. 铁山港保护建设方案

（1）分布范围

铁山港涵盖《我国部分海域海岛标准名称》中的铁山港，位于北海市东部海域，与广东省英罗港相邻，是一个狭长的台地溺谷型海湾，呈南北走向，形似喇叭，湾顶位于铁山港区与合浦县交界处，岸线长约 190km，总面积（陆域及海域）约 259km^2。

（2）存在问题

铁山港主要的问题为三个方面：海湾河口局部污染加重、海洋环境潜在风险增加、区域典型海洋生态系统遭到破坏。

①海湾河口局部污染加重

一是铁山港近岸海域局部水质不能稳定达标，下降明显，呈现中度富营养化。近年来，铁山港局部海域监测水产养殖区站点（GXN05018 点位附近）水质有所下降，氮磷营养盐浓度呈现上升趋势，达到中度富营养化状态。2016 年以来连续 4 年的丰水期均出现超标。2019 年丰水期以及平水期连续两个水期出现超标，超标的风险开始显现。

二是直排入海排污口未能全部达标排放。2019 年，汇入铁山港的 9 个直排入海排污口中，有 4 个直排入海排污口出现超标排放，超标率范围 25%～75%。

三是污水沿岸直排现象存在，沿岸大部分乡镇生活污水未得到有效收集处理、工业园废水未得到全面处理等，导致沿岸污水直排入海现象较严重。

②海洋环境潜在风险增加

一是北海辖区港口码头未配备船舶污染物接收设施。重点表现为铁山港内码头未配备船舶污染物接收设施，未建立污染物接收转运机制。

二是涉海部门间监测信息共享渠道未完全打通，监测信息未得到有效整合，应急信息系统的建设工作仍待完善。铁山港目前主要发展港口运输，陆域周边分布有石化产业园区，涉海风险源较为集中，但是未形成风险源清单，未开展涉海风险源风险指数计算及陆海联动应急能力评估工作，没有形成联动的跨部门涉海监测系统。

③区域典型海洋生态系统遭到破坏

重点表现为铁山港常见有红树林分布，但未划入保护区范围，缺乏有效的保护，同时，互花米草入侵形势严峻，铁山港互花米草进入相对稳定扩散期。

（3）症结成因

海湾河口局部污染加重方面：一是随着向海工业发展，工业废水增多，海湾环境容量较小，导致铁山港近岸海域局部水质波动较大。二是污水处理配套管网建设滞后，运行负荷率低。铁山港工业园区污水处理厂配套管网建设滞后，运行负荷率不到 20%。闸口、公馆等乡镇污水处理负荷率未达到 70%。三是龙港新区北海铁山东港产业园污水处理厂及尾水排放管网建设滞后，河道污水直排口截留不彻底、城市管网雨污分流不彻底、内河水体影响、河道内养殖尾水影响以及农村污水处理设施不完善。四是海水养殖整治未有有效成果，沿岸海鸭养殖未得到全面有效整治。

海洋环境潜在风险增加方面：一是铁山港沿海布局石化行业逐年增多，且根据《北钦防一体化规划》，未来还将布局石油化工企业。油品及危险化学品在储存、装卸、运输过程中可能发生泄漏，但海湾尚未形成有效的分级管理管控制度和应急管理台账，监管体系不完善；二是码头运营单位不能提供相应的船舶污染物接收服务，船舶污染物大部分由船舶污染物接收单位接收处置。

区域典型海洋生态系统遭到破坏方面：人类活动导致部分白骨壤林区内大量高岭土悬浮物和填土泥沙溢流淤积。

（4）目标指标

一是至 2025 年，建成深海排放管道，改善铁山港海域水质，确保海湾国控监测点位达到考核要求，缓解铁山港局部海域水质超标压力。

二是至 2025 年，铁山港内每个港口码头配备船舶污染物接收设施并运转良好。同时建成污染物转运码头，建立污染物接收转运机制，明确各部门监管职能。

三是至 2025 年，清退铁山港禁养区内水产养殖；科学修复红树林。

四是至 2025 年，形成有效的分级管理管控制度和应急管理台账，打通涉海部门间监测信息共享渠道。

（5）任务工程

开展龙港新区北海铁山东港产业园污水处理厂尾水深海排放工程项目。推动龙港新区北海铁山东港产业园（临港污水处理厂）、龙潭产业园污水处理厂（即伟业污水处理厂）排水深海排放。

开展港口码头污染接收能力建设工程。建设港口码头船舶污染物接收、转运设施，其中铁山港西港区啄罗作业区西北侧的港口支持系统岸线和石步岭作业区规划岸线适合未来规划，预留该岸线建设污染物转运码头并建立污染物接收转运机制，明确各部门监管职能。

开展滨海湿地保护修复工程。在铁山港滨海湿地开展生态保护修复工作，对禁养区内的水产养殖进行拆除或搬迁，清除枯死木、补种红树等湿地植被，恢复红树林。

采取涉海环境风险源管控系统建设措施。通过专项行动梳理全行业潜在涉海风险源，形成铁山港全口径涉海风险源管控清单；开展涉海风险源风险指数计算及陆海联动应急能力评估工作，形成有效的分级管理管控制度和应急管理台账。

4. 银滩岸段保护建设方案

（1）分布范围

银滩岸段位于北海市南部海域，是平直海岸段及中小港口的集合体，涵盖了《我国部分海域海岛标准名称》中的西村港、南港、沙虫寮港、电白寮港、白龙港和营盘港。岸线长约 111km，总面积约 181km^2。东部有南康江汇入。滨海旅游和生物资源丰富，拥有北海滨海国家湿地公园和 AAAA 级北海银滩国家旅游度假区。

（2）存在问题

银滩岸段主要的问题为四个方面：区域典型海洋生态系统遭到破坏、海洋生物资源衰退、公众临海难亲海、海湾河口局部污染。

①区域典型海洋生态系统遭到破坏

主要表现为滨海湿地生态系统面临威胁。外来入侵物种互花米草威胁滨海湿地生态系统，形势严峻。局部海堤分布在红树林等重要滨海湿地范围内。红树林虫害发生率较高，近年来北海南岸草头村、银滩、冯家江等地红树林出现团水虱入侵导致红树死亡。

②海洋生物资源衰退

一是渔业资源存在衰退趋势。银滩岸段海域为北海市海洋渔业主要区域。近十年来北海市海洋渔业捕捞量及主要价值资源渔获量明显降低，渔业捕捞量从 2014 年的 65 万 t 下降至 2018 年的 55 万 t；渔业资源密度从 20 世纪 60 年代的 3t/km^2 下降至 2010 年的 0.5t/km^2。

二是海兽搁浅和死亡事件时有发生，2015～2019 年每年都发生数起中华白海豚、江豚以及布氏鲸等海兽搁浅和死亡事件。

③公众临海难亲海

一是海滨浴场、滨海旅游度假区等环境综合质量差。沿海海漂和海滩垃圾数量较大，从北海侨港海域海水浴场、钦州三娘湾旅游风景区、防城港白浪滩旅游区海洋垃圾监测的数据来看，海滩垃圾数量密度为 4.1 万～12.1 万个/km^2，中小块以上海漂垃圾数量密度为 2000～6000 个/km^2。

二是亲海空间公共服务设施建设不足。海水浴场优良率下降，2015～2019 年，北海银滩海水浴场优良率从 90%下降到 40%，防城港金滩海水浴场优良率从 82%下降至 17.6%，海水浴场超标因子主要为粪大肠菌群。现有亲海空间公共服务设施难以满足需求、拥堵等现象突出；部分景点垃圾桶、公厕等基础服务设施较为缺乏、品质有待提高。

三是缺少公众亲海联通通道。银滩中区岸段沙滩、竹林出现侵蚀情况，砂质流失，沙滩不联通，影响亲海体验。亲海空间利用不充分，部分渔港海域海漂垃圾严重。

④海湾河口局部污染

主要表现为入海河流水质不稳定。位于银滩岸段上游的南康江婆围村监测断面水质在“十三五”期间不能稳定达标，总氮浓度较高，2019 年以来南康江超标率（III类标准）达 25%。

（3）症结成因

区域典型海洋生态系统遭到破坏方面：主要是硬性海堤阻碍红树林向内陆一侧后退，一定程度上阻断了海岸带能量输送和物质交换，割裂了海岸带生态系统的完整性。同时互花米草入侵形势严峻，营盘港青山头互花米草进入相对稳定扩散期。

海洋生物资源衰退方面：一是广西近岸海域捕捞强度较大，近年年均捕捞量超过广西近岸海域渔业资源最大可捕量的 11 倍；长期不合理、无选择性的捕捞模式，打破海洋渔业生物种群的均衡性，超过了海洋渔业生物种群的最大可持续产量，海洋渔业资源出现衰退，直接影响了海洋渔业生物种群的繁衍。二是海洋牧场能力建设不足，目前广西在建海洋牧场示范区仅 3 个，其中国家级海洋牧场仅有 2 个。海洋牧场生境改造方式单一，没有将红树林、海草床、珊瑚礁等北部湾特有的生态系统发挥的作用考虑进来。增殖放流种类的选择，没有更多考虑广西近岸海域生态系统和渔业资源的特点。三是周边海域渔民的非法作业以及丢弃在海里的塑料制品、渔网具是导致鲸豚死亡的主要因素。

公众临海难亲海方面：银滩岸段内渔港普遍环保基础设施建设不足、管理能力和资金投入不足。亲海廊道等设施通道较为缺乏，居民抵达亲海空间的路径选择性较少。一些亲海沙滩因为局部水动力不足导致岸滩不稳固，砂质容易流失。

海湾河口局部污染方面：主要是南康江流域存在农村生活污水直排情况，直接影响南康江水质情况。

（4）目标指标

一是至 2023 年，在南康江流域建成 11 处集中式污水处理设施，减少农村生活污水直排现象，削减污染物排放，入海监测断面总氮浓度呈下降趋势。

二是至 2023 年，在北海海洋产业园内修复红树林、生态化改造海堤；在北海海洋产业园内建成亲海廊道及监测与生态体验平台；修复银滩岸段沙滩岸线，包括修复沙滩、退围还滩、拆除护岸海堤，维持完整海滩形态，提升公众亲海体验；完善南澫渔港、侨港环保基础设施，各建设 1 个游客中心，提高游客亲海体验。

三是至 2025 年，在银滩沿海滨海湿地清除互花米草，修复红树林和科学营造红树林；在银滩岸线所在海域建设资源修复型海洋牧场 2 个。

四是海水浴场水质优良率达到国家要求。

（5）任务工程

开展入海河流综合整治工程。进行南康江综合整治工程，针对沿岸 12 个村委建设 11 处集中式污水处理设施及配套管网实施控源截污。

开展海岸带生态保护修复工程。在北海海洋产业园区（银滩）开展海岸带修复工程，包括修复红树林湿地生境、硬质海堤生态化改造工程以及生态化改造硬质海堤等。

开展河口及滨海湿地保护修复工程。开展银滩岸段沿海滨海湿地生态保护修复工作，补种红树等湿地植被、恢复湿地植被群落、养护生境、清除互花米草、新建红树林等。

开展渔业资源保护工程。推进海洋牧场建设，建成银滩南部海域国家级资源修复型海洋牧场示范区，在北海冠头岭西部等海域建设资源修复型海洋牧场 2 处。

开展渔港综合治理和景观提升工程。对南澫渔港、侨港等渔港进行环境综合治理，完善环保基础设施。各建设 1 个游客中心，升级改造渔港公共空间，结合文化型标志项目建设，彰显渔农文化。

开展海洋产业园亲海廊道建设工程。建设跨海廊道、跨堤廊桥、主廊道、科普栈道、监测与生态体验平台；实施生态体验与自然教育设施建设工程，建设红树林生态物联网大数据可视化集成工作站、广西海洋自然童书馆、红树林小型博物馆，红树林湿地鱼类活动可视化系统、红树林湿地水质自动监控系统、红树林地理管道原位生态保育实景模拟设施等。

开展亲海岸线品质提升工程。重点推进北海竹林、银滩等侵蚀、破坏岸段修复工程，修复沙滩岸线。通过退堤、退岸还滩和补砂养滩，修复沙滩，拆除护岸海堤，拓展沙滩干滩（滩肩）。同时在中区岸线咸田港开展退围还滩修复工程。

5. 廉州湾保护建设方案

（1）分布范围

廉州湾地处广西近岸海域东北部，北海市区北侧，口门南起北海市冠头岭，北至台浦县西场镇的高沙海湾，湾区涵盖《我国部分海域海岛标准名称》中的廉州湾、高德港和外沙内港，位于北海市西部海域，有南流江、廉州江、七星江等河流汇入。岸线长约 100km，总面积约 431km^2。

（2）存在问题

廉州湾主要的问题为三个方面：海湾河口局部污染、区域典型海洋生态系统遭到破坏、公众临海难亲海。

①海湾河口局部污染

一是廉州湾海水水质形势不乐观。突出表现为廉州湾区内 GX025 北海市北海港区监测站点水质呈下降趋势，主要污染物为无机氮、活性磷酸盐。2016～2020 年廉州湾营养盐呈现缓慢上升趋势，活性磷酸盐上升趋势明显，2019 年无机氮和活性磷酸盐均达到 5 年的最高值。主要超标点位是北海外沙港附近和南流江江口附近点位。

二是海湾富营养化加重。2016～2020 年富营养化从贫营养化变成轻度富营养化，局部海域（南流江口）为中度富营养化。

三是入海河流河口水质情况不稳定。“十三五”期间，廉州湾湾区上游入海河流南流江、西门江监测断面水质波动，不能稳定达标，总氮浓度较高。

②区域典型海洋生态系统遭到破坏

一是红树林生态系统遭受威胁。南流江河口湿地出现红树林显著退化或死亡现象。

二是海洋生态风险较大。廉州湾海域常出现不同程度的棕囊藻异常增殖情况。

③公众临海难亲海

主要表现在公众亲海体验度不高，亲海空间利用不充分。廉州湾周边缺乏亲海空间，公众到达亲海空间不便利。

（3）症结成因

海湾河口局部污染方面：一是廉州湾周边区域缺少工业废水处理厂，红坎污水处理厂在承担城区生活污水处理功能的同时承担部分工业废水经红坎污水处理厂处理功能，污水负荷过大。二是廉州湾上游河流南流江、西门江的入海河口周边乡镇雨污分流不彻底，廉州湾沿岸存在农村面源污染直排入海现象。三是滩涂海水养殖问题不容忽视。廉州湾北部党江、西场、沙岗一带沿江沿海滩涂和海水养殖密集。

区域典型海洋生态系统遭到破坏方面：主要是互花米草入侵形势严峻，在南流江口正处于暴发期，呈现出向两侧扩散甚至可能占据原生盐沼植物的趋势。

公众临海难亲海方面：主要是廉州湾沿岸缺少亲海通道的建设，临海道路较少，亲海空间配套基础设施较薄弱。

（4）目标指标

一是至2023年，建成1个污水处理厂及再生水厂，缓解廉州湾水质压力；建成深海排放管，缓解廉州湾水质压力；在廉州湾沿岸整治周边小水系面源污染，减少农业面源污染。

二是至2025年，南流江、西门江入海监测断面达考核目标要求，总氮浓度呈下降趋势。

三是至2025年，清除廉州湾内互花米草，修复红树林；建成廉州湾观景平台，增加亲海空间。

四是至2025年，制订廉州湾赤潮灾害风险监测与应急处置方案。

五是至2025年，增加亲海岸线，规范亲海相关经营项目，避免破坏海洋生态环境，同时保障公众亲海安全和品质。

（5）任务工程

开展北海工业园区排水及再生水系统工程。新建污水处理厂及再生水厂1座，规模均为4.5万m^3/d，改造污水提升泵站1座。

开展北海市大冠沙排污区深海排放管及配套管网工程。一是建设工业园区污水处理厂尾水收集管道工程，建设海洋新城污水处理厂尾水收集管道工程。二是建设工业园区污水处理厂尾水提升泵站，规模15万m^3/d；建设海洋新城污水处理厂尾水泵站，规模9.5万m^3/d；建设大冠沙污水处理厂尾水提升泵站，规模39万m^3/d。三是建设大冠沙排海深水排放工程。

开展广西北海市合浦县水系连通及农村水系综合整治试点工程。综合治理周江、七里江、清水江，综合治理清水江水库，开展廉州镇水环境整治引水工程。

开展入海河口综合整治工程。开展南流江、西门江入海河口综合整治工程，开展农村生活污水处理工程、养殖废弃物综合利用工程、汇水区强化人工湿地工程、岸带植被-土壤生态修复工程、饮用水源地环境保护工程、水生态原位修复工程6项工程内容，削减污染物排放，推进水环境综合整治。

开展城镇污水管网建设工程，在广东路、海南路、金海岸大道、城东新区开展污水分流工程，建设污水管道、雨水管道、分流井和截流井等。

开展河口湿地保护修复工程。开展南流江河口湿地生态保护修复工作，补种红树等湿地植被，修复红树林，养护生境、清除外来入侵物种等。

开展廉州湾大道建设及岸滩修复工程。沿着廉州湾海岸，建设由大风江东岸至海景广场的廉州湾大道，开展沙滩岸线修复工程、绿化工程，增加观景平台。

采取近岸海域赤潮灾害风险监测与应急处置方案研究。根据廉州湾海域特征，开展廉州湾海域赤潮灾害风险评估，制订监测与应急处置方案，为赤潮灾害减灾防灾提供技术支撑。

6. 大风江口北海段保护建设方案

（1）分布范围

大风江口位于北部湾顶端，为重点河口区域，地处北海市廉州湾与钦州市钦州湾交界海域。湾口朝南，口门东起合浦西场的大木城，西至钦州犀牛脚大王山，沿岸分布有红树林，为茅尾海国家海洋公园重点保护区大风江片区，属于禁止开发区域。北海市管辖岸线长约71km，总面积约129km^2。

（2）存在问题

大风江口北海段主要的问题为两个方面：海湾河口局部污染、区域典型海洋生态系统遭到破坏。

①海湾河口局部污染

一是大风江口海域水质较差。海湾中有国控监测点位GXN14008，2010年以来平均水质为第二类至劣四类，主要污染因子为无机氮。

二是富营养化水平升高。海湾富营养化状况从贫营养化变成轻度富营养化。

三是沿岸畜禽养殖及水产养殖水体污染现象严重。目前大风江口部分区域养殖密度较大，不符合养殖规划要求。

②区域典型海洋生态系统遭到破坏

大风江河口湿地生境面临威胁。互花米草已自东向西扩散至大风江口，侵占红树林生境。

（3）症结成因

海湾河口局部污染方面：一是入海河流携带污染物较大，每年大风江携带约 4800t 污染物入海，影响海域水质。二是大风江口养殖密度较大，常见围海养殖行为。周边养鹅养鸭场众多，是周边乡镇居民主要经济来源，放养式的畜禽养殖方式对水质影响较大。且养殖清退涉及民生问题，与政策之间存在矛盾，养殖清退难度大。三是采砂现象等人类活动比较常见。

区域典型海洋生态系统遭到破坏方面：主要是外来物种互花米草治理难度较大，经费不足，影响区域海湾生态系统。

（4）目标指标

至 2025 年，维持海湾水质总体优良，国控监测点位达到考核要求。

至 2025 年，大风江口北海段禁养区无养殖活动，大风江河口湿地无非法人工构造物。

（5）任务工程

开展河口湿地保护修复工程。开展大风江河口湿地生态保护修复工作，清退非法养殖，打击非法采砂，补种红树等湿地植被，恢复湿地植被群落，养护生境，清除外来入侵物种等。

增加治理经费投入，查明互花米草的现状和潜在风险，针对互花米草的生长特性开展跨区域联合防治。

持续加强大风江入海河流流域环境治理，北海市和钦州市加强联防联控。

持续加强海水养殖整治。加强禁止养殖区内的水产养殖清理整治工作。大力发展健康水产养殖，推进清洁化、生态化水产养殖方式，推进水产养殖污染治理工作。按照养殖水域滩涂规划对禁养区养殖进行清理，采用科学养殖手段，同时与当地民众进行沟通交流，增加民众对海洋生态环境保护的认知。

7. 涠洲岛保护建设方案

（1）分布范围

涠洲岛湾区位于北海市南部领海，包含《我国部分海域海岛标准名称》中的松木头沙湾、哨牙大湾、阴山塘湾、担水湾、灶门湾、婆湾和深水湾，岸线长约为 30km，湾区面积约为 259km^2。湾区内有涠洲岛珊瑚礁国家级海洋公园、猪仔岭限制开发无居民海岛。

（2）存在问题

涠洲岛湾区主要的问题为四个方面：区域典型海洋生态系统遭到破坏、公众临海难亲海、海湾河口局部污染、海洋环境风险尚存。

①区域典型海洋生态系统遭到破坏

一是珊瑚礁生长及正向演替缓慢，局部珊瑚礁群落呈现退化趋势，珊瑚礁生态系统退化趋势明显，多属种组合的造礁石珊瑚群落向单一属种优势种群演替，过去分布较多的鹿角珊瑚逐渐消失，生物多样性降低。二是局部活珊瑚覆盖度有所下降，2019年活珊瑚覆盖度为28.1%，与2015年相比下降5.4个百分点。珊瑚白化现象突出，2020年7、8月出现大面积珊瑚白化。

②公众临海难亲海

主要表现在部分亲海空间存在海滩垃圾、海漂垃圾，影响亲海体验；亲海空间公共服务设施建设不足，南湾等景点存在海洋垃圾清理不及时的情况；以涠洲岛五彩滩景区为例，公共厕所距离核心游览区较远，海滩上垃圾桶设置较少。

③海湾河口局部污染

主要表现在涠洲岛存在生活污水直排现象，涠洲污水处理厂负荷率低，岛上生活污水无法妥善处理。

④海洋环境风险尚存

一是存在危险化学品及石油泄漏风险和存在海上溢油及危险化学品泄漏风险，岛上布局有石化企业，海上建有石油平台，港口进出港船舶数量逐年增大，油品及危险化学品在储存、装卸、运输过程中可能发生泄漏，以及海油涠洲终端厂石油平台存在输油管线破裂导致溢油的风险，且随着港口航运的快速发展，船舶通航量逐年增加，船舶溢油或发生交通事故的风险也增大。

二是存在赤潮暴发风险，近年来赤潮暴发存在，包括球形棕囊藻、夜光藻等异常藻类增殖现象。

（3）症结成因

区域典型海洋生态系统遭到破坏方面：一是岛上产业发展与人类活动带来的海水富营养化，海岸侵蚀造成沉积物和悬浮物浓度增加，对旅游观光、潜水活动造成直接干扰。其中随着近年旅游潜水人数逐年增多，且未划定明确的潜水观光区域，潜水观光活动对珊瑚礁生长不利倍增。二是全球气候变化形势突出，极端天气带来的高温和低温现象影响海洋生境。

公众临海难亲海方面：主要是涠洲岛上亲海景区组织管理、开发力度以及投入水平较低。

海湾河口局部污染方面：涠洲岛上管网建设滞后，污水收集率低下。

海洋环境风险尚存方面：主要是海洋环境应急保障基础还有待进一步提升，同时陆源污染未得到有效控制。

（4）目标指标

一是至 2023 年，规范亲海空间运营，亲海景区合理配备公共服务设施，修复沙滩岸线，改造湿地生态环境。

二是至 2024 年，建设生活污水管，无生活污水直排口，生活污水接入涠洲污水处理厂。

三是至 2025 年，规范涠洲岛、斜阳岛开发与保护，保持涠洲岛珊瑚礁生态系统健康稳定。

（5）任务工程

开展管网建设工程。建设生活污水收集管网，新建一体化污水提升泵站 2 座；新增建设污水重力管道和污水压力管道，新建封闭式井盖 10 个，截流生活污水直排口，在北岗村、百代寮村、斑鸠冲村、下坑村等建设污水处理设施；荔枝山村、公局村等生活污水接入涠洲生活污水处理厂。

开展海岛保护研究项目。开展涠洲岛滨海旅游、石油工业等产业活动对海岛生态环境保护的影响评估。加强北海涠洲岛等重点海岛资源环境承载力监测与评估，规范海岛开发利用方式及强度，促进宜居宜游海岛建设，保持珊瑚礁活珊瑚覆盖度。采取封岛、逐步搬迁等方式，有效保护斜阳岛等具有特殊用途、特殊保护价值的海岛。

开展涠洲岛亲海空间品质提升工程。加强涠洲岛亲海空间管理，有效控制游客数量、规范相关娱乐经营活动、加强日常清洁；加强亲海空间公共服务设施建设。科普长廊基础设施工程，建设旅游基础设施及科普宣教长廊面积。整治修复砂质岸线，修复受损沙滩。改造湿地生态环境，种植湿地植物。开展海岛植被修复工程，修复防护林和植被。

9.2.2 钦州市美丽海湾实施方案

1. 钦州市美丽海湾实施基础

钦州市管辖海域面积 1879km^2，陆地总面积 10 843km^2，北邻广西首府南宁，东与北海市和玉林市相连，西与防城港市毗邻，处于南宁、北海、钦州、防城港半小时经济圈的中心位置，是广西北部湾经济区的海陆交通枢纽、西南地区便捷的出海通道。

近年来，钦州市认真贯彻落实党中央、国务院关于生态文明和海洋环境保护与污染防治攻坚战的决策部署，大力推进海洋污染防治和海洋生态保护修复工作：一是逐步完善海洋生态环境保护机制。钦州市先后印发实施《钦州市养殖水域滩涂规划（2019—2030）》《钦州市海岛保护规划》，制定出台《钦州市入海排污口环境综合整治方案》《钦州市水污染防治攻坚三年作战方案（2018—2020 年）》《钦州市钦江水质综合治理工作实施方案》《钦州市大风江流域水环境综合治理方案》《茅岭江流域综合治理实施方案》《钦州市近岸海域污染防治方案》，强化规划引领，加强制度建设，明确职责分工，形成多部门协调配合的工作机制。二是稳步推进近岸海域污染防治。“十三五”期间钦州市全力推进主要入海河流及入海排污口治理，持续开展养殖场清理、工业企业整治等工作。督促指导流域工业园区污水处理厂建设，完善城镇污水处理厂设施，完成 4 个县级以上和 51 个镇级污水处理设施建设和提标改造工程。截至 2020 年底，钦州市建城区污水处理率为 98.4%，县城区污水处理率为 98.2%。持续推进黑臭水体整治工作，巩固提升 10 个国家监管黑臭水体整治成效，确保实现长治久清；开展农村黑臭水体专项排查，建立 9 个农村黑臭水体清单。加强养殖污染治理力度，开展非法养殖清理整治。三是推进海洋生态保护工作。对侵占和破坏保护区红树林资源行为开展全面排查、打击工作，清理拆除有关违规养殖场和小作坊，立案查处违法生产蚝棍、蚝饼小作坊。实施海洋生态红线控制管理，严控围填海，依法开展海域、岸线动态监测，实现钦州市自然岸线保有率不低于 35%，海岛自然岸线保有率不低于 85%。持续推进海域和海岸线整治，2011 年以来修复岸线 92.77km；整治海域 10 527.71hm^2，大陆自然岸线比例较 2008 年有所提升。

（1）地方环境规划基础

钦州市于 2022 年 9 月印发了《钦州市海洋生态环境保护“十四五”规划（2021－2025 年）》。据此，钦州市海洋生态环境保护 2035 年远景目标为：“沿海地区绿色生产生活方式广泛形成，海洋生态环境根本好转，‘水清滩净、渔鸥翔集、人海和谐’的全域美丽海湾建设目标基本完成；海洋环境质量短板全面补齐，海洋生态系统质量和稳定性明显提升，海洋生物多样性得到有效保护；人民群众对优美海洋生态环境的需要得到满足；海洋生态环境治理体系、治理能力基本实现现代化。”

“十四五”时期海洋生态环境保护目标如下。

海洋生态文明制度体系进一步完善。海洋法律法规、配套制度和标准体系不断完善，职责清晰、运行顺畅的组织分工体系和统筹协调机制基本建立。

海洋生态环境质量稳中向好。到2025年，全面消除入海河流劣V类断面；近岸海域优良（第一、二类）水质面积比例提升至88.5%；茅尾海国控点位水质类别达到第三类，其中活性磷酸盐指标不低于第四类海水标准；大陆自然岸线保有率不小于35%；整治修复岸线长度1.37km；红树林滨海湿地修复面积不小于1200hm^2；营造红树林面积286hm^2。

海洋文化和公众亲海获得感显著提升。新增公共海水浴场1处；整治修复亲海岸滩长度2.8km；亲海空间整体品质得到改善，配套服务设施不断完善；海洋文化与市民亲海生活进一步融合，海洋体育旅游项目不断丰富，海洋科普教育走进课堂、走进市民生活。

海洋生态环境治理能力不断提升。加快补齐海洋生态环境监管能力短板，显著提升海洋环境污染事故应急响应能力，不断健全陆海统筹的生态环境治理制度，初步构建海洋生态环境治理体系。

美丽海湾建设持续推进。持续推进钦州市美丽海湾保护与建设，“十四五”期间将钦州湾钦州段建成美丽海湾。

（2）钦州市美丽海湾的划分

钦州市现辖两县两区：灵山、浦北两县，以及钦南、钦北两区，此外还有钦州港经济技术开发区。沿海的县区为钦南区。主要海湾从东至西分别为大风江口钦州段、三娘湾和钦州湾钦州段。

大风江口钦州段：大风江口为跨市（钦州市和北海市）海湾，按海洋功能区海域市界划分，从大风江中线区分，以东为北海区域，以西为钦州区域。钦州市区域涉及行政区域主要为钦南区那丽镇和东场镇。大风江口岸线现状主要分布为乡镇，主要有大风江入海河流汇入，总体沿岸环境较统一，可考虑划钦州岸段为单独的一个海湾。海湾布设1个国控考核点位GXN14007。

三娘湾：海湾东面连接大风江口海域和廉州湾海域，西面连接钦州湾，沿岸行政区域主要为钦南区犀牛脚镇。岸线箱装主要分布为乡镇和旅游风景。总体沿岸环境较统一，可考虑单独划为一个海湾。海湾布设2个国控考核点位GXN14006、GXN14009。

钦州湾钦州段：钦州湾为跨市（钦州市和防城港市）海湾，按海洋功能区海域市界划分，沿岸行政区域涉及钦南区和大峰坡镇、尖山镇、黄屋屯镇、康熙岭镇等，入海河流主要有钦江、大榄江和茅岭江，海湾包括内湾茅尾海、湾颈龙门港和外湾钦州港，涉及红树林保护区、港口区域、经济开发区等，可考虑单独划为一个海湾。海湾布设4个国控考核点位GXN14001、GXN14002、GXN14004、GXN14010。

因此，结合上述县区行政区域和海湾地理特征，对钦州市海湾进行划分，可分为3个海湾单元，分别为大风江口钦州段、三娘湾、钦州湾钦州段。

2. 大风江口钦州段

（1）分布范围

大风江口钦州段位于钦州湾和廉州湾之间，属典型的台地溺谷湾亚型海湾，湾口朝南，东起合浦西场，西至钦州犀牛脚。大风江口钦州段岸段总长度约103km，海域面积约182km^2。大风江口饵料丰富，水产资源发展迅速。

（2）存在问题

大风江口钦州段主要的问题为两个方面：海湾河口局部污染、区域典型海洋生态系统遭到破坏。

①海湾河口局部污染

一是大风江口海域水质较差。海湾中有国控监测点位GXN14007，2010年以来平均水质为第二类至劣四类，主要污染因子为无机氮、活性磷酸盐。

二是富营养化水平升高。海湾富营养化状况从贫营养化变成轻度富营养化。

三是沿岸畜禽养殖及水产养殖水体污染现象严重。根据钦州市水产养殖规划，钦州大风江口海域基本为限养区，小部分为禁养区。限养区管控要求为可适度发展贝类浮筏养殖，养殖设施面积不超过海区宜养面积30%。海水水质执行不劣于第二类标准，海洋沉积物和海洋生物执行第一类标准。目前大风江口部分区域养殖密度较大，不符合养殖规划要求。

②区域典型海洋生态系统遭到破坏

一是大风江口钦州段沿海红树林系统呈退化趋势且红树林保护管理能力不足。大风江河口湿地生境面临威胁。二是互花米草蔓延，侵占红树林生境。

（3）症结成因

海湾河口局部污染方面：一是大风江口沿岸城镇管网及农村污水处理设施建设不完善，部分生活污水直排。同时入海河流携带污染物较大，影响海域水质。二是大风江口养殖密度较大，常见围海养殖行为，放养式的畜禽养殖方式对水质影响较大。三是采砂现象存在。采砂过程会引起水质沉积物的翻搅，悬浮物和底质污染物上浮，尤其是非法采砂，将对局部河道海域造成水质污染。

区域典型海洋生态系统遭到破坏方面：一是大风江口围垦养殖现象较为普遍，造成钦州湾沿海红树林面积缩减。二是外来物种互花米草治理难度较大，经费不足，影响区域海湾生态系统。

（4）目标指标

到 2025 年，确保大风江入海河流水质达到考核要求，“十四五”期间达标率不下降。局部海域 GXN14007 考核点位附近水质改善。

到 2025 年，东场镇污水治理率达到 25%；实施红树林退塘还林工程。

（5）任务工程

一是加强大风江入海河流流域环境治理。加强入海排污口分类监督、治理和管控。

二是持续推进海水养殖清理整治工作，加强禁止养殖区内的水产养殖清理整治工作；大力发展健康水产养殖，推进清洁化、生态化水产养殖方式，推进水产养殖污染治理工作；按照养殖水域滩涂规划对禁养区养殖进行清理，采用科学养殖手段，同时与当地民众进行沟通交流，增加民众对海洋生态环境保护的认知。

三是海洋环境质量改善。开展东场镇雨污分流及污水管网完善工程，加快推进东场镇农村生活污水治理，到 2025 年，农村污水治理率达到 25%。

四是海洋生物生态保护。在大风江口开展退塘还林工程。

3. 三娘湾

（1）分布范围

三娘湾位于钦州南端的北部湾沿海，即钦州湾以东、大风江以西海域，岸线总长度为 289km，海域面积约 154km^2，是钦州的独立海湾。三娘湾前海地貌和水文条件优秀，河口上游植被良好，生物资源丰富，是中华白海豚的重要生存海域之一。三娘湾拥有独特的旅游资源，是钦州最著名和最有特色的滨海旅游区之一。

（2）存在问题

三娘湾主要的问题为三个方面：沿岸局部污染、公众亲海不足和海洋生物资源衰退。

①沿岸局部污染

主要表现为三娘湾沿海区域部分生活污水直排或混排入海，沿岸污水治理设施尚待健全。

②公众亲海不足

三娘湾亲海空间不足，海滨浴场海滩垃圾未及时清理，部分亲海空间公共服务设施建设不足，沙滩存在沙土流失现象，亲海品质有待提高。

③海洋生物资源衰退

主要表现为珍稀动物保护力度不足。中华白海豚、中国鲎作为珍稀海洋动物存在逐渐减少趋势。

（3）症结成因

沿岸局部污染方面：三娘湾沿海区域管网和污水处理设施不完善。

公众亲海不足方面：一是三娘湾无滨海浴场，景区主要基础条件薄弱，硬件设施落后，服务能力不足。二是三娘湾管理区存在水土流失和海岸侵蚀现象，沙滩岸线遭受破坏，海岸整体平面倾斜下降，公众亲海体验感较差。三是景区监管能力不足，公共基础设施建设的资金投入不足；部分景点为个体或社区管理，开发水平较低。

海洋生物资源衰退方面：一是周边海域渔民的非法作业以及丢弃在海里的塑料制品、渔网具是导致鲸豚死亡的主要因素。二是钦州目前无白海豚保护区且缺少对白海豚、儒艮开展系统的研究。

（4）目标指标

“十四五”期间，维持海湾水质优良，海水水质达到考核要求。

到 2025 年，犀牛脚镇污水治理率达到 25%；新建 1 座污水处理厂；新建滨海浴场 1 处；修复生态护岸 7800m。

到 2025 年，新增海水浴场 1 处。增加亲海岸线。

（5）任务工程

一是海洋环境质量改善。开展钦州市三娘湾旅游管理区生活污水处理工程，建成 1 座日处理量为 0.6 万 t 的污水处理厂。加快推进犀牛脚镇农村生活污水治理，完善污水管网建设，提升污水收集治理率，到 2025 年，农村污水治理率达到 25%。

二是公共亲海品质提升。犀丽湾新建设长约 2.8km 的滨海浴场，完善基础设施建设，开展三娘湾沙质海岸生态减灾修复工程，提升公众亲海体验感。

4. 钦州湾钦州段

（1）分布范围

钦州湾位于北部湾顶部，由茅尾海和钦州湾外湾组成，是一个半封闭型的天然海湾，茅尾海中有茅尾江和钦江注入。钦州湾钦州段岸线总长度约 227km，海域面积约 600km^2。钦州市是广西北部湾重要的港口城市，钦州湾是集港口运输、旅游开发、增养殖开发于一体的多功能海湾，是北部湾重要的海湾之一。

（2）存在问题

钦州湾钦州段主要问题有四个方面：海湾河口局部污染、区域典型海洋生态系统遭到破坏、公众临海难亲海和海洋环境风险增加。

①海湾河口局部污染

一是海洋环境质量有待改善。局部海域——内湾茅尾海水质差：2001～2010 年钦州湾内湾茅尾海局部海域全年平均水质状况维持“极差”，海域 5 个监测点位（1 个国控、4 个区控）中，第四类和劣四类水质比例维持在 40%～100%，从 2008 年开始，四类、劣四类水质比例呈波动上升趋势，其中 2013 年、2016 年第四类和劣四类水质站位比例均为 100%。海域无机氮平均浓度长期维持较高水平，常年超二类海水标准；活性磷酸盐平均浓度呈现显著增加趋势，近五年超二类海水标准的现象显著增加。局部海域金鼓江口（GXN14010 点位附近）水质相对较差，2016～2020 年有 2 年年均水质为第四类和劣四类，其无机氮和活性磷酸盐年均浓度呈现上升趋势。

二是钦州湾总体富营养化程度为轻度富营养化水平，但局部海域富营养化较重，近 5 年茅尾海局部为重富营养化水平，茅尾海的富营养化呈现显著上升的趋势。

三是入海河流钦江、大榄江水质不稳定达标，沿岸畜禽养殖及水产养殖污染控制进展缓慢。目前茅尾海、钦江、大榄江等周边养殖场大量尾水直排，茅尾海沿岸仍存在不符养殖规划要求的喂投饲料网箱养殖，茅尾海沿岸部分公共区域水门和海汊养鸭现象屡禁不止。钦州湾水质持续偏低，茅尾海水质未能达到功能区要求，主要超标因子为无机氮和活性磷酸盐。

四是钦州港的部分码头污染物处理设施不完善，雨污分流不彻底，且现有污水处理厂处理能力不足，如胜科污水处理厂和大榄坪污水处理厂尾水未达到《城镇污水处理厂污染物排放标准》（GB 18918—2002）一级 A 标准的排放限值要求。

②区域典型海洋生态系统遭到破坏

一是典型生态系统保护亟待加强。钦州湾沿海红树林系统呈退化趋势且红树林保护管理能力不足，岸线护堤呈硬质化、破碎化现象，影响海洋生态系统完整性。

二是外来物种互花米草入侵，互花米草已自东向西扩散至钦州湾。

三是钦州港港口码头围填海建设侵占滨海湿地。

③公众临海难亲海

主要表现为公众临海亲海条件尚待完善。茅尾海沿岸亲海空间不足，护堤硬质化、破碎化，影响公众亲海体验感，亲海空间环境质量有待提升。

④海洋环境风险增加

一是海湾风险源逐步增加。海湾分布有14家重大及较大环境风险源，其中6家为石化类企业，3家为化工类企业，且港口货物吞吐量及进出港船舶数量逐年增大，危险化学品及石油泄漏风险和海上溢油及危险化学品泄漏风险增大。

二是海洋环境风险监管及监测体系未健全。涉海风险源管控体系尚未健全，突发船舶污染事故监测能力有待提高，突发海洋环境污染事故应急能力建设不足。

三是赤潮暴发风险增加。近十年来钦州湾藻类异常增殖现象增加，有记录的赤潮次数超过5次。

（3）症结成因

海湾河口局部污染表现在以下两方面。

一是海水养殖污染影响较大。①茅尾海海水养殖面积较大，广西12个海岸农渔业区中，茅尾海海域占有3个，近7年来年海水养殖面积不断增加，仅湾颈海域牡蛎养殖面积较2013年就增加了47.5%。②虾塘养殖外排废水污染大。茅尾海北部分布有大于0.4万hm^2对虾养殖区。于2017年5月对茅尾海周边的部分海水养殖的13个排水渠/排水口进行监测，有7个排水口出现超标，超标因子为总磷、悬浮物、化学需氧量。③牡蛎养殖面积加大。基于卫星遥感影像数据分析发现，茅尾海湾颈海域牡蛎养殖面积在2013～2016年期间呈逐年增加趋势，牡蛎养殖产量已达到饱和状态。局部牡蛎养殖密度过大，不利于污染物扩散，其排泄物的累积增加，加剧海湾水体富营养化程度。④茅尾海部分区域没有按照养殖规划要求，仍存在喂投饲料网箱养鱼的污染情况，同时茅尾海沿岸部分公共区域水门和海汊养鸭现象屡禁不止。⑤目前水产养殖尾水可推广的治理技术存在瓶颈。

二是沿岸污水直排现象普遍存在。①现有污水处理设施处理能力不足，城区污水管网不完善，管网雨污分流不彻底；镇级污水处理厂管网不完善，农村生活污水对海水水质造成影响较大；钦州港污染物转运设施配备不完善，原污水处理厂原设计未考虑总磷、总氮指标。②港区、老旧城区管网建设不规范、不完善，部分作业区未建设深海排放管网，海湾主要分布工业区为钦州港经济技术开发区，位于钦州市南部，茅尾海出海口处，其废水排放量居经济区工业区废水排放总量的13.6%，为区域第二大废水排放工业区，近、远期规划排污区均位于深海区域。③存在超标排污口。2019～2020年，汇入钦州湾的15个直排入海排污口中，有5个直排入海排污口出现超标排放，超标率范围15%～100%，其中果鹰大道排污口2019年全年超标。

区域典型海洋生态系统遭到破坏方面：一是过度开发利用和围垦养殖等导致钦州湾沿海红树林系统退化。二是互花米草治理难度较大，经费不足。

公众临海难亲海方面：主要表现在茅尾海黄金滨海浴场周边海域水质常年较差，渔港垃圾和海滩垃圾清理不及时，亲海空间公共服务设施建设不足。

海洋环境风险增加方面：主要是现有应急装备设施不系统，泄漏危险品和溢油处置能力亟待提升。钦州湾近年沿岸布局石化行业逐年增多，且根据《北钦防一体化规划》，未来还将布局石油化工企业，油品及危险化学品在储存、装卸、运输过程中可能发生泄漏，同时根据《北钦防一体化规划》钦州湾将被打造成以集装箱和石油化工运输为主的国际集装箱干线港，随着石化企业增多及集装箱运输干线的建成，船舶通航量逐年增加，船舶溢油或发生交通事故的风险也在增大。在应急能力和装备设施未能提升至匹配石化行业发展期间，危险化学品泄漏和溢油潜在威胁将加大。

（4）目标指标

到2025年，钦江东监测断面水质Ⅲ类；钦江高速公路西桥监测断面水质Ⅴ类；茅尾海水质消除劣四类，达到第三类；完善钦州港区污水处理设施，实现广西自贸试验区钦州港片区污水收集率较2020年提升30%；实施红树林宜林滩涂造林、退塘还林、退化红树林修复面积等工程；开展岸线整治；建成滨海浴场1处。

（5）任务工程

一是海洋环境质量改善。开展河东污水处理厂进行扩建工程（新增8万m^3/d处理规模），新建钦州市第三污水处理厂及配套管网（15万t/d），出水总磷、总氮达到《城镇污水处理厂污染物排放标准》（GB 18918—2002）一级A标准的排放限值要求。开展钦州市河西片区雨污分流改造工程，钦州市钦江入海段流域农村生活污水治理，康熙岭镇、大番坡镇、龙门港镇镇级污水管网完善工程，钦州市茅岭江入海段流域农村生活污水治理，进一步完善管网建设，提升污水收集和处理能力。开展重点海域基础研究、钦州市大榄江环境综合整治工程、茅尾海海水养殖尾水整治示范工程，改善近岸海域环境质量。开展广西自贸试验区钦州港片区的污水管网建设工程、胜科污水处理厂提标工程、大榄坪污水处理厂技改工程和西港区市政管网及雨污分流改造工程，建设钦州港三墩作业区配套深海排放管道和1座钦州港污染物转运码头，加强港区污水处理能力并改善周边海水水质。

二是海洋生物生态保护。开展红树林修复和造林工程，在康熙岭镇完成红树林宜林滩涂造林，在钦州湾开展红树林退塘还林，在康熙岭镇、尖山镇实施退化红树林修复工程。开展钦州市滨海新城海堤生态化改造工程，建设生态海堤。

三是公众亲海品质提升。开展钦州茅尾海红树林公园栈道建设工程、红树湾公园栈道建设工程和辣椒槌沙滩浴场建设工程，增加公众亲海空间。

四是海洋生态灾害和土壤环境事故风险防范。开展危险化学品泄漏环境应急设备库建设项目，三墩溢油应急设备库、三墩溢油雷达监测系统和危险化学品码头传感器装置建设项目，完善钦州市溢油监测报警系统，提升钦州市对油品和危险化学品泄漏的应急处置能力。

9.2.3　防城港市美丽海湾实施方案

1. 防城港市美丽海湾实施基础

防城港市地处广西沿海西部，东起茅尾海和钦州湾，与钦州市接壤，西至北仑河口中心主航道，与越南毗邻，北有上思县与南宁为界，南濒北部湾。全市大陆岸线长度为537.79km，海岛岸线长度为156.7km，边境线230km，拥有防城港、东兴、江山、企沙、峒中5个国家级口岸，其中防城港、东兴、江山和企沙为国家一类口岸。

近年来，防城港市认真贯彻落实自治区关于生态环境和海洋环境保护与近岸海域污染防治的决策部署，大力推进海洋污染防治和海洋生态保护修复工作：一是推进污水处理设施及配套管线建设，强化入河入海直排口整治，有效控制陆源污染。全市已建成17座生活污水处理厂，完成3个建成区及县（区）级污水处理厂提标改造工程；完成入海排污口（41个）清理整治。二是狠抓养殖污染治理，加快推进近岸海域环境综合整治。印发了《防城港市重点海域清理清洁工作实施方案》，大力推进海洋垃圾清理整治；与钦州市联合印发了《跨市流域上下游突发水污染事件联防联控工作机制》，建立联合治污机制，防范重大环境风险。三是组织实施“蓝色海湾”整治项目，完成百里黄金海岸生态修复工程、防城港东湾红树林生态修复工程项目等生态修复工程，为防城港市建设美丽海湾奠定良好基础。

（1）地方环境规划基础

防城港市于 2022 年 9 月印发了《防城港市海洋生态环境保护“十四五”规划》。据此，防城港市海洋生态环境保护 2035 年远景目标为：“持续推进海洋生态环境保护法律法规的完善，健全现代化海洋生态环境治理体系；不断完善海陆空天地一体化立体监测手段，满足新时代海洋生态环境监测新要求；全面建成防城港市全市全岸线‘水清滩净、渔鸥翔集、人海和谐’美丽海湾，实现海洋生态环境根本好转的美丽愿景。”

“十四五”主要目标：“到 2025 年，防城港市将完善海洋生态文明制度体系，加快美丽海湾建设，西湾（含江山半岛东岸）建成‘城海融合、宜居、宜业、宜游’的美丽海湾；推动陆海统筹，保障近岸海域水质不下降；保护蓝色生态空间，加强海洋生态保护力度；提高海洋生态环境监测监管和风险防范应急响应处置能力，全面提升海洋生态环境治理水平；培育海洋文化、提升亲海空间品质，满足人民日益增长的亲海需求和体验；实现海洋环境治理与绿色发展协调并进，为打造生态宜居海滨城市奠定基础。”

“十四五”具体指标有以下三项。

第一，近岸海域水环境污染和岸滩、海漂垃圾污染等得到有效控制。到 2025 年，主要入海河流防城港三滩、北仑河边贸码头监测断面达标率达到 100%，近岸海域环境质量持续稳定改善，优良水质比例达到 96.5%及以上。

第二，重要海洋生态系统和生物多样性得到有效保护。大陆自然岸线保有率不低于 35%，岸线生态修复长度不少于 10.3km，滨海湿地生态修复面积不少于 700hm^2，红树林湿地营造面积不少于 90hm^2，红树林修复面积不少于 700hm^2，退围还海面积不少于 36hm^2，中国鲎增殖放流数量不少于 10 万尾。

第三，亲海空间环境质量和品质明显改善。到 2025 年，重点海水浴场水质达标率不低于 90%，全市整治修复亲海岸滩不少于 5km，建成美丽海湾的岸段数量不少于 1 个。公众亲海获得感、幸福感显著增强。

（2）防城港市美丽海湾的划分

防城港市辖港口区、防城区、上思县和东兴市，沿海的县区为港口区、防城区和东兴市（县级市），主要海湾共 4 个，从东至西分别为：钦州湾防城港段、防城港东湾（含企沙半岛南岸）、防城港西湾（含江山半岛东岸）和北仑河口-珍珠湾。

钦州湾防城港段：起点位于防城区茅岭乡，终点位于港口区企沙镇，沿岸行政区域涉及防城区和港口区，为了方便实际操作，可考虑按区县划分为茅尾海防城港岸段以及钦州湾防城港段，但该岸段总体上位于钦州湾西侧，沿岸以及近岸海域环境相似，岸线现状主要以乡镇、海水养殖为主，因此，整合成单独的一个岸段，即钦州湾防城港段。

防城港东湾（含企沙半岛南岸）：沿岸行政区域涉及港口区，包括企沙半岛南岸和防城港东湾，岸线现状主要以城镇和港口码头建设、发展航运为主，可考虑单独划为一个海湾。海湾布设3个国控考核点位GXN16001、GXN16002和GXN16006。

防城港西湾（含江山半岛东岸）：沿岸行政区域涉及防城区和港口区，包括防城港西湾和江山半岛东岸。岸线现状主要分布为城镇、渔港以及亲海空间，主要有防城江入海河流汇入，总体沿岸环境较统一，可考虑单独划为一个海湾。海湾布设4个国控考核点位GXN16008、GXN16011和GXN16012。

北仑河口-珍珠湾：沿岸行政区域涉及东兴市和防城区，包括北仑河口和珍珠湾。北仑河口-珍珠湾岸线现状主要分布为乡镇，主要有北仑河入海河流汇入，总体沿岸环境较统一，分布有红树林、海草床等典型海洋生态系统，可考虑单独划为一个海湾。海湾布设5个国控考核点位GXN16003、GXN16004、GXN16009、GXN16010和GXN16013。

因此，结合上述县区行政区域和海湾地理特征，对防城港市海湾进行划分，可分为4个海湾单元，分别为钦州湾防城港段、防城港东湾（含企沙半岛南岸）、防城港西湾（含江山半岛东岸）和北仑河口-珍珠湾。

2. 钦州湾防城港段

（1）分布范围

钦州湾防城港段位于防城港市东南部，岸线长度约为169km，海域面积约为162km^2。主要功能为农渔业区。海岸基本功能区主要用于近岸渔港、渔业基础设施基地建设；近海基本功能区主要用于水产养殖、捕捞、渔业资源养护、人工鱼礁、增殖放流、海洋牧场建设。

（2）存在问题

一是海洋环境质量有待改善。钦州湾水质持续偏低，茅尾海水质未能达到功能区要求，主要超标因子为无机氮和活性磷酸盐。钦州湾总体富营养化程度为轻度富营养化水平，但局部海域富营养化较重，2016～2020年茅尾海局部为重富营养化水平，茅尾海的富营养化呈现显著上升的趋势。

二是入海河流水质不稳定达标，沿岸畜禽养殖及水产养殖污染控制进展缓慢。冲仑江周边生活污水、养殖尾水直排，茅尾海沿岸仍存在不符养殖规划要求的喂投饲料网箱养殖，茅尾海沿岸部分公共区域水门和海汊养鸭现象屡禁不止。

三是滨海湿地生境呈退化趋势。沿海红树林系统呈退化趋势且红树林保护管理能力不足，岸线护堤呈硬质化、破碎化现象，影响海洋生态系统完整性。部分岸段因核电站围填海建设，改变了原来自然岸线形状以及生态功能。

四是赤潮暴发风险增加。近十年来钦州湾藻类异常增殖现象增加，有记录的赤潮次数超过5次。

（3）症结成因

一是海水养殖污染影响较大。茅尾海沿岸分布有较多零散的对虾养殖池塘，养殖尾水直排对周边海域环境质量造成一定影响。二是沿岸污水直排现象普遍存在。冲仑江沿岸生活污水直排，污染物最终进入钦州湾；茅岭镇污水处理厂管网不完善，农村生活污水对海水水质造成较大影响。三是区域典型海洋生态系统遭到破坏。过度开发利用和围垦养殖等导致钦州湾沿海红树林系统退化，海岛周边滩涂围堤连岛养殖，造成海岛损坏、周边淤积等布局混乱的现象；因核电站建设需要，填海造陆占据海滩原有滩面，自然岸线缩短，人工岸线增长，对滨海湿地原有生境造成破坏。四是海洋环境风险增加。随着近海海域富营养化程度持续加剧，存在藻类大量增殖导致赤潮等暴发的风险，从而对核电站正常运行造成影响。

（4）目标指标

到2025年，茅尾海水质消除劣四类。红树林修复面积大于90hm^2。

（5）任务工程

一是陆源污染治理。开展冲仑江流域生态治理修复，对沿河分布的大坝村、茅岭村、沙坳村等新建集中式农村生活污水处理设施；绿化美化冲仑江入茅尾海河口至上游沿岸堤岸；对沿河的坑塘进行生态塘改造。开展工业污水处理设施提标改造，实施茅岭镇污水处理厂管网建设与提标改造工程，补充完善污水管网，出水标准提高至一级A标准。开展养殖尾水治理工程，推进养殖池塘标准化改造，配套建设养殖循环水处理设施。

二是生态保护修复。实施红树林宜林滩涂造林、退塘还林、退化红树林修复面积等工程，同时进行红树林生态修复监测评估；开展海水养殖清退工程，依据《防城港市养殖水域滩涂规划（2018—2030 年）》，有序清退禁养区、限养区内海水养殖活动，同时做好渔民转产转业工作。对退养区域，采用生态恢复的方式开展岸线整治，逐步恢复滩涂湿地自然风貌。

三是海洋生态灾害风险防范。加强赤潮监测预报预警，构建重点海域致灾赤潮形成与演变的数值模型，实现早期预警、风险评估和预测预报，构建赤潮监测预报预警体系；完善应对海洋生物或异物堵塞取水系统的应对预案并加强演练。

3. 防城港东湾（含企沙半岛南岸）

（1）分布范围

防城港东湾（含企沙半岛南岸）海域包括企沙半岛西侧与渔万岛东侧间海域以及企沙半岛南面海域，岸线长度约为 199km，海域面积约为 441km^2。主要功能为港口航运和工业与城镇用海，兼顾旅游休闲娱乐和海洋保护。

（2）存在问题

一是防城港东湾（含企沙半岛南岸）海水水质不稳定。2015～2019 年防城港东湾局部海域水质不稳定，变化幅度较大，水质最差时水质状况为“极差”。防城港市污水处理厂入海排污口邻近海域（防城港东湾北部海域）存在局部海域水质劣四类的情况，海水富营养化程度比较严重，排污口邻近海域水质不能满足所在海域海洋功能区水质要求。主要超标因子为活性磷酸盐和无机氮。

二是滨海湿地遭受破坏。围填海侵占滨海湿地，港口码头等海洋工程建设侵占滨海湿地，人工岸线增加导致局部海洋生态遭到破坏；沿海红树林系统退化，分布破碎化，虫害频发。

三是海上溢油及危险化学品泄漏风险增大。防城港东湾（含企沙半岛南岸）分布较多化工类企业，属于重大及较大环境风险源；防城港东湾（含企沙半岛南岸）港口货物吞吐量及进出港船舶数量逐年增大。

（3）症结成因

一是陆源污染管控有待加强。①直排入海排污口未能全部达标排放：2019 年，汇入防城港的 13 个直排入海排污口中，有 5 个直排入海排污口出现超标排放，超标率范围 25%～100%，其中广西盛隆冶金工业企业排口和大龙安置区东市政排污口全年均超标。②部分污水处理厂处理能力及处理工艺不足，存在出水水质超标现象；由于管网建设不足，沿岸部分村镇生活污水未完全实现集中收集处置，存在直排问题。③防城港东湾位于 Y 形半封闭海湾的右支，海水交换能力弱，水质扩散不利。④海水养殖分布密集：防城港东湾（含企沙半岛南岸）海域分布有大量蚝排、螺桩，改变了水动力条件，海水自净能力变弱，对海水环境质量产生不良影响。⑤防城港东湾（含企沙半岛南岸）周边曾存在较多磷化工厂，虽然近年来防城港市也搬迁、关停了部分企业，但是部分历史遗留问题尚未得到解决，雨水冲刷旧厂址生产废水导致非正常排放也影响海域海水水质。

二是部分红树林集中分布区域未纳入保护范围，过度开发利用和围垦养殖导致红树林分布破碎化，红树林生态系统多样性不高，昆虫群落多样性偏低。

三是围填海侵占自然岸线。防城港市港口区渔万港区，新建、扩建深水码头和仓储等使海岸线不断向外海延伸。该段岸线以人工岸线为主，而且很多地方岸线并未成形，仍有向海一侧吹填趋势。与防城港港口区隔海相望的东部港湾炮台一带于 2011 年开始填海建设防城港市钢铁基地，填海区已完成，且填海区周围已建成加固防潮堤，海岸线向海一侧突出约 2km。

四是海洋环境风险增加。防城港东湾（含企沙半岛南岸）布局化工企业行业较多，海上通航船舶数量逐年增大。危险化学品在储存、装卸、运输过程中可能发生泄漏。沿海化工企业多以危险化学品为原料，随着化工企业增多及港口航运的快速发展，船舶通航量逐年增加，船舶溢油或发生交通事故的风险也增大。

（4）目标指标

保持防城港东湾（含企沙半岛南岸）海水水质不下降。防城港经济技术开发区内污水处理厂出水深海排放率 100%。红树林修复面积大于 300hm^2。新增高品质公共亲海空间大于 800hm^2。

（5）任务工程

一是陆源污染治理。工业污水处理设施提标改造：实施大西南临港工业园污水处理厂提标改造工程，出水水质达一级 A 标准。防城港市港口区镇级污水管网改造工程：建设内容包括港口区光坡镇集镇内涝改造，新建排污管网；企沙镇排水排污改造，新建排污管网；旧公车街排水排污改造，新建排污管网。防城港东湾（含企沙半岛南岸）片区尾水深海排放可行性研究：调研现有环保基础设施排污现状，对防城港东湾（含企沙半岛南岸）片区排污口截污，开展集中污水处理设施中水回用或尾水深海排放的可行性研究。防城港经济技术开发区深海排放管道建设：开展深海排污口选划和论证，调整近岸海域环境功能区划，新建深海排污管道，建设排水管线。

二是生态保护修复。加强红树林保护和修复，在公车镇、光坡镇因地制宜实施红树林修复，包括"封育+自然修复""生境修复+补植""补植"等方式，并开展红树林生态修复监测评估。加大红树林虫害防治力度，在红树林集中连片分布的重点区域建设红树林病虫害监测预报点；采用先进科学的病虫害防治方法，坚持以生物防治和物理防治为主，完善、更新虫害防治设备。

三是亲海空间建设。因地制宜开发新的亲海空间，在港口区防城港东湾（含企沙半岛南岸）海域及沙潭江入海口区域新建防城港东湾红树林湿地公园。加大重要公共亲海空间的资金投入，保障环保基础设施和公共服务设施建设及维护管理。

4. 防城港西湾（含江山半岛东岸）

（1）分布范围

防城港西湾（含江山半岛东岸）海域位于渔万岛西侧、江山半岛东侧，岸线长约74km，面积约233km^2。海域主要功能为旅游休闲娱乐。其中，防城港西湾段沿岸多为城市建成区，人口密度相对较高，建设美丽海湾的公众需求较为迫切。近年来，防城港西湾开展了"蓝色海湾"整治等一系列工程措施，取得了一定成效，该海域的美丽海湾建设具有良好的实施基础。因此，建议在"十四五"期间将防城港西湾段建设成为"城海融合、宜居、宜业、宜游"的美丽海湾。江山半岛东岸以滨海旅游开发为主，产业尚处于成长期，区域各类基础设施建设有待进一步加强。

（2）存在问题

一是局部海域水质存在季节性超标情况。防城港西湾（含江山半岛东岸）北部海域在2016年秋季、2017年春季、2018年秋季均出现水质超标现象，主要超标因子为无机氮、活性磷酸盐。

二是防城港西湾（含江山半岛东岸）及周边海域湿地生态系统退化。部分红树林集中分布区域未纳入保护范围，过度开发利用和围垦养殖导致红树林分布破碎化，红树林生态系统多样性不高，昆虫群落多样性偏低。

三是亲海空间环境质量有待提升。2015～2020年防城港白浪滩旅游区海滩垃圾数量和质量密度总体呈上升趋势，2020年海滩垃圾数量密度和质量密度大幅增加，海滩垃圾主要类型均为塑料类，主要来源均为陆上来源。

四是海上溢油及危险化学品泄漏风险增大。防城港西湾（含江山半岛东岸）

分布较多化工类企业，属于重大及较大环境风险源；防城港西湾港口货物吞吐量及进出港船舶数量逐年增大。

（3）症结成因

一是陆源污染管控有待加强。直排入海排污口未能全部达标排放；部分区域污水收集管网和排污口截留建设未完成，雨污分流未落实，防城江流域、防城港西湾（含江山半岛东岸）海域周边区域生活污水直排现象普遍存在。

二是防城港西湾海水交换能力弱。防城港西湾位于 Y 形半封闭海湾的左支，海水交换能力弱，不利于水质扩散。

三是过度开发利用和围垦养殖导致红树林分布破碎化，红树林生态系统多样性不高。部分红树林集中分布区域未纳入保护范围，过度开发利用和围垦养殖导致红树林分布破碎化，红树林生态系统多样性不高，昆虫群落多样性偏低。

四是亲海空间环境管理能力不足。亲海空间配套基础设施较薄弱，渔港和景区监管能力不足，公共基础设施建设的资金投入不足；部分景点为个体或社区管理，开发水平较低。

五是海洋环境风险增加。防城港西湾（含江山半岛东岸）分布较多化工企业行业，海上通航船舶数量逐年增大。危险化学品在储存、装卸、运输过程中可能发生泄漏。沿海化工企业多以危险化学品为原料，随着化工企业增多及港口航运的快速发展，船舶通航量逐年增加，船舶溢油或发生交通事故的风险也增大。此外，防城港西湾（含江山半岛东岸）周边曾存在较多磷化工厂，虽然近年来，防城港市也搬迁、关停了部分企业，但是部分历史遗留问题尚未得到解决，雨水冲刷旧厂址生产废水导致非正常排放也影响海域海水水质。

（4）目标指标

防城江三滩监测断面水质优良率 100%；建成污水处理厂及配套管网，区域生活污水集中收集处理率达到 96%。

红树林营造面积大于 90hm^2，红树林修复面积大于 92hm^2，岸线修复长度 10km，退围还海面积不小于 30hm^2。

湿地公园、海上主题公园等项目完成施工并投入运营，提升江山半岛旅游度假区亲海空间品质，打造高质量亲海岸线 1.6km。

（5）任务工程

一是开展陆源污染治理。①加强现有污水管网的排查整改工作：在老城区开展雨污分流整治，含洗珠河片区老旧城区，建设截污管网；在防城区大塘江街、红头坝路、A-8 延长线、A-9 延长线、B-3、B-4、A-7 等区域新建污水管；

防城江流域镇级污水管网建设与改造工程，包括华石镇、大菉镇、那梭镇、峒中镇、那良镇五镇污水管网工程；全面排查流域范围内畜禽养殖活动，取缔存在非法排污的养殖企业、散户。②实施防城江流域农村生活污水治理工程：防城区、港口区农村生活污水处理设施、纳管处理和提升改造工程等，覆盖防城区、港口区 67 个建制村。③完善城镇污水处理厂配套管网建设：新建科教园区污水处理厂及配套管网，近期污水处理规模为 5000m^3/d，远期规模为 2 万 m^3/d；新建防城港西湾新城污水处理厂及配套管网，近期污水处理规模为 5000m^3/d，远期规模为 5 万 m^3/d。

二是实施生态保护与修复。①继续推进“蓝色海湾”综合整治行动：在防城港西湾开展红树林湿地生态修复工程、防城港西湾滨海湿地水动力恢复工程，在防城港西湾长榄岛和洲墩岛周边滩涂营造红树林，拆除养殖围堤，建设滨海鸟类栖息地。②红树林保护与修复：在防城镇大王江村沿岸红树林集中分布区域修复红树林；新建红树林种苗繁育苗圃 1 个，保障用苗需求。

三是提升亲海空间品质。①升级改造已有的亲海空间。在防城港白浪滩打造文旅综合体项目：建设滨海游乐场、滨海风情街、滨海小镇及相关配套设施；整治岸线，在景区范围内铺设污水收集管网；加强日常环境监管，杜绝污水直排海现象以及随意丢弃垃圾等行为。②因地制宜开发新的亲海空间。开发三块石海洋乐园（一期、二期）：按国家 AAAA 级景区的标准打造水上乐园等多项亲海活动基地及康养园区；整治岸线，在景区范围内铺设污水收集管网；加强日常环境监管，杜绝污水直排海现象以及随意丢弃垃圾等行为。③加强公共亲海空间环境监管。重点监控公共亲海空间内部及周边排污口、渔船等污染源，避免污水和垃圾排海影响公众亲海体验。加大宣传力度，提升公众环保意识。④规范亲海相关经营项目，避免破坏海洋生态环境，同时保障公众亲海安全和品质。

5. 北仑河口-珍珠湾

（1）分布范围

北仑河口-珍珠湾海域位于防城港市江山半岛南端至京岛海域，岸线长度约为 95km，海域面积约为 267km^2。主要功能为海洋保护及农渔业，兼顾港口航运及旅游休闲娱乐。珍珠湾湾口内大部分海岸线均涉及北仑河口国家级自然保护区，重点保护红树林生态系统，满足北仑河口红树林自然保护区用海需要。同时，作为防城港市重要的海水养殖区域，保护泥蚶、文蛤等重要水产种质资源，适当选择养殖品种和控制养殖密度，优化养殖用海布局；湾内海岛及海岸周边区域可适当开发旅游娱乐项目，开展京族三岛的综合整治，提升旅游发展水平。鉴于珍珠湾海洋生态环境本底条件良好、生态保护重要性突出、公众亲海生态产品供给质量较高，建议在“十四五”期间将珍珠湾建设成为“鱼鸥翔集、人海和谐”的生态型美丽海湾。

（2）存在问题

一是生活、生产污水直排海问题突出。江平镇等区域有大量生活污水通过排污沟等纳污水体排放入海。金滩等区域均分布有海蜇粗加工企业，这些企业于每年 2～4 月向周边海域排放大量废水。江平工业园去污水处理厂出水不能稳定达标。

二是红树林生态系统受虫害威胁。“十三五”期间，北仑河口国家级自然保护区每年均发生不同程度的虫害，其中 2016 年北仑河口国家级自然保护区两次遭受虫害袭击，第一次广州小斑螟的袭击，导致 67hm^2 红树林受灾，同年 8～9 月，再次遭受柚木驼蛾虫灾。

三是亲海空间环境质量有待提升。以金滩海水浴场为例，2015～2020 年金滩海水浴场水质优良率呈明显下降趋势，主要超标因子为粪大肠菌群。滨海旅游景区管理亟待加强。金滩海水浴场海滩垃圾无人清理，非划定游泳区域常见下海游泳旅客，公众亲海体验和亲海安全缺乏保障。

（3）症结成因

一是陆源污染管控有待加强。①基础设施建设滞后，各类生活污水未收集处理直排入海。区域污水收集管网和排污口截留建设未完成，雨污分流未落实。②工业污水处理能力和工艺不满足需求。江平工业园区污水纳入现有江平污水处理厂处理，造成尾水总磷时有超标情况。

二是红树林生态系统受到干扰。人为生产生活干扰以及养殖废水排放影响红树林生态系统，导致红树林生态中昆虫群落多样性偏低，间接引发虫害发生；红树林生态系统监测监管有待加强。

三是亲海空间环境管理能力不足。亲海空间配套基础设施较薄弱，渔港和景区监管能力不足，公共基础设施建设的资金投入不足；部分景点为个体或社区管理，开发水平较低。

（4）目标指标

完成 16 个建制村生活污水处理设施建设并运行。建成江平工业园工业污水处理厂，尾水排放执行一级 A 标准。建成污水处理厂及配套管网。

红树林修复面积大于等于 255hm^2，并完成定位站建设并运行，开展调查和监测研究。

湿地公园、海上主题公园等项目完成施工并投入运营，提升京岛度假旅游区亲海空间品质，金滩浴场水质达标率大于等于 70%；提升浴场亲海体验。

（5）任务工程

一是开展陆源污染治理。①加强生活污水收集处理。实施东兴市沿海村镇生活污水治理工程，在东兴市东兴镇江那村、大田村等 5 个建制村建设分散式污水处理设施和集中式污水处理设施；在江平镇江龙村、万尾村等 11 个建制村建设分散式污水处理设施和集中式污水处理设施。②提升污水处理能力。开展江平工业区污水处理厂建设，新建江平工业园污水处理厂，采用改良 A2O 工艺，近期设计处理能力 0.5 万 t/d，远期设计处理能力 1 万 t/d。③完善珍珠湾污水处理厂及配套管网建设工程。新建珍珠湾污水处理厂及配套管网，近期污水处理规模为 5000m^3/d，远期规模为 2 万 m^3/d。配套建设污水管网。

二是实施生态保护与修复。①因地制宜开展红树林保护与修复工程。在北仑河口国家级自然保护区开展红树林修复，包括“封育+自然修复”“生境修复+补植”“补植”等方式；在北仑河口国家级自然保护区新建红树林种苗繁育基地 1 处，包括建设繁育苗圃 2 个；开展红树林生态修复监测评估。②红树林生态监测工程：在北仑河口国家级自然保护区内建设湿地生态系统定位站，主要建设内容包括地面标准自动气象场、地下水潜水观测井、综合观测塔等设施建设。③加强红树林修复及虫害防治力度，在红树林集中连片分布的重点区域建设红树林病虫害监测预报点；采用先进科学的病虫害防治方法，坚持以生物防治和物理防治为主，完善、更新虫害防治设备。

三是提升亲海岸滩空间品质。①防城港京岛风景名胜区（金滩）特色小镇项目：建设红树林湿地公园、海上主题公园等，完善提升京岛景区公众亲海服务接待能力建设，塑造海洋文化与滨海风光融合的高品质公众亲海空间；加强日常环境监管，杜绝污水直排海现象以及随意丢弃垃圾等行为。②金滩海水浴场品质提升工程：规划整治旅游岸线，在景区范围内铺设污水收集管网，强化排污监管；开展沙滩安全评估，严格划定游泳区并严格监管，加强防鲨网设置、救生员配备等安全防范措施；在景区新增垃圾桶，加强海洋垃圾清理处置。

9.2.4　广西美丽海湾实施方案总结

综上阐述，广西沿海三市共 13 个海湾单元，16 个海湾子单元。根据前期对各岸段主要环境问题进行调研，寻找症结成因、设置目标指标并制定主要任务，同时结合沿海三市对各自海湾相应制定“十四五”的美丽海湾实施方案，形成广西美丽海湾实施方案。

到“十四五”末期，拟将其中的5个海湾子单元——银滩岸段、涠洲岛、钦州湾钦州段、珍珠湾和防城港西湾建设成全国第一批美丽海湾；到“十五五”期末，将6个海湾子单元——铁山港、铁山港东侧岸段、三娘湾、江山半岛东岸、北仑河口和企沙半岛南岸建设成全国第二批美丽海湾；到“十六五”期末，将5个海湾子单元——廉州湾、大风江口北海段、大风江口钦州段、钦州湾防城港段和防城港东湾建设成全国第三批美丽海湾。美丽海湾建设目标见表9.2。

表 9.2　广西美丽海湾建设目标

<table>
<tr><th rowspan="2">序号</th><th rowspan="2">沿海地级市</th><th colspan="5">海湾单元（子单元）</th><th colspan="3">美丽海湾建设时序安排</th></tr>
<tr><th colspan="2">名称</th><th>面积/km^2</th><th>岸线长度/km</th><th>核心地理单元组成</th><th>“十四五”</th><th>“十五五”</th><th>“十六五”</th></tr>
<tr><td>1</td><td rowspan="6">北海市</td><td colspan="2">铁山港</td><td>259.40</td><td>190.30</td><td>红树林、铁山河河口</td><td></td><td>√</td><td></td></tr>
<tr><td>2</td><td colspan="2">廉州湾</td><td>431.00</td><td>100.14</td><td>红树林、南流江河口、西门江河口</td><td></td><td></td><td>√</td></tr>
<tr><td>3</td><td colspan="2">银滩岸段</td><td>181.20</td><td>111.31</td><td>红树林、南康江河口、冯家江河口</td><td>√</td><td></td><td></td></tr>
<tr><td>4</td><td colspan="2">铁山港东侧岸段</td><td>259.70</td><td>81.30</td><td>山口红树林、合浦海草床</td><td></td><td>√</td><td></td></tr>
<tr><td>5</td><td colspan="2">大风江口北海段</td><td>128.70</td><td>70.62</td><td>红树林、大风江河口</td><td></td><td></td><td>√</td></tr>
<tr><td>6</td><td colspan="2">涠洲岛</td><td>258.80</td><td>30.36</td><td>红树林、珊瑚礁</td><td>√</td><td></td><td></td></tr>
<tr><td>7</td><td rowspan="3">钦州市</td><td colspan="2">钦州湾钦州段</td><td>599.00</td><td>227.00</td><td>钦江河口、大榄江河口、茅岭江河口、茅尾海红树林</td><td>√</td><td></td><td></td></tr>
<tr><td>8</td><td colspan="2">三娘湾</td><td>153.89</td><td>289.00</td><td>白海豚主要聚焦区</td><td></td><td>√</td><td></td></tr>
<tr><td>9</td><td colspan="2">大风江口钦州段</td><td>181.75</td><td>103.00</td><td>大风江河口、茅尾海红树林</td><td></td><td></td><td>√</td></tr>
<tr><td>10</td><td rowspan="3">防城港市</td><td colspan="2">钦州湾防城港段</td><td>161.56</td><td>169.38</td><td>茅岭江、红树林</td><td></td><td></td><td>√</td></tr>
<tr><td rowspan="2">11</td><td rowspan="2">防城港东湾（含企沙半岛南岸）</td><td>防城港东湾</td><td>147.59</td><td>142.20</td><td>滩涂湿地</td><td></td><td></td><td>√</td></tr>
<tr><td>企沙半岛南岸</td><td>292.91</td><td>57.17</td><td>红树林</td><td></td><td>√</td><td></td></tr>
</table>

续表

序号	沿海地级市	海湾单元（子单元）					美丽海湾建设时序安排		
		名称		面积/km^2	岸线长度/km	核心地理单元组成	“十四五”	“十五五”	“十六五”
12		北仑河口-珍珠湾	珍珠湾	193.98	73.57	防城江、红树林	√		
			北仑河口	73.19	21.70	沙滩		√	
13		防城港西湾（含江山半岛东岸）	防城港西湾	58.79	52.68	红树林、海草床、珊瑚礁	√		
			江山半岛东岸	74.61	21.00	北仑河、红树林		√	

注：北仑河口和珍珠湾地理位置靠近，周边情况基本相同，在划分美丽海湾单元时合并一起考虑。

9.3　广西第一批美丽海湾建设任务

到“十四五”末期，拟将 5 个海湾子单元——银滩岸段、涠洲岛、钦州湾钦州段、珍珠湾和防城港西湾建设成全国第一批美丽海湾。银滩岸段照片见彩图 14。涠洲岛照片见彩图 15。

9.3.1　银滩岸段建设任务

1. 提升亲海空间环境质量

合理科学控制游客人数，对银滩岸段内的海水浴场、滨海景区实施人流控制；完善亲海空间的公共基础设施建设，满足游客基本需求；加快陆源污染治理措施建设，开展入海河流综合整治，改善海水浴场水质情况。

2. 清理互花米草，提升亲海岸线品质

强化互花米草等外来入侵生物防治，示范推广物理法、生物控制法等，有效控制互花米草蔓延趋势。

3. 修复自然岸线与海岸带滨海湿地

采取环境整治、沙滩养护等措施，促进自然岸线结构完整、功能提升。对银滩沙滩进行调查研究并对砂质流失严重沙滩进行修复补沙，对重点海滩的生

态系统进行调查评估，根据结果开展海滩修复，重点推进银滩岸段等区域侵蚀、破坏岸段修复工程。开展红树林修复工作，修复海洋产业园区红树林，开展硬质海堤生态化改造工程，生态化改造硬质海堤。

4. 进行渔业资源保护

推进海洋牧场建设，建成银滩南部海域国家级海洋牧场示范区，在北海冠头岭西部等海域建设海洋牧场 2～3 处。

9.3.2　涠洲岛建设任务

1. 开展海岛生态保护研究及整体修复工作

开展涠洲岛滨海旅游、石油工业等产业活动对海岛生态环境保护的影响评估。加强北海涠洲岛等重点海岛资源环境承载力监测与评估，规范海岛开发利用方式及强度，促进宜居宜游海岛建设。采取封岛、逐步搬迁等方式，有效保护斜阳岛等具有特殊用途、特殊保护价值的海岛。

2. 建立珊瑚礁生态损失补偿机制

制定北海市潜水活动珊瑚礁生态损失补偿办法，开展对涠洲岛经营潜水活动造成的珊瑚礁生态损失补偿及管理工作。

3. 推进涠洲岛亲海空间品质提升工程

加强涠洲岛亲海空间管理，有效控制游客数量、规范相关娱乐经营活动、加强日常清洁；加强亲海空间公共服务设施建设。

9.3.3　钦州湾钦州段建设任务

1. 加强海洋环境整治，改善海洋生态环境质量

一是继续开展钦江等入海河流整治工作，深入开展超标污染源排查，全面封堵截流排污口，加强内河水体沿线排口截污及监管，加大排口管理力度以及加大涉水小微企业清理整治，彻底消除入海河流劣 V 类水体。二是开展茅尾海污染整治。持续推进茅尾海生态环境提升全面整治工程，预防淤积和水质劣化，开展流域周边排污口，以及对违法占用海岸线修造船等行为的综合整治。三是

清理整治无序水产养殖并实施科学养殖手段。按照养殖水域滩涂规划对禁养区养殖进行清理，采用科学养殖手段，同时与当地民众进行沟通交流，增加民众对海洋生态环境保护的认知。

2. 修复受损生态系统，增强湿地生态功能

一是推进红树林生态修复。开展红树林重建和次生林改造，强化后续管理，加大造林成功率；建设红树林优质种源基地；强化红树林病虫害防治。二是加大外来入侵生物防治力度。谨慎控制外来生物引进，强化已入侵成功生物的防治。严格船舶压载水和沉积物处置管理，有效防范外来微生物入侵。三是加强红树林保护力度。适时启动广西海洋环境保护条例修改程序，做好有关法律法规的衔接，明确责任，加大对违法行为的惩处力度；加强监管人员专业技能培训，全面系统提升海洋生态环境履职能力；强化海洋工程污染防治和海洋倾废管理能力建设，健全围填海等海洋工程和海洋倾废全过程监管体系，加快推进海上排污许可制度建设，进一步强化海洋工程环保设施、临时性海洋倾废区管理。

3. 加快处置围填海历史遗留问题，严控海岸带开发工程

妥善处置合法合规围填海项目，依法处置违法违规围填海项目。根据《围填海项目生态评估技术指南（试行）》要求，开展生态评估和生态保护修复方案编制工作，在此基础上进行围海海堤、海塘整治改造，开展生态修复。

4. 健全海洋环境风险监管及监测体系，增强突发事故的应急能力

一是健全海洋环境风险监管体系。加强船舶污染事故应急预案的编制和出台；开展涉海风险源排查，建立涉海风险源清单，设立管理台账，实施分级管理制度。设立并严格执行滨海地区危险品准入制度，建立健全沿海环境污染责任保险制度。危险品仓储区单位全面配置自动监测预警系统并与海事部门及应急管理部门实现信息共享。建立健全船舶污染应急工作人员的培训制度和应急演练制度。二是提高突发船舶污染事故监视监测智慧化及信息共享水平。提高遥感监视能力，完善港口码头、船舶及岸基陆地雷达和集装箱主动监测系统，合理布设应急监测浮标，提高溢油漂移预测和报警能力；完善涉海部门间监视监测信息共享机制，提高应急事故决策能力。三是提升突发海洋环境污染事故应急处置能力。进一步加大地方财政和涉海重点企业资

金投入力度，建立政府船舶污染应急专职队伍，强化海洋应急人员定期培训，系统配置完善政府公用和企业自用应急物资及设备。

5. 强化亲海空间建设与管理，提升公众亲海品质

一是加强公共亲海空间环境监管。重点监控公共亲海空间内部及周边排污口、渔船等污染源，避免污水和垃圾排海影响公众亲海体验。加大宣传力度，提升公众环保意识。二是加大公共亲海空间管理力度。加大茅尾海公共亲海空间的资金投入，保障环保基础设施和公共服务设施建设及维护管理。同时，针对茅尾海黄金滨海浴场，科学评估游客容量，采取有力措施控制客流量。规范亲海相关经营项目，避免破坏海洋生态环境，同时保障公众亲海安全和品质。

9.3.4　珍珠湾建设任务

①加快对滨海餐饮业、水产加工企业的整治工作，杜绝生产废水直排海现象；加快实施珍珠湾污水处理厂及配套管网建设工程，提高区域污水收集处理率。

②加大对红树林虫害的监测力度，建立多部门联动防控机制，联合林业、农业等部门制定可行的防治方法，共同做好红树林虫害监测、防治工作。

③加快制定亲海空间的管理制度与规范。针对防城港市亲海空间普遍存在的运营管理力度不足的现象，加快制定相应的管理制度与规范。对海水浴场的设定和认定、海水环境质量的监测与信息公开、浴场救生救护力量配置、各类滨海景区内经营管理予以明确的规范与要求，提升亲海空间管理与服务品质。开展金滩海水浴场品质提升工程，完善公共服务设施建设，规范浴场经营活动，加强日常清洁。推进防城港京岛风景名胜区（金滩）特色小镇项目，提升景区服务接待能力和管理水平。

9.3.5　防城港西湾建设任务

①制定和实施防城港入海污染物削减方案，减轻和控制沿海工业、城镇生活污水和农业面源对海洋环境的污染，有计划地消减总氮、活性磷酸盐等污染物入海总量。提升污水收集处置能力。新建防城港市西湾新城、科教园区等污水处理厂及配套管网。开展城区雨污分流整治工程。

②全面摸查全市重点入海排污口，建立分类管理体系，编制管理手册，明

确监管内容和责任主体，落实日常监管。

③开展红树林湿地生态修复工程、防城港西湾水动力恢复工程，修复红树林湿地，拆除养殖围堤，建设滨海鸟类栖息地。

9.4　广西第一批美丽海湾建设工程

广西第一批美丽海湾建设工程共 49 项。

其中银滩岸段 8 项，主要开展南康江综合整治工程、银滩海岸带修复工程、银滩沿海滨海湿地生态保护修复工程、海洋牧场建设、重要珍稀海洋生物保护工程、南澫渔港及侨港渔港环境综合治理、海洋产业园亲海廊道建设和亲海岸线品质提升工程。

涠洲岛 3 项，主要开展污水管网建设工程、海岛保护研究项目和涠洲岛亲海空间品质提升工程。

钦州湾钦州段 24 项，其中重点海湾污染治理工程 15 项，包括河东污水处理厂二期工程、钦州市第三污水处理厂及配套管网建设、钦州市河西片区雨污分流改造工程、钦州市大榄江环境综合整治工程、钦州市钦江入海段流域农村生活污水处理设施项目、康熙岭镇及大番坡镇龙门港镇镇级污水管网完善工程、钦州市茅岭江入海段流域农村生活污水处理设施项目、重点海域基础研究、茅尾海海水养殖尾水整治示范工程、广西自贸试验区钦州港片区污水管网建设工程、胜科污水处理厂提标工程、大榄坪污水处理厂技改工程、钦州港片区西港区市政管网及雨污分流改造工程、钦州港三墩作业区配套深海排放管道工程、钦州港污染物转运码头建设项目；海洋生态保护修复工程 4 项，包括红树林宜林滩涂造林工程、红树林退塘还林工程、退化红树林修复工程和钦州市滨海新城海堤生态化改造工程；亲海岸滩“净滩净海”工程 3 项，包含钦州茅尾海红树林公园栈道建设工程、红树湾公园栈道建设工程和辣椒槌沙滩浴场建设工程；环境风险防范和应急响应工程 2 项，分别是大榄坪危险化学品泄漏环境应急设备库建设项目、三墩溢油应急设备库及溢油雷达监测系统和危险品码头传感器装置建设项目。

防城港西湾 7 项，主要开展防城江流域环境整治工程、防城江流域农村生活污水治理工程、城镇污水处理厂及配套管网建设、“蓝色海湾”综合整治工程、红树林保护与修复、防城港白浪滩 · 航洋文旅综合体项目和江山半岛三块石海洋乐园建设。

珍珠湾 7 项，主要开展东兴市沿海村镇生活污水治理工程、江平工业区污水处理厂建设、珍珠湾污水处理厂及配套管网建设工程、红树林保护与修复工程、红树林生态监测工程、防城港京岛风景名胜区（金滩）特色小镇项目和金滩海水浴场品质提升工程。

具体详见表 9.3。

表 9.3　美丽海湾工程类型统计概况

沿海地级市	海湾子单元	重点海湾污染治理工程	海洋生态保护修复工程	亲海岸滩“净滩净海”工程	环境风险防范和应急响应工程	生态环境监管能力建设工程	合计
北海市	银滩岸段	1	4	3			8
	涠洲岛	1	1	1			3
钦州市	钦州湾钦州段	15	4	3	2		24
防城港市	防城港西湾	3	2	2			7
	珍珠湾	3	2	2			7
合计		23	13	11	2	0	49

参考文献

陈作志，邱永松，2005. 北部湾二长棘鲷的资源变动［J］. 南方水产（3）：26-31.

冯士筰，2012. 我国海湾环境现状与挑战［C］//中国工程院. 第140场中国工程科技论坛：中国海洋工程与科技发展战略会议论文集. 青岛：中国工程院：464-472.

何毅亭，2021. 建设美丽中国的根本遵循：深入学习习近平生态文明思想［J］. 中国党政干部论坛（3）：6-10.

黄建安，2015. 生态环境问题的多维治理［J］. 观察与思考（2）：41-44.

康婧，齐玥，刘鹏霞，等，2021. 福州市滨海新城岸段美丽海湾保护与建设的经验与启示［J］. 环境保护，49（23）：24-29.

李方，2021. 建设人海和谐的美丽海湾［J］. 环境经济（9）：60-63.

李方，许妍，付元宾，等，2021. 美丽海湾保护与建设总体思路探讨［J］. 环境保护，49（23）：11-14.

龙志珍，2019. 浅析广西钦州中华白海豚现状及保护对策［J］. 畜牧兽医科技信息（7）：156-157.

农业农村部渔业渔政管理局，全国水产技术推广总站，中国水产学会，2020. 2020中国渔业统计年鉴［M］. 北京：中国农业出版社.

齐玥，康婧，张安国，等，2021. 健全长效机制保障推进美丽海湾保护与建设［J］. 环境保护，49（23）：15-17.

孙典荣，2008. 北部湾渔业资源与渔业可持续发展研究［D］. 青岛：中国海洋大学.

陶艳成，潘良浩，范航清，等，2017. 广西海岸潮间带互花米草遥感监测［J］. 广西科学，24（5）：483-489.

许妍，梁斌，兰冬东，等，2021a. 关于美丽海湾保护与建设评价体系的思考［J］. 环境保护，49（23）：18-20.

许妍，马明辉，梁斌，2021b. 扎实推进美丽海湾保护与建设的几点思考［J］. 中华环境（8）：29-32.

佚名，2002. 中国海洋渔业水域图（第一批）［J］. 中国水产，6（8）：21-24.

袁华荣，陈丕茂，贾晓平，等，2011. 北部湾东北部游泳生物资源现状［J］. 南方水产科学，7（3）：31-38.

张宏科，2016. 广西海域中华白海豚现状及保护对策［J］. 开封教育学院学报，36（6）：292-293.

张景平，黄小平，江志坚，2011. 广西合浦不同类型海草床中大型底栖动物的差异性研究［C］// Intelligent Information Technology Application Association.Proceedings of 2011 International Conference on Ecological Protection of Lakes-Wetlands-Watershed and Application of 3S Technology（EPLWW3S 2011 V3）.International Industrial Electronic Center：60-65.

中国海湾志编纂委员会，1991. 中国海湾志第一分册（辽东半岛东部海湾）［M］. 北京：海洋出版社.

中国海湾志编纂委员会，1997. 中国海湾志第二分册（辽东半岛西部和辽宁省西部海湾）［M］. 北京：海洋出版社.

中国海湾志编纂委员会，1991. 中国海湾志第三分册（山东半岛北部和东部海湾）［M］. 北京：海洋出版社.

中国海湾志编纂委员会，1993. 中国海湾志第四分册（山东半岛南部和江苏省海湾）［M］. 北京：海洋出版社.

中国海湾志编纂委员会，1992. 中国海湾志第五分册（上海市和浙江省北部海湾）［M］. 北京：海洋出版社.

中国海湾志编纂委员会，1993. 中国海湾志第六分册（浙江省南部海湾）［M］. 北京：海洋出版社.

中国海湾志编纂委员会，1994. 中国海湾志第七分册（福建北部海湾）［M］. 北京：海洋出版社.

中国海湾志编纂委员会，1993. 中国海湾志第八分册（福建省南部海湾）［M］. 北京：海洋出版社.

中国海湾志编纂委员会，1998. 中国海湾志第九分册（广东省东部海湾）［M］. 北京：海洋出版社.

中国海湾志编纂委员会，1999. 中国海湾志第十分册（广东省西部海湾）［M］. 北京：海洋出版社.

中国海湾志编纂委员会，1999. 中国海湾志第十一分册（海南省海湾）［M］. 北京：海洋出版社.

中国海湾志编纂委员会，1993. 中国海湾志第十二分册（广西海湾）［M］. 北京：海洋出版社.

周浩郎，黎广钊，2014. 涠洲岛珊瑚礁健康评估［J］. 广西科学院学报，30（4）：238-247.

周伟，2022. 跨域生态环境问题多元共治：缘由、困境与突破［J］. 生态经济，38（1）：169-176.

附 表 1

美丽海湾指标体系

序号	一级指标	二级指标	三级指标	指标说明	目标要求
1	水清滩净	海水环境质量状况	海湾水质优良比例	指标解释：指海水水质优良（符合第一、二类海水水质）面积占海湾总面积的比例。 计算方法：海湾水质优良比例（单位：%）=符合第一、二类水质海水面积÷海湾总面积×100%。 数据来源：生态环境部门。	海湾水质优良比例与2020年相比保持稳定或持续改善。
2			海水感观状况	指标解释：指海水是否出现异色、异臭、异味等异常情况。 计算方法：依据《海洋监测规范 第4部分：海水分析》（GB 17378.4—2007）等开展现场调查监测，结合公众抽样调查等信息，了解海湾水体色、臭、味异常情况。 数据来源：生态环境部门。	海湾水体无色、臭、味等影响公众感官体验的异常情况。
3		入海污染源状况	入海河流断面水质达标率	指标解释：指入海河流断面中水质达标的断面占比，评估对象包括国控和省控入海河流断面。 计算方法：入海河流断面水质达标率（单位：%）=水质达标的入海河流断面的数量÷海湾入海河流断面的总数量×100%。 数据来源：生态环境部门。	100%
4			入海排污口达标排放率	指标解释：指按照不同类型排污口的排放标准，海湾内入海排污口中实现达标排放的比例，评估对象包括直排海污染源和排查出来的其他全部入海排污口。 计算方法：根据《污水综合排放标准》（GB 8978—1996）、《城镇污水处理厂污染物排放标准》（GB 18918—2002）等污水排放标准，入海排污口达标排放率（单位：%）=达标排放的入海排污口数量÷海湾入海排污口总数量×100%。 数据来源：生态环境部门。	100%

续表

序号	一级指标	二级指标	三级指标	指标说明	目标要求
5	水清滩净	岸滩环境质量状况	岸滩和海漂垃圾状况	指标解释：指在岸滩及毗邻浅水区具有持久性的、人造或加工后被丢弃的固体垃圾。 计算方法：依照《海洋垃圾监测与评价技术规程》开展现场调查监测，统计海面漂浮垃圾和海滩垃圾数量。 数据来源：生态环境部门。	海面漂浮垃圾密度小于 2 个/1000m^2；海滩垃圾密度小于5个/100m^2。
6	鱼鸥翔集	海洋生物状况	重要海洋生物保护情况	指标解释：列入《国家重点保护野生动物名录》（2021）世界自然保护联盟濒危物种红色名录等珍稀濒危海洋生物保护养护情况；海湾本地关键物种（含重要海洋渔业经济生物）保护养护以及恢复情况；列入国家重点管理外来物种名录等外来物种入侵以及控制情况。 计算方法：统计珍稀濒危海洋生物及典型物种、外来入侵物种生物种群数量或分布面积等数据，判定其较 2020 年的变化情况。 数据来源：农业农村部门、生态环境部门。	珍贵濒危生物或本地关键物种及种群数量稳定；外来入侵物种分布范围得到控制。
7		海洋生态系统状况	滨海湿地和岸线保护情况	指标解释：海湾范围内重要滨海湿地、自然岸线等是否纳入海洋生态保护红线管控范畴并实施有效保护和恢复修复；区域内珊瑚礁、红树林、海草床等典型海洋生态系统的健康状况。 计算方法：统计海湾内重要滨海湿地、自然岸线等是否纳入海洋生态保护红线及其面积、长度、功能、性质等数据，判定其较 2020 年的变化情况；涉及珊瑚礁、红树林、海草床等典型海洋生态系统的，依照《近岸海洋生态健康评价指南》（HY/T 087—2005）开展生态系统健康评价。 数据来源：生态环境部门、自然资源部门。	重要滨海湿地、自然岸线等纳入海洋生态保护红线范畴，且重要滨海湿地面积和自然岸线长度不减少、功能不降低、性质不改变；典型海洋生态系统无“不健康”等级，且健康状况保持稳定或持续改善。
8	人海和谐	亲海环境质量状况	公众亲海岸线比例	指标解释：指海湾内生态空间优良、适宜开展滨海旅游休闲活动且向社会大众开放的亲海岸线比例。 计算方法：公众亲海岸线比例（单位：%）=公众亲海岸线长度÷海湾岸线总长度×100%。 数据来源：自然资源部门、文化和旅游部门。	在保护好岸线生态功能的基础上，公众亲海岸线比例保持稳定或持续增加
9			海水浴场和滨海旅游度假区环境状况	指标解释：指海湾内海水浴场和滨海旅游度假区环境状况对于社会大众开展亲海戏水相关活动的适宜程度。 计算方法：参照《海水浴场监测与评价指南》（HY/T 0276—2019）和《滨海旅游度假区环境评价指南》（HY/T 127—2010），评价海水浴场和滨海旅游度假区环境状况。 数据来源：生态环境部门。	年度海水浴场环境优良天数比例大于90%，滨海旅游度假区环境状况适宜开展亲海活动。

续表

序号	一级指标	二级指标	三级指标	指标说明	目标要求
10	人海和谐	群众获得感	美丽海湾建设的公众满意度	指标解释：指公众对美丽海湾建设成效的满意程度。 计算方法：通过问卷抽样调查和舆情分析了解公众对美丽海湾建设成效的满意程度。 数据来源：第三方调查。	公众满意度大于95%，且无被核实的负面舆情。

注：①根据各海湾自然禀赋和数据可获得性等，表中如个别指标未有涉及，可出具说明材料明确该项指标不纳入建设内容。

②按照“因地制宜、各美其美”的原则，鼓励各海湾设立特色指标，并出具说明材料，经审核通过后纳入该海湾的美丽海湾建设内容。

附　表　2

广西“十四五”海洋生态环境突出问题“四个在哪里”问题清单

问题类别	对象/区域	突出问题	具体表现	症结成因分析	对策措施	目标指标
典型海洋生态系统遭到破坏	铁山港	1.局部红树林生境受到破坏。 2.红树林虫害发生率较高。 3.互花米草入侵严重。 4.海草床生物多样性衰退。 5.围填海侵占滨海湿地。	1.铁山港榄根作业区周边造成大量悬浮物和填土泥沙溢流淤积于红树林内造成红树林死亡。 2.山口国家级红树林生态自然保护区每年均发生不同程度的虫害，主要虫害种类为广州小斑螟。 3.互花米草侵占红树林和海草床生境。 4.日本鳗草衰退严重。 5.铁山港西岸和东岸港口码头吹填。	1.港口码头等海洋工程建设影响红树林生境。 2.人为生产生活干扰以及养殖废水排放间接引发虫害。 3.互花米草治理难度较大，经费不足。 4.航道疏浚、抽砂洗砂破坏海草生境；传统赶海作业对海草床扰动较大；浒苔暴发以及互花米草入侵影响海草生长。 5.港口码头等海洋工程建设侵占滨海湿地。	1严守生态保护红线，严格围填海管控。 2.加强红树林修复及虫害防治力度。 3.加强海水养殖污染防控。 4.增加治理经费投入，查明互花米草的现状和潜在风险，针对互花米草的生长特性开展跨区域联合防治。 5.加快建立海草研究保护和管理机制。 6.加大海域海岸带整治修复力度。	1.近海与海岸湿地保有量25.9万hm^2。 2.红树林生态系统健康状况维持稳定。 3.红树林湿地修复面积3500hm^2。 4.自然岸线保有率35%。 5.岸线修复长度40km。 6.珊瑚礁生态系统健康状况保持稳定。
	北海南岸海域	1.互花米草入侵。 2.红树林虫害发生率较高。	1.互花米草侵占红树林生境。 2.近年来北海南岸草头村、银滩、冯家江等地红树林出现团水虱入侵导致红树死亡。	1.互花米草治理难度较大，经费不足。 2.人为生产生活干扰以及养殖废水排放间接引发虫害。	1.增加治理经费投入，查明互花米草的现状和潜在风险，针对互花米草的生长特性开展跨区域联合防治。 2.加强红树林修复及虫害防治力度。 3.加强海水养殖污染防控。	

续表

问题类别	对象/区域	突出问题	具体表现	症结成因分析	对策措施	目标指标
典型海洋生态系统遭到破坏	廉州湾	1.互花米草入侵。 2.红树林虫害发生率较高。	1.互花米草侵占红树林生境。 2.近年来廉州湾红树林出现团水虱入侵导致红树死亡。	1.互花米草治理难度较大，经费不足。 2.人为生产生活干扰以及养殖废水排放间接引发虫害。	1.增加治理经费投入，查明互花米草的现状和潜在风险，针对互花米草的生长特性开展跨区域联合防治。 2.加强红树林修复及虫害防治力度。 3.加强海水养殖污染防控。	1.近海与海岸湿地保有量25.9万hm^2。 2.红树林生态系统健康状况维持稳定。 3.红树林湿地修复面积3500hm^2。 4.自然岸线保有率35%。 5.岸线修复长度40km。 6.珊瑚礁生态系统健康状况保持稳定。
	大风江口	互花米草入侵。	互花米草已自东向西扩散至大风江口，侵占红树林生境。	互花米草治理难度较大，经费不足。	增加治理经费投入，查明互花米草的现状和潜在风险，针对互花米草的生长特性开展跨区域联合防治。	
	钦州湾	1.互花米草入侵。 2.围填海侵占滨海湿地。	1.互花米草已自东向西扩散至钦州湾。 2.钦州港港口码头围填海建设侵占滨海湿地。	1.互花米草治理难度较大，经费不足。 2.人工岸线增加导致局部海洋生态遭到破坏。	1.增加治理经费投入，查明互花米草的现状和潜在风险，针对互花米草的生长特性开展跨区域联合防治防治。 2.加大海域海岸带整治修复力度。	
	北仑河口海域	红树林虫害发生率较高。	北仑河口国家级自然保护区每年均发生不同程度的虫害，其中2016年北仑河口国家级自然保护区两次遭受虫害袭击，第一次是广州小斑螟的袭击，导致66hm^2红树林受灾，同年8～9月，遭受柚木驼蛾虫灾。	人为生产生活干扰以及养殖废水排放间接引发虫害。	1.加强红树林修复及虫害防治力度。 2.加强海水养殖污染防控。 3.严守生态保护红线，严格围填海管控。	

续表

问题类别	对象/区域	突出问题	具体表现	症结成因分析	对策措施	目标指标
典型海洋生态系统遭到破坏	涠洲岛海域	1.珊瑚礁生长及正向演替缓慢。 2.局部活珊瑚覆盖度有所下降。	1.局部珊瑚礁群落呈现退化趋势，涠洲岛造礁石珊瑚群落优势种从枝状珊瑚演变为块状珊瑚，表明涠洲岛局部珊瑚礁群落正在退化。 2.局部活珊瑚覆盖度有所下降，2019年活珊瑚覆盖度为28.1%，与2015年相比下降5.4个百分点。	1.潜水观光活动对珊瑚礁生长不利，旅游潜水人数逐年增多。 2.未划定明确的潜水观光区域。 3.自然环境条件变化影响珊瑚礁生长。	1.强化珊瑚礁保护修复与管理，加强海洋公园规划与能力建设，完善管理机制。 2.推进珊瑚礁生态恢复示范性项目工程。 3.提高公众海洋生态环境保护意识。	1.近海与海岸湿地保有量25.9万hm^2。 2.红树林生态系统健康状况维持稳定。 3.红树林湿地修复面积3500hm^2。 4.自然岸线保有率35%。 5.岸线修复长度40km。 6.珊瑚礁生态系统健康状况保持稳定。
海洋生物资源衰退	广西近岸海域	1.渔业资源衰退。 2.海兽搁浅和死亡事件时有发生。	1.渔业捕捞量从2014年的65万t下降至2018年的55万t；渔业资源密度从60年代的3t/km^2下降至2010年的0.5t/km^2。 2.2015～2019年每年都发生数起中华白海豚、江豚以及布氏鲸等海兽搁浅和死亡事件。	1.广西近岸海域捕捞强度较大，近年年均捕捞量超过广西近岸海域渔业资源最大可捕量的11倍。 2.海洋牧场能力建设不足，目前广西在建海洋牧场示范区仅3个，其中国家级海洋牧场仅有2个。海洋牧场生境改造方式单一，没有将红树林、海草床、珊瑚礁等北部湾特有的生态系统发挥的作用考虑进来。增殖放流种类的选择，没有更多考虑广西近岸海域生态系统和渔业资源的特点。 3.周边海域渔民的非法作业以及丢弃在海里的塑料制品、渔网具是导致鲸豚死亡的主要因素。	1.严格控制海洋捕捞强度。 2.加大对近岸渔业资源及产卵场、索饵场、越冬场、洄游通道等重要渔业水域的调查研究和保护力度，切实保护所辖海域重要海洋生物繁育场。 3.统筹推进基于广西近岸海域区域特征的海洋牧场建设。 4.完善渔业资源监测保护的法规制度建设，严格控制近海捕捞强度，规范渔民的作业行为。 5.提升广西沿海海兽救护水平。	1.布氏鲸种群数量稳定（待定）。 2.增加海洋牧场数量。
海洋环境风险	铁山港	1.危险化学品及石油泄漏风险增加。 2.海上溢油及危险化学品泄漏风险增大。	1.分布有5家重大及较大环境风险源，其中4家为石化类企业。 2.港口货物吞吐量及进出港船舶数量逐年增大。	1.沿海布局石化行业逐年增多，且根据《北钦防一体化规划》，未来还将布局石油化工企业。油品及危险化学品在储存、装卸、运输过程中可能发生泄漏。	1.加强海洋环境风险防控，建设涉海风险源管控系统，开展海上溢油及危险化学品泄漏污染风险评估及其防范措施研究。 2.提升海洋环境风险管理与应急决策指挥能力，建设北部湾环境风	海洋环境应急事故处理及时率达到国家和自治区要求规定。

续表

问题类别	对象/区域	突出问题	具体表现	症结成因分析	对策措施	目标指标
海洋环境风险	铁山港	3.存在浒苔暴发现象。	3.2016年3月英罗海域暴发浒苔。	2.沿海石化企业多以原油和危险化学品为原料，随着石化企业增多港口航运的快速发展，船舶通航量逐年增加，船舶溢油或发生交通事故的风险也增大。 3.陆源污染未得到有效控制。	险管理与应急指挥决策系统。建设船舶监视监测系统。 3.夯实环境应急保障基础，提升突发海洋环境污染事故应急处置能力。强化应急队伍建设。建设北海地方政府船舶污染应急设备库（100t），建设北海岸线清污设备库（3600t），建设回收物陆上接收处置设施。 4.控制陆源污染，构建近岸海域自动监控预警体系，提高生态灾害的监控预警水平。	海洋环境应急事故处理及时率达到国家和自治区要求规定。
	钦州湾	1.危险化学品及石油泄漏风险增加。 2.海上溢油及危险化学品泄漏风险增大。 3.赤潮暴发风险增加。 4.存在核泄漏风险。	1.分布有14家重大及较大环境风险源，其中6家为石化类企业，3家为化工类企业。 2.港口货物吞吐量及进出港船舶数量逐年增大。 3.2014年及2016年各暴发一次赤潮。2014年有1次水质异常。 4.钦州湾西岸布局有防城港红沙核电站。	1.沿海布局石化行业逐年增多。且根据《北钦防一体化规划》，未来还将布局石油化工企业。油品及危险化学品在储存、装卸、运输过程中可能发生泄漏。 2.根据《北钦防一体化规划》钦州湾将被打造成以集装箱和石油化工运输为主的国际集装箱干线港。且沿海石化企业多以原油和危险化学品为原料，随着石化企业增多及集装箱运输干线的建成，船舶通航量逐年增加，船舶溢油或发生交通事故的风险也增大。 3.陆源污染未得到有效控制。 4.核电站存在核泄漏风险。	1.加强海洋环境风险防控，建设涉海风险源管控系统，开展海上溢油及危险化学品泄漏污染风险评估及其防范措施研究。 2.提升海洋环境风险管理与应急决策指挥能力，建设北部湾环境风险管理与应急指挥决策系统。建设船舶监视监测系统。 3.夯实环境应急保障基础，提升突发海洋环境污染事故应急处置能力。强化应急队伍建设。定期对钦州国家应急设备库维护，建设钦州地方政府应急设备库（200t），建设钦州岸线清污设备库（5400t），建设回收物陆上接收处置设施。建设三墩溢油应急设备库、三墩溢油雷达监测系统和危险品码头传感器装置。 4.控制陆源污染，构建近岸海域自动监控预警体系，提高生态灾害的监控预警水平。 5.加强核风险监控，保障核应急能力。	

续表

问题类别	对象/区域	突出问题	具体表现	症结成因分析	对策措施	目标指标
海洋环境风险	防城港	1.危险化学品泄漏风险增加。 2.海上溢油及危险化学品泄漏风险增大。	1.分布有13家重大及较大环境风险源，其中10家为化工类企业。 2.港口货物吞吐量及进出港船舶数量逐年增大。	1.沿海布局化工企业行业较多，海上通航船舶数量逐年增大。危险化学品在储存、装卸、运输过程中可能发生泄漏。 2.沿海化工企业多以危险化学品为原料，随着化工企业增多及港口航运的快速发展，船舶通航量逐年增加，船舶溢油或发生交通事故的风险也增大。	1.加强海洋环境风险防控，建设涉海风险源管控系统，开展海上溢油及危险化学品泄漏污染风险评估及其防范措施研究。 2.提升海洋环境风险管理与应急决策指挥能力，建设北部湾环境风险管理与应急指挥决策系统。建设船舶监视监测系统。 3.夯实环境应急保障基础，提升突发海洋环境污染事故应急处置能力。强化应急队伍建设。建设防城港港口企业船舶污染应急设备库（200t）。建设防城港岸线清污设备库（1000t）。建设回收物陆上接收处置设施。建设防城港船舶溢油应急设备库。 4.补齐监测短板，全面提升环境应急监测水平，建设应急监测提升工程。建设陆海统筹生态环境质量监控预警预报网络。培养专业海洋应急监测人员队伍。 5.控制陆源污染，构建近岸海域自动监控预警体系，提高赤潮监测预警能力和灾害防治能力。 6.加强核风险监控，保障核应急能力。	海洋环境应急事故处理及时率达到国家和自治区要求规定。
	廉州湾	存在赤潮暴发风险。	2015年发生水质异常一次，2018年发生一次赤潮。	陆源污染未得到有效控制。	控制陆源污染，构建近岸海域自动监控预警体系，提高赤潮监测预警能力和灾害防治能力。	

续表

问题类别	对象/区域	突出问题	具体表现	症结成因分析	对策措施	目标指标
海洋环境风险	涠洲岛	1.存在危险化学品及石油泄漏风险。 2.存在海上溢油及危险化学品泄漏风险。 3.存在赤潮暴发风险。	1.分布有3家重大及较大环境风险源，均为石化类企业。 2.中海油涠洲终端厂在海上建有石油平台，港口进出港船舶数量逐年增大。 3.2018年发生一次赤潮。	1.岛上布局有石化企业。油品及危险化学品在储存、装卸、运输过程中可能发生泄漏。 2.海油涠洲终端厂石油平台存在输油管线破裂导致溢油的风险。且随着港口航运的快速发展，船舶通航量逐年增加，船舶溢油或发生交通事故的风险也增大。 3.陆源污染未得到有效控制。	1.加强海洋环境风险防控，建设涉海风险源管控系统，开展海上溢油及危险化学品泄漏污染风险评估及其防范措施研究。 2.提升海洋环境风险管理与应急决策指挥能力，建设北部湾环境风险管理与应急指挥决策系统。建设船舶监视监测系统。 3.夯实环境应急保障基础，提升突发海洋环境污染事故应急处置能力。强化应急队伍建设。建设北海地方政府船舶污染应急设备库（100t），建设北海岸线清污设备库（3600t）、建设回收物陆上接收处置设施。 4.补齐监测短板，全面提升环境应急监测水平，建设应急监测提升工程。建设陆海统筹生态环境质量监控预警预报网络。培养专业海洋应急监测人员队伍。 5.控制陆源污染，构建近岸海域自动监控预警体系，提高赤潮监测预警能力和灾害防治能力。	海洋环境应急事故处理及时率达到国家和自治区要求规定。
公众临海难亲海	广西近岸海域	1.海滨浴场、滨海旅游度假区等环境综合质量差。 2.亲海空间公共服务设施建设不足。	1.沿海海漂和海滩垃圾数量较大，北海侨港海域海水浴场、钦州三娘湾旅游风景区、防城港白浪滩旅游区海洋垃圾监测的数据来看，海滩垃圾数量密度为4.1万～12.1万/km^2，中小块以上海漂垃圾数量密度为2000～6000个/km^2。	1.亲海空间环境管理能力不足。 2.亲海空间配套基础设施较薄弱。 3.渔港和景区监管能力不足，公共基础设施建设的资金投入不足；部分景点为个体或社区管理，开发水平较低。	1.加强海滩景区周边海域的环境监管。 2.升级改造已有的亲海空间。 3.因地制宜开发新的亲海空间。 4.加强公共亲海空间环境监管。重点监控公共亲海空间内部及周边排污口、渔船等污染源，避免污水和垃圾排海影响公众亲海体验。加大宣传力度，提升公众环保意识。	1.海水浴场水质优良率50%。 2.无废海滩数量2个。 3.新增海水浴场。 4.新增亲海岸线。

续表

问题类别	对象/区域	突出问题	具体表现	症结成因分析	对策措施	目标指标
公众临海难亲海	广西近岸海域	1.海滨浴场、滨海旅游度假区等环境综合质量差。 2.亲海空间公共服务设施建设不足。	2.海水浴场优良率下降，2015～2019年，北海银滩海水浴场优良率从90%下降到40%，防城港金滩海水浴场从82%下降至17.6%，海水浴场超标因子主要为粪大肠菌群。 3.现有亲海空间公共服务设施难以满足需求，拥堵等现象突出；部分景点垃圾桶、公厕等基础服务设施较为缺乏、品质有待提高。 4.亲海空间利用不充分。		5.规范亲海相关经营项目，避免破坏海洋生态环境，同时保障公众亲海安全和品质。 6.加大重要公共亲海空间的资金投入，保障环保基础设施和公共服务设施建设及维护管理。针对海水浴场，应综合景区的生态环境承载力和公共基础设施供给能力等因素，科学评估游客容量，采取有力措施适当控制客流量。	
海湾河口污染	铁山港	局部水质下降明显，呈现中度富营养化。	1.铁山港局部海域（GXN05018点位附近）水质有所下降，氮磷营养盐浓度呈现上升趋势，达到中度富营养化状态。2016年以来连续4年的丰水期均出现超标。2019年丰水期以及平水期连续两个水期出现超标，超标的风险开始显现。	1.入海河流水质未能稳定达标：汇入铁山港的入海河流有白沙河和南康江，水质不稳定，总磷超标频次较多，2019年白沙河和南康江超标率（III类标准）分别为33.3%、25%。 2.直排入海排污口未能全部达标排放：2019年，汇入铁山港的9个直排入海排污口中，有4个直排入海排污口出现超标排放，超标率范围25%～75%，其中沙田码头市政排污口4次监测仅有1次达标。 3.海水养殖问题突出： ①对虾养殖池塘广泛分布； ②海湾北部插桩养殖密度大；	1.城乡生活污染源： ①完善城镇污水处理厂配套管网建设，推进深海排放管网建设，重点推进北海南部海域排污区管网建设工作； ②加强现有污水管网的排查整改工作； ③提升污水处理厂工艺改造和监管，强化设施氮磷去除能力。 2.工业污染源： ①强化工业集聚区配套或依托的污水集中处理设施的管理和配套管网建设；	1.维持海湾水质总体优良，改善局部水质。 2.确保入海河流水质达标：白沙河和南康江达III类，确保全区入海河流水质达标率不下降（具体按最终考核方案确定）。

续表

问题类别	对象/区域	突出问题	具体表现	症结成因分析	对策措施	目标指标
海湾河口污染	铁山港	局部水质下降明显，呈现中度富营养化。		③近岸海域网箱养殖普遍； ④禁养区非法养殖清理不到位。 4.海鸭养殖影响水质环境：铁山港沿岸滩涂普遍存在的海鸭养殖，对周边海域环境产生不利影响。 5.污水处理配套管网建设滞后，运行负荷率低：铁山港工业园区污水处理厂配套管网建设滞后，运行负荷率不到20%。沙田、闸口、公馆等乡镇污水处理负荷率未达到70%。龙港新区北海铁山东港产业园污水处理厂及尾水排放管建设滞后。 6.河道污水直排口截留不彻底、城市管网雨污分流不彻底、内河水体影响、河道内养殖尾水影响以及农村污水处理设施不完善。	②做好工业废水预处理后的水质监控，确保处理设施稳定运行、达标排放； ③加强企业末端脱氮除磷处理，固体废物进行无害化处理和资源化利用，工业尾水循环利用； ④推进北海市合浦县龙港新区北海铁山东港产业园污水处理设施建设。 3.入海排污口： 加强入海排污口分类监督、治理和管控。 4.入海河流： ①关注白沙河和南康江水质； ②推动铁山河等入海小河流综合整治。 ③继续开展钦江等入海河流整治工作，深入开展超标污染源排查，全面封堵截流排污口，加强内河水体沿线排口截污及监管，加大排口管理力度以及加大涉水小微企业清理整治彻底，消除入海河流劣V类水体。 5.海水养殖： ①加强禁止养殖区内的水产养殖清理政治工作； ②大力发展健康水产养殖，推进清洁化、生态化水产养殖方式，推进水产养殖污染治理工作。 6.海域污染：加强非法采砂的监管。	

续表

问题类别	对象/区域	突出问题	具体表现	症结成因分析	对策措施	目标指标
海湾河口污染	廉州湾	1.海域水质不稳定。 2.富营养化加重。 3.滩涂海水养殖问题不容忽视。	1. 2016～2020年廉州湾营养盐呈现缓慢上升，活性磷酸盐上升趋势明显，2019年无机氮和活性磷酸盐均达到5年的最高值。主要超标点位是北海外沙港附近和南流江江口附近点位。 2. 2016～2020年富营养化从贫营养化变成轻度富营养化，局部海域（南流江口）为中度富营养化。 3. 廉州湾北部党江、西场、沙岗一带沿江沿海滩涂和海水养殖密集。	1.入海污染源量大：2019年排入廉州湾的总氮量约19000t、总磷约1500t。入海河流、海湾周边城镇及农村生活污染、沿海养殖是廉州湾主要的污染来源。 2.污水处理能力欠缺：城区污水处理配套设施明显不足，生活污水和工业污水未能有效处理。北海市城区建有铁山港区污水处理厂、红坎污水处理厂共2座，主城区的大部分生活污水、北海工业园区和合浦工业园区等四个工业园区的工业废水、约60家海产品加工企业的高磷废水均进入红坎污水处理厂处理，致使该污水处理厂满负荷超负荷运转，部分污水通过入海排污口直排入海。 3.入海河流治理不足：主要入海河流南流江和西门江未能稳定达标。2019年，南流江（南域、亚桥监测断面）和西门江超标（Ⅲ类）率为分别为33.3%、58.3%和83.3%，其中南流江为广西沿海最大的河流，2019年携带污染物入海量为3.1万t。 4.廉州湾北面海水养殖密集和海上采砂作业影响海湾水质。	1.城乡生活污染源： ①完善城镇污水处理厂配套管网建设，推进深海排放管网建设。 ②加强现有污水管网的排查整改工作。 ③提升污水处理厂工艺改造和监管，对排口位于环境容量小、敏感海域的污水处理厂（如合浦污水处理厂），鼓励优化升级污水处理工艺，强化设施氮磷去除能力。 2.工业污染源： ①强化工业集聚区配套或依托的污水集中处理设施的管理和配套管网建设 ②做好工业废水预处理后的水质监控，确保处理设施稳定运行、达标排放。 ③加强企业末端脱氮除磷处理；固体废物进行无害化处理和资源化利用；工业尾水循环利用。 ④加快建设北海市工业园污水处理厂集中至大冠沙污水处理厂深海排放建设工程。 3.入海排污口： 加强入海排污口分类监督、治理和管控。 4.入海河流： ①持续加强西门江和南流江入海河流流域环境治理； ②推动南流江支流综合整治。 5.海水养殖： ①加强禁止养殖区内的水产养殖清理政治工作； ②大力发展健康水产养殖，推进清洁化、生态化水产养殖方式，推进水产养殖污染治理工作。	1.维持海湾水质总体优良，改善局部水质：廉州湾富营养化下降程度10%（2个点）。 2.确保入海河流水质达标：南流江（亚桥、南域）达Ⅲ类，西门江达Ⅳ类，确保全区入海河流水质达标率不下降（具体按最终考核方案确定）。

续表

问题类别	对象/区域	突出问题	具体表现	症结成因分析	对策措施	目标指标
海湾河口污染	大风江口	1. 大风江口海域水质较差。 2. 富营养化水平升高。 3. 沿岸畜禽养殖及水产养殖污染控制进展缓慢。	1. 2010 年以来平均水质为第二类至劣四类，2019 年为劣四类水质，主要污染因子为无机氮。 2. 富营养化状况从贫营养化变成轻度富营养化。 3. 根据钦州市水产养殖规划，钦州大风江口海域基本为限养区，小部分为禁养区。限养区管控要求为可适度发展贝类浮筏养殖，养殖设施面积不超过海区宜养面积 30%。海水水质执行不劣于第二类标准，海洋沉积物和海洋生物执行第一类标准。目前大风江口部分区域养殖密度较大，不符合养殖规划要求。	1.入海河流影响：2019 年大风江携带 4739t 污染物入海，影响海域水质。 2.沿岸水产养殖、畜禽养殖的影响，周边养鹅养鸭场众多，是周边乡镇居民主要经济来源，放养式的畜禽养殖方式对水质影响较大。 3.养殖清退涉及民生问题，与政策之间存在矛盾，养殖清退难度大。	1.城乡生活污染源： ①提升污水处理厂工艺改造和监管，强化设施氮磷去除能力； ②加强现有污水管网的排查整改工作。 2.入海排污口： 加强入海排污口分类监督、治理和管控。 3.入海河流： 持续加强大风江入海河流流域环境治理。 4.海水养殖： ①加强禁止养殖区内的水产养殖清理整治工作； ②大力发展健康水产养殖，推进清洁化、生态化水产养殖方式，推进水产养殖污染治理工作； ③按照养殖水域滩涂规划对禁养区养殖进行清理，采用科学养殖手段，同时与当地民众进行沟通交流，增加民众对海洋生态环境保护的认知。	1. 维持海湾水质总体优良，改善局部水质。 2. 确保入海河流水质达标：大风江达Ⅲ类，确保全区入海河流水质达标率达到不下降（具体按最终考核方案确定）。
	钦州湾	1.海域局部水质较差。 2.局部海域富营养化较重。	1.局部海域——内湾茅尾海水质差：2016～2020 年钦州湾内湾茅尾海局部海域全年平均水质状况维持“极差”，海域 5 个监测站位中，第四类和劣四类水质比例维持在 40%～100%，从 2008 年开始，第四类、劣四类水质比例呈波动上升趋势，其中	1.入海河流携带污染物对海湾影响大： 主要河流为钦江和茅岭江，其中钦江入海断面水质较差，近五年，钦江高速公路西桥监测断面持续为劣Ⅴ类。2019 年，汇入茅尾海入海河流量为 2.24 万 t。 2.海水养殖污染尚未得到有效的控制； ①茅尾海海水养殖面积较大，广西 12 个海岸农渔业区中，茅尾海海域占有 3 个，近 7 年来年海水养殖面积不断增加，仅湾颈海域牡蛎养殖面积较 2013 年增加了 47.5%。	1.城乡生活污染源： ①完善城镇污水处理厂配套管网建设，推进深海排放管网建设，重点推进钦州市三墩排污区和国星市政排污口等深海排放选定区论证和管网建设工作； ②加强现有污水管网的排查整改工作； ③提升污水处理厂工艺改造和监管，强化设施氮磷去除能力。 2.工业污染源：	1. 维持海湾水质总体优良，改善局部水质：钦州湾优良点位水质比例达到 50%（4 个点）。

续表

问题类别	对象/区域	突出问题	具体表现	症结成因分析	对策措施	目标指标
海湾河口污染	钦州湾		2013 年、2016 年第四类和劣四类水质站位比例均为100%。海域无机氮平均浓度长期维持较高水平，常年超二类海水标准；活性磷酸盐平均浓度呈现显著增加趋势，近两年开始出现超二类海水标准的现象。 2.局部海域金鼓江口（GXN14010 点位附近）水质相对较差，近五年有 2 年年均水质为第四类和劣四类，其无机氮和活性磷酸盐年均浓度呈现上升趋势。 3.钦州湾总体富营养化程度为轻度富营养化水平，但局部海域富营养化较重，2016～2020 年茅尾海局部为重富营养化水平，茅尾海的富营养化呈现显著上升的趋势。	②虾塘养殖外排废水污染大。茅尾海北部分布有大于 0.4 万 hm^2 对虾养殖区。于 2017 年 5 月对茅尾海周边的部分海水养殖的 13 个排水渠/排水口进行监测，有 7 个排水口的出现超标，超标因子为总磷、悬浮物、化学需氧量。 ③牡蛎养殖面积加大。基于卫星遥感影像数据分析发现茅尾海湾颈海域牡蛎养殖面积在 2013～2016 年期间呈逐年增加趋势，牡蛎养殖产量已达到饱和状态。局部牡蛎养殖密度过大，不利于污染物扩散，其排泄物的累积增加，加剧海区水体富营养化程度。 ④茅尾海部分区域没有按照养殖规划要求，仍存在喂投饲料网箱养鱼的污染情况，同时茅尾海沿岸部分公共区域水门和海汉养鸭现象屡禁不止。 3.受到周边工业企业、市政排污影响：一是海湾主要分布工业区为钦州港经济技术开发区，位于钦州市南部，茅尾海出海口处，其废水排放量居经济区工业区废水排放总量的13.6%，为区域第二大废水排放工业区，近、远期规划排污区均位于深海区域。二是存在超标排污口。2019 年，汇入钦州湾的 15 个直排入海排污口中，有 5 个直排入海排污口出现超标排放，超标率范围 15%～100%，其中果鹰大道排污口全年超标，犀牛脚镇污水处理厂排污口 4 次监测仅有 1 次达标。 4.半封闭海湾，水体交换能力差。	①强化工业集聚区配套或依托的污水集中处理设施的管理和配套管网建设； ②做好工业废水预处理后的水质监控，确保处理设施稳定运行、达标排放； ③加强企业末端脱氮除磷处理；固体废物进行无害化处理和资源化利用；工业尾水循环利用； ④推进钦州市北部湾华侨投资区污水处理设施建设。 3.入海排污口： 加强入海排污口分类监督、治理和管控 4.入海河流： 持续加强钦江和茅岭江入海河流流域环境治理。 5.海水养殖： ①加强禁止养殖区内的水产养殖清理整治工作； ②大力发展健康水产养殖，推进清洁化、生态化水产养殖方式，推进水产养殖污染治理工作； ③按照养殖水域滩涂规划对禁养区养殖进行清理，采用科学养殖手段，同时与当地民众进行沟通交流，增加民众对海洋生态环境保护的认知。	2.确保入海河流水质达标：钦江东、茅岭江达Ⅲ类、钦江西达Ⅳ类，确保全区入海河流水质达标率不下降（具体按最终考核方案确定）。

续表

问题类别	对象/区域	突出问题	具体表现	症结成因分析	对策措施	目标指标
海湾河口污染	防城港	防城港海水水质不稳定。	近五年处于第二类至第四类水平。2017 年防城港东湾年均达到第四类。其中 2017 年枯水期为防城港近年水质最差峰值：防城港东湾为劣四类，防城港西湾为第三类。	1. 直排入海排污口未能全部达标排放：2019 年，汇入防城港的 13 个直排入海排污口中，有 5 个直排入海排污口出现超标排放，超标率范围 25%～100%，其中广西盛隆冶金工业企业排污口和大龙安置区东市政排污口全年均超标。 2. Y 形海湾，不利于水质扩散：海湾分为东西两湾，Y 形半封闭海湾，海水交换能力弱，2019 年污染物入海量为 4175t，水质扩散不利。 3.海水养殖分布密集：防城港东湾海域分布有大量蚝排、螺桩，改变了水动力条件，海水自净能力变弱，对海水环境质量产生不良影响。 4.防城港周边曾存在较多磷化工厂，虽然近年来，防城港市也搬迁、关停了部分企业，但是部分历史遗留问题尚未得到解决，雨水冲刷旧厂址生产废水导致非正常排放也影响海域海水水质。 5. 沿岸非法抽砂采砂现象尚存，抽采砂过程影响水质。 6. 江平镇等区域生活污水直排海现象尚未得到有效控制。 7. 金滩等区域均分布有海蜇粗加工企业，这些企业于每年 2～4 月向周边海域排放大量污水。	1. 城乡生活污染源： ①完善城镇污水处理厂配套管网建设，推进深海排放管网建设，重点推进防城港企沙南港排污区深海排放选定区论证和管网建设工作； ②加强现有污水管网的排查整改工作； ③提升污水处理厂工艺改造和监管，对排口位于环境容量小、敏感海域的污水处理厂（如防城港市污水处理厂），鼓励优化升级污水处理工艺，强化设施氮磷去除能力。 2.工业污染源： ①强化工业集聚区配套或依托的污水集中处理设施的管理和配套管网建设； ②做好工业废水预处理后的水质监控，确保处理设施稳定运行、达标排放； ③加强企业末端脱氮除磷处理，固体废物进行无害化处理和资源化利用，工业尾水循环利用； ④加强历史磷化工遗留问题排查。 3. 入海排污口： 加强入海排污口分类监督、治理和管控 4. 入海河流： 关注防城江水质，保持水质达标。 5. 海水养殖： ①加强禁止养殖区内的水产养殖清理政治工作；	1. 维持海湾水质总体优良，改善局部水质。 2. 确保入海河流水质达标：防城江、北仑河达Ⅲ类，确保全区入海河流水质达标率不下降（具体按最终考核方案确定）。 3. 沿海城市污水处理率达到 96％考核要求。

续表

问题类别	对象/区域	突出问题	具体表现	症结成因分析	对策措施	目标指标
海湾河口污染	防城港				②大力发展健康水产养殖，推进清洁化、生态化水产养殖方式，推进水产养殖污染治理工作； ③以防城港市出台的《防城港市海水养殖尾水处理摸式技术指导意见（试行）》作为试点，进一步优化改造养殖池塘尾水处理设施，优化提升，在沿海三市全面铺开。 6.海域污染：加强非法采砂的监管。	

彩　图

图 1　红树林生态系统健康监测（陈莹　摄）

图 2　广西红树林群落（付家想、黄雄良　摄）

图 3　珊瑚礁生态系统健康监测（陈莹　摄）

图 4　涠洲岛珊瑚礁群落（付家想　摄）

图 5　海草床生态系统健康监测（庞碧剑　摄）

图 6　广西海草床群落（付家想、黄雄良　摄）

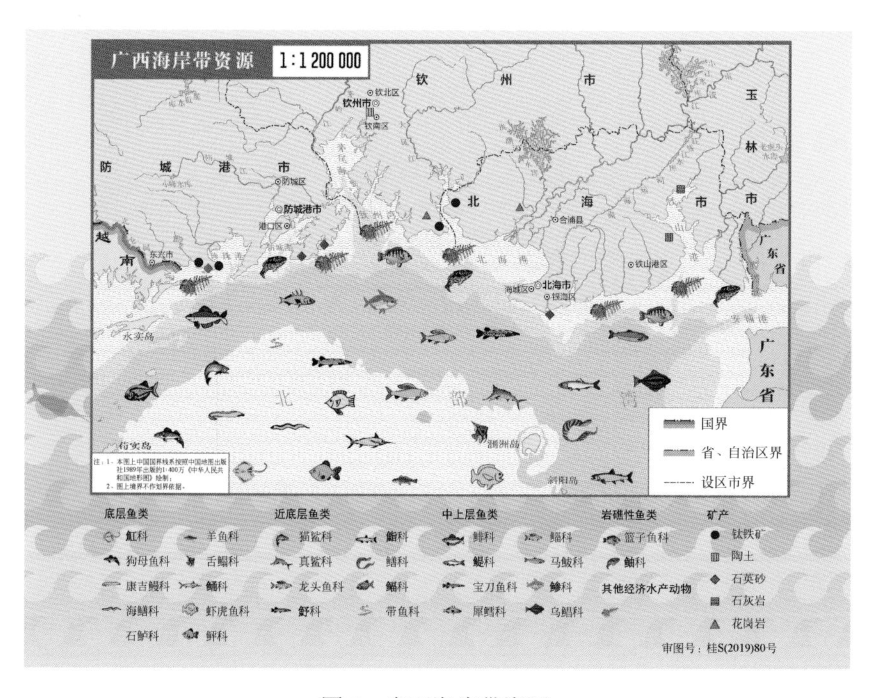

图 7　广西海岸带资源

图片来源于广西标准地图服务平台

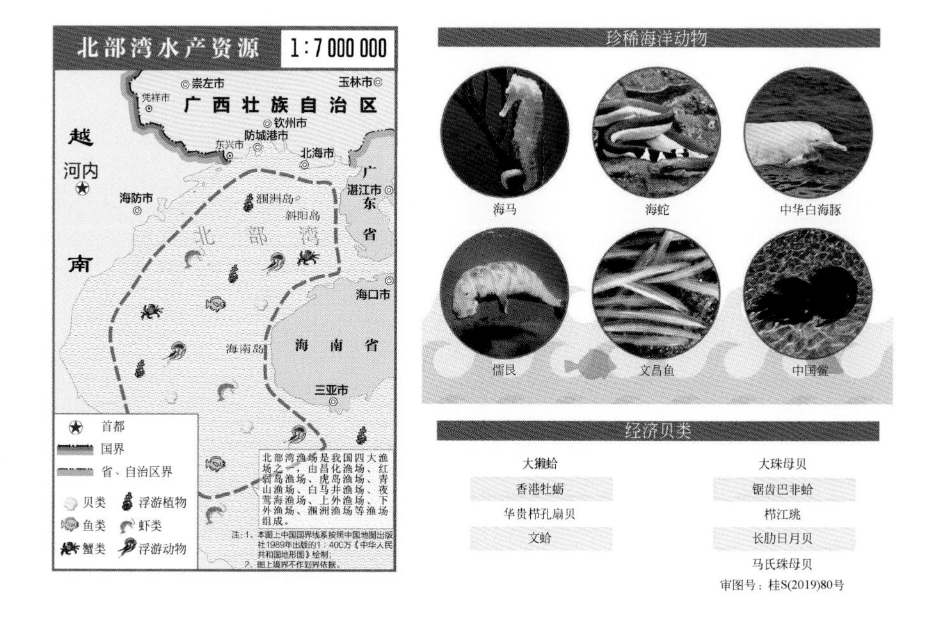

图 8　北部湾水产资源、珍稀海洋动物和经济贝类

图片来源于广西标准地图服务平台

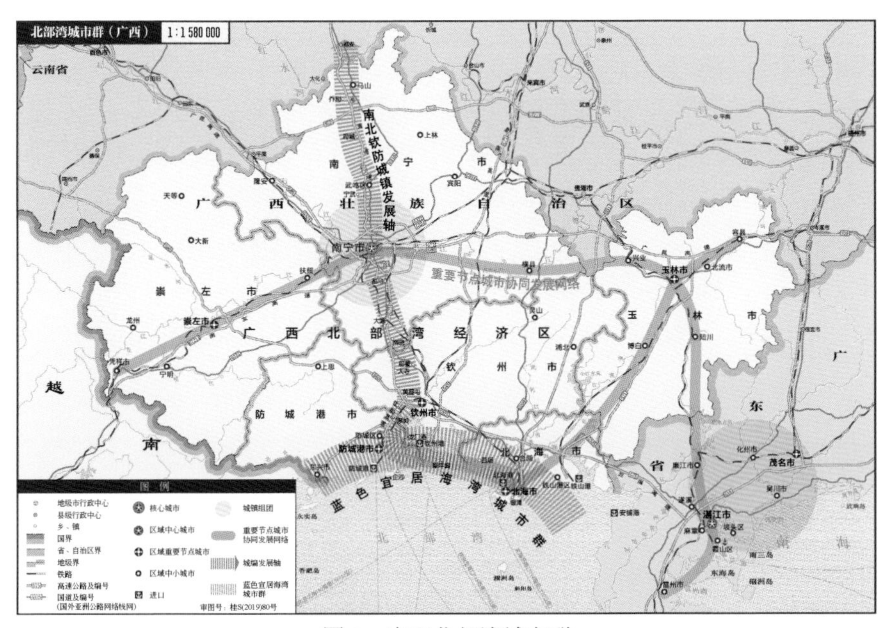

图 9　广西北部湾城市群

图片来源于广西标准地图服务平台

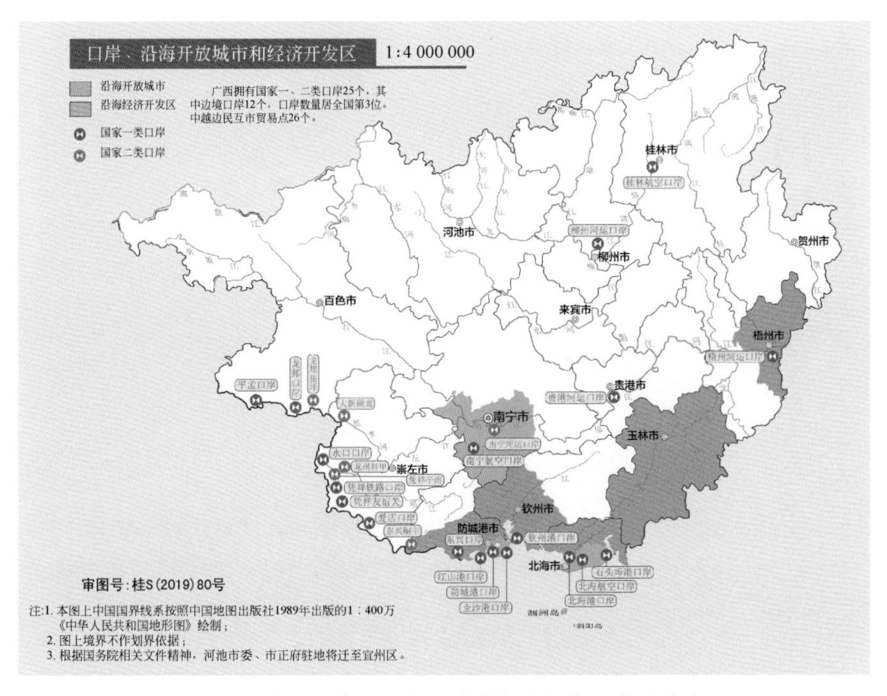

图 10　广西口岸、沿海开放城市和经济开发区分布

图片来源于广西标准地图服务平台

图 11　水清滩净的广西美丽海湾（黄雄良　摄）

图 12　人海和谐的广西美丽海湾（黄雄良　摄）

图 13　鱼鸥翔集的广西美丽海湾（陈莹　摄）

图 14　银滩岸段（黄雄良　摄）

图 15　涠洲岛（黄雄良　摄）